Harald Lesch
Cecilia Scorza-Lesch
Arndt Latußeck

DIE ENTDECKUNG DER MILCHSTRASSE

C.Bertelsmann

Buch

Unser kosmisches Zuhause ist die Milchstraße, eine Galaxie, die aus vielen Milliarden Sternen, zahllosen Planetensystemen und Gasnebeln besteht. Seit Langem schon haben Forscher versucht herauszufinden, was dieses auffällige Band am Nachthimmel eigentlich ist, wie die Milchstraße entstand und wie sie sich entwickelt hat. Es dauerte bis zum Anfang des 20. Jahrhunderts, bis der Astronom Edwin Hubble die bahnbrechende Entdeckung machte, dass die Milchstraße nicht die einzige Galaxie im Universum ist. Harald Lesch, Cecilia Scorza-Lesch und Arndt Latußeck erzählen fesselnd nicht nur die Geschichte unserer Galaxie, sondern auch von ihrer Erforschung durch Astronomen und Astronominnen, beginnend mit einem berühmten Geschwisterpaar aus dem 18. Jahrhundert, Caroline und Wilhelm Herschel, bis hin zu den faszinierenden Erkenntnissen unserer Tage.

Autoren

HARALD LESCH ist Professor für Theoretische Astrophysik am Institut für Astronomie und Astrophysik der Ludwig-Maximilians-Universität München und vermittelt einer breiten Öffentlichkeit spannendes populärwissenschaftliches Wissen, u. a. durch »Leschs Kosmos« im ZDF. Er hat, allein oder mit Co-Autoren, eine Vielzahl erfolgreicher Bücher veröffentlicht, zuletzt »Was hat das Universum mit mir zu tun?«, »Wenn nicht jetzt, wann dann?« und »Denkt mit!«.

CECILIA SCORZA-LESCH ist promovierte Astrophysikerin und Koordinatorin der Öffentlichkeitsarbeit der Fakultät für Physik der Universität München. Sie erhielt u. a. den Neumann-Preis für Didaktik der Deutschen Astronomischen Gesellschaft, den Scientix Preis der EU und den Kepler-Preis für Physikunterricht.

ARNDT LATUSSECK ist Mitglied des Arbeitskreises Astronomiegeschichte der Astronomischen Gesellschaft und publiziert in Zeitschriften, Zeitungen und Rundfunk über Themen aus Astronomie und Astronomiegeschichte.

Harald Lesch
Cecilia Scorza-Lesch
Arndt Latußeck

DIE ENTDECKUNG DER MILCHSTRASSE

Die Geschichte und Erforschung unserer Galaxie

C.Bertelsmann

MIX
Papier | Fördert gute Waldnutzung
FSC® C014496

Penguin Random House Verlagsgruppe FSC® N001967

1. Auflage

in der Penguin Random House Verlagsgruppe GmbH,
Neumarkter Straße 28, 81673 München
Umschlaggestaltung: Büro Jorge Schmidt, München
Umschlagmotiv: © Science Photo Library / Babak Tafreshi (vorne),
© Nick Risinger (hinten)
Lektorat: Eckard Schuster
Bildredaktion: Annette Baur
Satz, Druck und Bindung: GGP Media GmbH, Pößneck
Printed in Germany
ISBN 978-3-570-10505-4

www.cbertelsmann.de

Inhalt

Vorwort

Es wird Abend. Ganz langsam verschwindet die Sonne am Horizont. Die leuchtende Scheibe rutscht förmlich über die sichtbare Kante, und allmählich kriecht die Dunkelheit empor. Aus dem strahlenden Blau des Himmels an einem Sommertag wird ein Hellblau, das ganz langsam verschwindet. Und dann ist es richtig Nacht. Die Schwärze des Nachthimmels wird durchbrochen von funkelnden Sternen. Sie erscheinen. Aber erscheinen sie wirklich? Es erscheint ja nur etwas, was vorher nicht da war. Dabei waren sie immer da, nur ihr Licht wurde überstrahlt von einem nach astronomischen Begriffen sehr nahen Stern, unserer Sonne. Sie ist das Licht unserer Welt, die Kraftquelle, die die Planeten in ihre Bahnen zwingt, der Brunnen, aus dem das Leben auf der Erde seine Energie schöpft. Und weil unser Planet sich mit 15 Grad pro Stunde (das entspricht je nach Breitengrad ca. 500 Meter pro Sekunde) um seine eigene Achse dreht, verschwindet die Sonne regelmäßig wieder, und es wird Nacht. Dann haben wir einen Logenplatz mit Blick auf das Universum. Wir sehen mit unseren Augen tief ins nachtschwarze Weltall.

Und dort oben strahlen die Sterne. Sie sind nicht gleichmäßig über den Himmel verteilt. In wirklich pechschwarzer Nacht ist ein breiter, diffuser Streifen am Himmel zu erkennen, in dem sich die Sterne versammeln. Und in einer Nacht, in der es wirklich zappenduster ist, kann man sogar Staubwolken erkennen, die sich vor das Licht der Sterne legen und das Sternenband nur schwach leuchten lassen. Das ist die Milchstraße, unser kosmisches Zuhause. Alle Sterne, die wir am Himmel sehen, gehören zu ihr. Die Milchstraße ist ein Versammlungsort für Sterne, und unsere Sonne ist einer ihrer Bewohner. Wir nennen Erstere nach dem griechischen Wort für Milch (γάλα, *gála*) auch Galaxis. Denn die Griechen waren der Meinung, dass die Götter für das milchige Lichtband am Himmel verantwortlich sind. Ihren Vorstellungen zufolge ist die Milchstraße das Ergebnis eines Seitensprungs des griechischen Göttervaters Zeus. Damit sein Sohn Herakles, den er zusammen mit der sterblichen Alkmene gezeugt hatte, göttliche Kräfte erhielt, musste er von einer Göttin gesäugt werden. Zeus' Frau Hera wäre die Richtige gewesen, aber natürlich hätte sie den unehelich gezeugten kleinen Herakles niemals freiwillig an ihre göttliche Brust gelegt. Also wartete Zeus, bis Hera tief schlief, und legte seinen Sohn bei Hera an. Herakles sog allerdings dermaßen heftig an der göttlichen Brust, dass Hera erwachte, den saugenden Winzling von ihrer Brust stieß und dabei die göttliche Milch über den Himmel versprühte.

Heute wissen wir mehr. Unsere Galaxis ist nicht – wie man auf den ersten Blick meinen könnte – eine willkürliche Ansammlung von Sternen, sondern ein hochkomplexes Gebilde, angelegt in einer ganz bestimmten Ordnung, die festen Gesetzen folgt. Im Laufe der Jahrhunderte gab es immer wieder Menschen, die sich gefragt haben, wo denn eigentlich unser Platz in diesem Universum aus Sternen ist. Diese Frage zu beantworten war allerdings alles andere als einfach: Denn wir sind ja selbst nur ein Teil der Sternansammlung. Diese Rekonstruktionsarbeit ähnelt in Form und Dimension etwa der Aufgabe, sowohl den eigenen Platz als auch die Gestalt eines dichten Waldes zu ermitteln, in dem man sich selbst befindet, ohne sich dabei von der Stelle zu bewegen. Doch der beständige Blick gen Himmel und die lange systematische Arbeit vieler eifriger Frauen und Männer haben gezeigt, dass unsere Milchstraße eine sogenannte Spiralgalaxie ist, ähnlich wie viele andere, die wir am Nachthimmel mithilfe von Teleskopen beobachten können. Diese schöne und harmonische Form findet sich so häufig bei Galaxien, dass man fast denken könnte, das Universum habe seine Freude daran gehabt, sie zu bilden. Das Endprodukt dieser Gestaltungsarbeit ist außerordentlich erstaunlich, insbesondere im

Hinblick darauf, wie wir uns ihre Anfänge vorstellen, nämlich als einen Haufen nebliger Klumpen aus Gas.

Wie im Detail das Universum allerdings solch harmonische Formen, also die Galaxien und auch unsere Milchstraße, aus groben Gasklumpen geformt hat, ist bis heute noch nicht ganz verstanden. Ziel der aktuellen Forschung ist es, ausgehend von der jetzigen Form der Milchstraße dem Geheimnis ihrer Entstehung und ihrer Entwicklung auf die Spur zu kommen und schließlich herauszufinden, in welcher Phase ihr innerer chemischer Zyklus zum Leben – zu uns selbst, dem Herzschlag der Milchstraße – geführt hat. Wir Erdlinge sind deshalb nicht nur Bewohner des Sonnensystems, sondern auch Mitglied der in der Milchstraße vereinigten Sternenfamilie. Und wie in allen Familien möchten auch wir gern wissen, wo wir herkommen.

Wie bei allen Familiengeschichten bleiben natürlich auch hier dunkle Stellen. Klar, wir wollen Ihnen in unserem Buch die Geschichte der Erforschung unserer Milchstraße erzählen. Und da wäre es natürlich am schönsten, sich an die Originalschauplätze begeben und dort möglichst in der jeweiligen Epoche Zeitzeuge sein zu können. Leider aber ist die Vergangenheit vergangen und damit für unseren direkten Zugriff für immer verloren. Alle Rede von Geschichte ist immer nur eine indirekte. Und so bleiben uns vor allem die Berichte und Anekdoten der Augenzeugen, die uns einen Eindruck davon geben können, was damals war.

Je tiefer allerdings die zu erzählenden Zeiten in der Vergangenheit verschwinden, desto schwieriger wird es, die richtigen Zeugen zu finden. Und wir haben es bei der Erforschung der Milchstraße sogar mit zwei Zeithorizonten zu tun: einerseits mit dem Zeitalter der Entdeckerinnen und Entdecker der Milchstraße hier auf der Erde. Das ist noch einigermaßen überschaubar, denn wir werden im 18. Jahrhundert bei einem berühmten Geschwisterpaar starten, Caroline und Wilhelm Herschel, von denen und über die es schriftliche Aufzeichnungen gibt. Und je mehr wir uns der Gegenwart nähern, desto dichter und vollständiger wird die »Aktenlage« über die vergangenen 250 Jahre der

Entdeckungsgeschichte der Milchstraße. Diesem Teil der Erzählung werden die Leserinnen und Leser intuitiv noch leicht folgen können. Ein Geschichtsbuch eben, über Menschen, deren Tun und Handeln das Forschen war und ist. Menschen wie wir, die sich einer faszinierenden Wissenschaft hingegeben haben, deren Leben bestimmt war von den Vorgängen am Himmel. Da fühlt sich fast jeder angesprochen, denn wer hat nicht Ziele, Hoffnungen und Visionen, denen man mehr oder weniger viel Zeit opfert, um sie zu erreichen. So weit, so gut.

Doch was die Dimensionen des zweiten Zeithorizonts betrifft, von dem hier die Rede sein wird, sind wir weit jenseits der Maßstäbe der »normalen« historischen Wissenschaften von den Zusammenhängen und Konsequenzen menschlicher Kulturen. Die Milchstraße wird sich als Gebilde erweisen, dessen zeitliche Tiefe sich nur nach Millionen und Milliarden Jahren berechnen lässt. Die Untiefen der Zeit sind hier so gewaltig, dass einem ganz schwindlig wird. Selbst bei der Beschreibung des heutigen Zustands der Milchstraße muss man in Maßstäben von hunderttausend Jahren rechnen. So lange dauert es nämlich, bis ein Lichtstrahl die ganze Scheibe der Milchstraße durchquert hat. Wie will man solche Abgründe an Zeit und Raum fassen? Mit welchen Instrumenten können Lebewesen auf einer vergleichsweise kleinen planetaren Felsenkugel sich einem Gebilde wie der Milchstraße nähern, ohne gleich in Ehrfurcht vor der riesigen Größe zu erstarren? Es braucht großen Mut und ziemlich viel Neugier, Leidenschaft und Vertrauen in die Fähigkeiten der menschlichen Vernunft, sich dieser Aufgabe zu stellen.

In unserem Buch werden sich also zwei Erzählungen immer wieder kreuzen: einerseits die Geschichte der Menschen, die das Rätsel der Milchstraße zu enthüllen versuchten, und andererseits die Geschichte und die Beschreibung der Milchstraße selbst. Bei der Lektüre dieser beiden auf ihre jeweilige Art so faszinierenden Geschichten wünschen wir Ihnen viel Vergnügen.

Einleitung

Die Milchstraße und wir – oder der versperrte Blick zum Himmel

Nach den pathetischen Worten unseres Prologs kommen wir doch mal zur Sache: Wer von Ihnen hat schon einmal die Milchstraße gesehen? Seien Sie ehrlich! Kaum jemand! Stimmt. Das künstliche Licht unserer Welt ist doch meistens viel heller als das funkelnde Licht vieler Sterne unserer Sterneninsel. In unserer sogenannten zivilisierten Welt wird nachts fast alles beleuchtet: Straßen, Gebäude, ja selbst unbebaute Flächen. Wenn wir etwas am Nachthimmel leuchten sehen, ist es meist ein vorbeifliegendes Flugzeug oder ab und zu das reflektierte Sonnenlicht eines die Erde umkreisenden Satelliten. Einige der etwas helleren Lichtquellen am Himmel sind die Planeten. Sie funkeln nicht, denn sie sind uns so nahe, dass sie als leuchtende Scheiben am Himmel von der Luftunruhe, die das Funkeln der punktförmigen Sterne auslöst, nicht betroffen sind. Der herrlich mit Sternen besetzte Streifen Milchstraße bleibt für die meisten von uns unsichtbar. Dieses Band der Sternensaat, das da über dem Himmel liegt, das bestirnte Firmament, das noch Kant erschütterte und erschauerte, ist heute unbekannter denn je. Wir müssen heute schon in sehr weit abgelegene Regionen der Welt, am besten in Wüsten, reisen, um einmal das wirkliche Bild des sternübersäten Kosmos, das sich in jeder Nacht über unseren Köpfen wölbt, zu erblicken.

Von Anbeginn der Urzeiten hat dieser Anblick die Menschheit in ihren Bann gezogen. Als man des Abends noch in die flackernden Flammen des wärmenden Feuers blickte, waren die funkelnden Sterne am pechschwarzen Nachthimmel ein großes Fragezeichen. Die Rhythmen ihres Auf- und Untergehens, das allmähliche Erscheinen im Laufe des Jahres, folglich auch die von Nacht zu Nacht sich ganz langsam verändernde Zahl und Ordnung der leuchtenden Sterne haben großen Eindruck gemacht, und immer wieder mag sich den Köpfen der Schauenden die Frage gestellt haben: Was ist das da oben? Die eher praktisch Veranlagten unter unseren Vorfahren haben die Vorgänge am Himmel zur Entwicklung eines Kalenders benutzt. Der erkannte Zusammenhang zwischen manchen regelmäßig wiederkehrenden Sternkonstellationen am Himmel und den verschiedenen Jahreszeiten hat für sie nämlich schon recht früh das prophetische Potenzial der Sterne bewiesen. Damit sind jetzt nicht irgendwelche Horoskope gemeint, sondern die Auswirkungen der erkannten kommenden Jahreszeit auf das Wettergeschehen und damit auch auf Aussaat und Ernte von Getreide. Da wusste man selbst dann, wenn das Wetter noch nicht danach aussah und es zum Beispiel noch zu frostig war, anhand der Position der Sterne am Himmel, dass der Frühling und damit die Zeit der Aussaat nahte. Auf ähnliche Weise waren manche Sternbilder mit dem nahenden Winter verbunden und somit ein Hinweis, dass die Ernte alsbald eingebracht sein musste. Für die Kulturen im Vorderen Orient im sogenannten fruchtbaren Halbmond, der sich ungefähr von der nordöstlichen Ecke der ägyptischen Sinaihalbinsel über Israel, Libanon, Syrien, den südöstlichen Teil der Türkei sowie Iran und Irak bis zur Mündung des Schatt el-Arab in den Persischen Golf erstreckt, waren genaue Himmelsbeobachtungen von großer Bedeutung für die Landwirtschaft, vor allem für die Berechnung der Überflutungen durch Euphrat und Tigris im Zweistromland und durch den Nil in Ägypten.

Neben diesen wichtigen alltagspraktischen Konsequenzen einer genauen Kenntnis der Sterne und ihrer Bewegung gibt es jedoch einen Aspekt, der viel tiefer reicht. »Was ist das da?« war eine Frage nach dem Urgrund der Welt. Im Kopf der meisten Menschen dürfte beim Anblick des Nachthimmels unwillkürlich der Gedanke aufkommen: »Da ist ja noch viel mehr als das, was ich direkt um mich herum sehe!« Und wenn wir unseren Gedanken mal wirklich freien Lauf lassen, dann kommt eine große Unruhe auf, denn wo endet das da oben? Diese Frage tönt durch die Jahrtausende hindurch auch noch zu uns Heutigen herüber, denn Größe und Aufbau des Universums betreffen die Grundfragen unseres Seins. Und wenn man heute das Glück hat, das dicht gepackte Band der Sterne an einem wirklich dunklen Fleck der Welt genießen zu dürfen, dann mag der Kopf zwar beruhigt sein durch so manche wissenschaftliche Antwort, die wir inzwischen haben, aber immer noch bleibt da die unsere Herzen berührende Frage: »Was ist das da?«

In den Jahrhunderten seit der Erfindung des Fernrohrs gab es immer wieder Schlüsselfiguren, die nicht dabei stehen geblieben sind, sich diese Frage nur zu stellen. Sondern sie haben sich, obwohl nur sogenannte Amateurastronomen und weitgehend auf sich allein gestellt, ihren Weg zur Erforschung des Sternenhimmels gebahnt. Ihr Blick war nicht durch ein Fachstudium oder durch ein vorgegebenes Weltbild beschränkt. Sie nahmen sich vielmehr die Freiheit, eigene Wege zu gehen, eigene Gedanken zu entwickeln – und konnten so im 18. und 19. Jahrhundert wichtige Zusammenhänge am Himmel entdecken. Dank ihrer Neugier, Willenskraft und Geduld gelangen ihnen bahnbrechende Entdeckungen.

Ein solches Musterexemplar in puncto Neugier, Hartnäckigkeit und Visionskraft war der 1738 in Hannover geborene Musiker Wilhelm Herschel.

Kapitel 1

Vom Musikus zum Himmelsstürmer – Wilhelm Herschel

Was veranlasst einen erfolgreichen Komponisten, Musiklehrer und Kirchenchorleiter, der seinen Lebensunterhalt mit Komponieren, Dirigieren und Spielen verdient, sein Leben den Sternen und Planeten zu widmen? Und der dann auf diesem Gebiet auch noch sehr erfolgreich und berühmt wird. Er wird einen neuen Planeten entdecken, neue Monde, und er wird die Milchstraße mit seinen selbst gebauten Spiegelteleskopen durchforsten. Mit seinen Fernrohren, die besser waren als die offiziellen Instrumente der Universitäten und Forschungsinstitute, wird er die erste Durchmusterung unserer Heimatgalaxis durchführen und damit die galaktische Astronomie begründen.

Abb. 1:
Friedrich Wilhelm Herschel in einem Porträt von 1791.

Aber beginnen wir von vorne. Friedrich Wilhelm Herschel (wie er mit vollständigem Namen hieß, in Deutschland meist nur Wilhelm genannt), 1738 in Hannover geboren, war aus seiner deutschen Heimat auf die Britischen Inseln geflohen. Die vielen Kriege auf dem Kontinent, vor allem der Siebenjährige Krieg, hatten ihn 1756 endgültig ins Vereinigte Königreich gebracht, wo er in den folgenden Jahren als Chefdirigent und Leiter eines der besten Orchester Englands in Bath, einem Zentrum des gesellschaftlichen und kulturellen Lebens, zahlreiche Erfolge feierte und ein allseits beachteter und hochangesehener Künstler wurde.

Herschel entstammte einer Musikerfamilie, die sich seit zwei Generationen nicht nur der Musik, das heißt der Komposition und der öffentlichen Aufführung, gewidmet hatte, sondern die sich auch, ganz im Geiste der Aufklärung, intensiv einer allgemeineren Bildung ihrer Kinder widmete. Kurzum, die Herschel-Kinder konnten nicht nur hervorragend Musik machen und singen, sie waren auch gut in Sprachen, Mathematik und Astronomie. Diese gemeinsamen familiären Interessen spielten durchaus eine Rolle, als Herschel, dessen musikalische Erfolge in Bath ihn reich gemacht hatten, seit dem Tode seines Vaters Isaak 1767 alle seine Geschwister nacheinander zu sich nach England holte. Zunächst den älteren Bruder Jakob, der sich jedoch mehr in London als in Bath aufhielt, dann den zwölfjährigen Dietrich, den 24-jährigen Alexander und schließlich seine 20-jährige Schwester Caroline. Wilhelm wollte ihren Lebensunterhalt sichern und zusammen mit ihnen das musikalische Angebot in Bath erweitern. Und so kam es, dass auch Caroline 1772, nach 15 Jahren unentwegter Haushaltsarbeit im väterlichen Hause, ihren Bruder nach England begleiten durfte. Vorher aber musste Wilhelm mit seiner Mutter im Gegenzug über eine jährliche Pension und die Bezahlung einer Haushälterin verhandeln.

Caroline traf im Oktober 1772 zusammen mit ihrem Bruder in Bath ein, ohne ein Wort Englisch zu sprechen. Für Heimweh fehlte ihr nach der Ankunft in England jedoch die Zeit, da die Vorbereitungen der kommenden Konzertsaison sie voll in Anspruch nahmen. Auch musste sie sich rasch mit dem Haushalt, dem Einkaufen und mit dem Aussortieren von Noten für den Chor, den ihr Bruder leitete, vertraut machen. Da Herschel von Carolines Stimme sehr angetan war, hegte sie den Traum, als Solistin in den jährlichen Konzerten und Oratorien, die ihr Bruder organisierte, zu singen. Ihm fehlte jedoch die Zeit, sie zu unterrichten, also blieb ihr nichts anderes übrig, als täglich morgens um sieben Uhr während seines Frühstücks Gesangsübungen vor ihm zu machen.

Erfolg erzeugt den Neid der Konkurrenten. Und so geschah es auch Herschel. Die große Arbeitsbelastung als musikalisches Multitalent, Musikmanager, Organist und Komponist raubte dem »Workaholic«

Herschel viel Energie, aber so richtig fertig machten ihn die Streitereien um Tantiemen und Rechte mit dem Musikdirektor der Stadt Bath, Thomas Linley. Im Frühjahr 1773 war Herschel derart erschöpft, dass er sich nach den Unterrichtsstunden und zum Leidwesen Carolines mit einer heißen Tasse Milch und seinen Büchern stundenlang in seinem Zimmer einsperrte.

Natürlich gehörten in der Zeit an erster Stelle Werke über Musik zu Herschels bevorzugter Lektüre. So unter anderem die Harmonielehre von Robert Smith. Der hatte aber noch ein ganz anderes Werk verfasst, das unter dem Titel *A Complete System of Optics* erschienen war, in dem unter anderem auch das Verfahren zu Herstellung und Schleifen von Teleskopspiegeln recht gut beschrieben war. Aber nicht jeder, der ein Buch über Optik liest, beginnt kurz darauf auch damit, Spiegel für Fernrohre zu schleifen. Da muss noch etwas hinzukommen. Und in der Tat beschäftigte Herschel auch das populärwissenschaftliche Buch *Astronomy explained upon Sir Isaac Newton's principles and made easy to those who have not studied mathematics* des schottischen Astronomen James Ferguson, das zahlreiche Himmelsobjekte beschrieb, in ganz besonderem Maße.

Unter dem Eindruck der Lektüre dieser beiden Bücher begann sich Herschel zu verändern. Seine Schwester Caroline bemerkte dies als Erste. Ihr Bruder war mit einem gemieteten kleinen Spiegelteleskop nach Hause gekommen, hatte es in seine Einzelteile zerlegt und beschlossen, ein eigenes zu bauen. Später formulierte er es so: »nichts auf puren Glauben hinzunehmen, sondern mich von allem, was andere vor mir gesehen, mit eigenen Augen zu überzeugen«. Durchaus ein Credo seiner Zeit, beflügelt womöglich durch eine persönliche Begegnung mit dem Philosophen David Hume, einem bedeutenden Vertreter des Empirismus. Nicht zuletzt Fergusons herrliche Beschreibung der Himmelskörper wird ihn aber ebenso inspiriert haben, selber die Gestirne zu beobachten, sie mithilfe des Teleskops mit eigenen Augen zu sehen. Allerdings merkte Herschel bald, dass die handelsüblichen Teleskope zu klein und zu lichtschwach waren für das, was er sehen wollte.

Und so begann er selbst Hand anzulegen. Dank Smiths Optikbuch wusste er ja, was er tun musste. Und er tat es. Herschel war wirklich ein Macher, er fackelte nicht lange, sondern besorgte sich alles, was er brauchte. Bei einem alten Händler kaufte er die nötigen Werkzeuge und sogar eine metallene Gussform. Mit einer Kutsche voll beladen mit diesen Schätzen kam er nach Hause. Und so konnte es eigentlich gleich losgehen.

Ja, eigentlich, doch neben seiner Tätigkeit als Organist hatte Wilhelm noch acht Schüler, die er täglich unterrichten musste. Erst danach konnte er zu Hause damit anfangen, Spiegel zu gießen und zu polieren. Zu Carolines Schrecken verwandelten sich bald alle Zimmer des Hauses in eine Werkstatt. Überall lagen Werkzeuge, in einem der Schlafzimmer stand eine Drehbank, das hübsch eingerichtete Empfangszimmer war voll mit zu schleifenden Gläsern, und es herrschte eine fieberhafte Atmosphäre. Von Caroline wissen wir, dass sie ihm »die Speisen bissenweise in den Mund geben musste, um ihn am Leben zu erhalten«, etwa als Herschel einen Spiegel bei der Politur 18 Stunden lang nicht aus der Hand legte. Dutzende von Spiegeln wurden so hergestellt, von denen sich jedoch nur wenige als für Teleskope geeignet erwiesen. Doch Herschel hörte nicht auf, sein Haus wurde vom Musentempel der Musik zur Teleskopfabrik.

Caroline begann unter dem »Doppelleben« des Bruders, der von der Astronomie besessen war, sehr zu leiden und sah ihre Träume als Sängerin bald begraben. Anstatt zu singen, musste sie nun stundenlang Röhren aus Pappe für die Teleskope herstellen, die sie nicht einmal hochheben konnte.

Die Werkbank für immer größere Spiegelfernrohre beanspruchte inzwischen so viel Platz, dass ein Umzug nötig wurde. Wegen Wilhelms großer Leidenschaft zogen die Herschels 1774 in einen Außenbezirk von Bath, in ein größeres Haus mit einem größeren Grundstück, auf dem jetzt noch größere Teleskope aufgestellt wurden: Spiegelteleskope mit einem Durchmesser von 16 bis 33 Zentimetern. Mit diesen Teleskopen und ohne klares wissenschaftliches Ziel führte Herschel seine erste Himmelsdurchmusterung durch. Deshalb gilt er auch als der Erfinder der heutigen »Surveys«, mit denen man versucht, sich am Himmel eine Übersicht zu verschaffen. Was ist alles da oben am nächtlichen Firmament? Für ihn waren diese Inventuren vor allem systematische Qualitätstests seiner Teleskope. Er ahnte nicht, dass er gerade dabei war, die zu seiner Zeit besten Teleskope der Welt zu bauen. Die Qualität der professionellen Teleskope der königlichen Sternwarte Greenwich hatte er auf jeden Fall schon bei Weitem übertroffen!

Abb. 2: Wilhelm Herschel beim Polieren eines Teleskopspiegels, während seine Schwester Caroline ihn füttert.

Auch heute noch würde es eigenartig anmuten, wenn auf einem Wohngrundstück große Holzgerüste mit Fernrohren aufgebaut würden. Sicher werden viele seiner Zeitgenossen damals den Kopf geschüttelt haben über diesen merkwürdigen Musiker, der doch so großartig Musik machte und jetzt den Sternen hinterherguckte. So ein Spinner, werden manche gedacht haben. Auf jeden Fall war Herschel der klassische Fall eines begeisterten Amateurs. Und Amateur wäre er auch geblieben, wenn ihn nicht eines Abends, als er wieder einmal sein 16-Zentimeter-Spiegelteleskop zum Mond hin gerichtet hatte, ein scheinbar zufällig vorbeikommender Mann darum gebeten hätte, ihn einen Blick in das Fernrohr werfen zu lassen. Am nächsten Morgen kam derselbe Herr ins Haus der Herschels. Erstens, um sich zu bedanken, und zweitens, um sich als Sir William Watson, Arzt und Mitglied der Royal Society in London, vorzustellen. Er lud Herschel ein, Mitglied der neu gegründeten Philosophischen Gesellschaft in Bath zu werden. Diese Einladung sollte zum wichtigen Wendepunkt im Leben des Musikers werden, denn von nun an konnte er sich intensiv mit interessierten Gleichgesinnten austauschen. Und dieser Austausch machte Herschel zu einem universell interessierten Naturwissenschaftler. Er begann Vorträge zu ganz unterschiedlichen Themen zu halten. Er sprach über das Wachstum von Korallen, aber auch über Schwerkraft, Elektrizität und Optik. Vor allem aber sprach er über die eigenen Beobachtungen. Seine Teleskope zeigten die Berge auf dem Mond, aber auch die Lichtschwankungen des Sterns Mira im Sternbild Walfisch (Cetus). Zu beiden Themen verfasste er Arbeiten, die Sir William Watson der Royal Society zur Veröffentlichung in den berühmten *Philosophical Transactions* vorschlug. Herschel wurde durch diese Publikationen auch dem Fachpublikum bekannt.

Jetzt vollzog sich die immer deutlicher werdende Verwandlung des Meistermusikers Herschel zum Meister der Astronomie. Einer seiner Schüler berichtete davon, wie er eines Abends zum Musikunterricht in Herschels Haus gewesen sei und der Musiker plötzlich ausgerufen habe: »Wie schön, wie schön!« Damit meinte er aber nicht die Musik, sondern den klaren Sternenhimmel, der nach einem wolkigen Tag zum Vorschein kam. Sofort ließ er die Violine fallen, griff nach dem Teleskop und rannte hinaus. Diese Szene sollte sich noch des Öfteren wiederholen, sogar in Konzertpausen in der Stadt.

Im Jahr 1779 begann Herschel zum zweiten Mal mit seinem 16-Zentimeter-Spiegelteleskop den Himmel systematisch zu erforschen. Diesmal setzte er sich als Ziel, die Positionen aller Sterne bis zur 8. Größenklasse zu bestimmen und mit den Positionen im Sternkatalog von John Harris zu vergleichen.

Nach zwei Jahren intensiver Arbeit geschah in der Nacht vom 13. März 1781 zwischen zehn und elf Uhr etwas Merkwürdiges: Bei der

Abb. 3: Die Einteilung der Sterne in sechs Größenklassen geht auf die antike Astronomie zurück. Sterne der ersten Helligkeitsklasse scheinen heller als Sterne zweiter oder dritter Klasse.

Durchmusterung schwacher Sterne im Sternbild Zwilling fiel ihm ein »Stern« auf, der deutlich größer als die anderen erschien.

Er betrachtete ihn zunächst mit 227-facher Vergrößerung und versuchte es anschließend mit 469- und 932-facher Vergrößerung. Bei einem Stern würde sich der Winkeldurchmesser durch eine stärkere Vergrößerung nicht im gleichen Verhältnis erhöhen, da Sterne so weit entfernt sind, dass sie – als Punktquellen – in jedem Teleskop unabhängig von ihrer Vergrößerung nur als sogenannte Beugungsfigur erscheinen, die nichts mit ihrem tatsächlichen Durchmesser zu tun hat. Doch siehe da, das Objekt war kein Stern, es wuchs entsprechend der Vergrößerung!

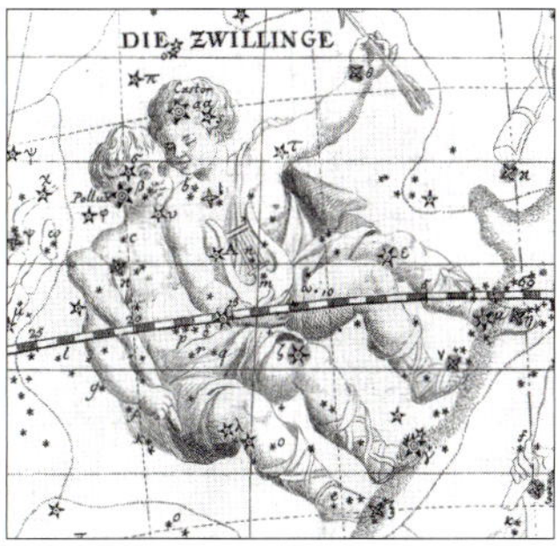

Abb. 4: Sternbild Zwilling, Tafelbild von Johann Elert Bode.

Voller Aufregung meldete Wilhelm der Royal Astronomical Society seine Entdeckung, von der er glaubte, es sei ein neuer Komet. Bald jedoch stellte sich heraus, dass er tatsächlich einen neuen Planeten entdeckt und zugleich die bis dahin bekannte Ausdehnung unseres Sonnensystems um 1,5 Milliarden Kilometer vergrößert hatte! Aus der Antike kannte man bisher nämlich nur die fünf Planeten Merkur, Venus, Mars, Jupiter und Saturn, die alle mit bloßem Auge sichtbar sind. Nach zweitausend Jahren astronomischer Himmelsbeobachtungen hatte Wilhelm nun in dieser Nacht einen sechsten Planeten entdeckt: Uranus, den er zu Ehren des englischen Königs Georg III. ursprünglich »Georgs Stern« genannt hatte.

Abb. 5: Wilhelm Herschel entdeckt im Beisein von Caroline den Planeten Uranus.

Der Musiker bekam zunächst Anerkennung nur in England. Erst in den Monaten März, April und Mai des Jahres 1781 wurde der Himmelskörper auch von anderen Astronomen beobachtet, darunter Charles Messier, der Direktor der Sternwarte in Paris. Dieser hatte sich über den angeblichen Kometen sehr gewundert, weil dieser gar keinen Schweif hatte. Die erste Bahnberechnung durch den finnischen Astronomen Anders Lexell im Juni desselben Jahres zeigte endgültig, worum es sich bei diesem Himmelskörper handelte, der eine nahezu kreisförmige Bahn beschrieb, die einen Radius von 18,928 Erdbahnhalbdurchmessern besaß, und dessen Umlaufzeit um die Sonne 82 Jahre und vier Monate betrug: Es war eindeutig ein Planet!

Die Diskussionen um den Namen des Planeten lösten einen langen und heftigen weltweiten Streit zwischen den Astronomen aus. Herschel bestand auf dem Namen »Georgs Stern«, doch der bekannte deutsche Astronom Johann Elert Bode nannte ihn Uranus, in der griechischen Mythologie der Vater des Saturns, der wiederum der Vater des Jupiters ist. So blieb, zu Herschels Ärger, alles in schönster mythologischer Ordnung. Doch sechs Jahre darauf entdeckte er zu seiner großen Freude zwei Monde des Uranus. Er nannte sie Titania und Oberon, nach der Feenkönigin und dem Feenkönig in Shakespeares

Komödie *Ein Sommernachtstraum.* So blieben zumindest die Monde des Uranus *very british.*

Nach der Entdeckung des Uranus wurde Herschel in die Royal Society aufgenommen, ein Jahr später ernannte ihn der König zum Hofastronomen. Mit 44 Jahren hatte der Musiker den Olymp der Wissenschaft erklommen. Er war angekommen und hatte endlich die Möglichkeit, sein Hobby zum Hauptberuf zu machen und sich ganz der Erforschung des Alls zu widmen. Als er Ende Juli 1782 vom Besuch beim König nach Bath zurückkehrte, hatte er bereits ein Haus mit Garten in Datchet, in der Nähe von Windsor, gemietet. In diesem neuen Zuhause begann Carolines Ausbildung zur Assistentin des königlichen Astronomen. Sie erhielt ein jährliches Gehalt von 50 Pfund und war damit die erste Frau in England, die für ihre astronomischen Tätigkeiten honoriert wurde!

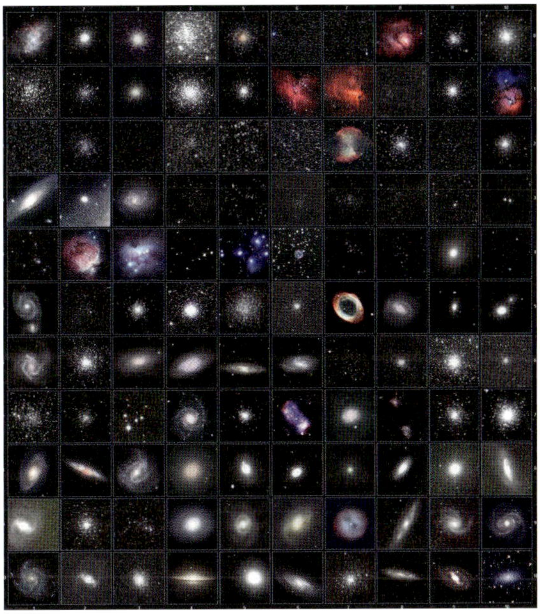

Abb. 6: Messiers Katalog ist eine Auflistung von 110 ortsfesten astronomischen Objekten (hauptsächlich Galaxien, Sternhaufen und Nebel), die neblig erscheinen und keine Kometen sind.

Nicht lange nach dem Umzug nach Datchet begann Herschel, erstmals ernsthaftere Beobachtungen von Nebelflecken und Sternhaufen durchzuführen. Bereits 1780 war er in den Besitz einer frühen Version des Katalogs von Charles Messier gelangt, jenes passionierten französischen Kometenentdeckers, den es zunehmend geärgert hatte, dass er immer wieder von diesen komischen kleinen Nebelknubbeln am Himmel in die Irre geführt worden war, die zwar aussahen wie ein Komet, aber ihre Position von Nacht zu Nacht exakt beibehielten. Also mussten sie Objekte des Sternenhimmels und nicht des Sonnensystems sein. Ärgerlich, wenn man auf der Jagd nach neuen Kometen war – aber solche Verwechslungen ließen sich ja vermeiden!

Schon seit den 1750er-Jahren hatte Messier begonnen, die Positionen dieser Nebelchen und Sternhaufen genau zu vermessen und darüber hinaus zu nummerieren. Damit ersparte er sich und seinen Zeitgenossen viel Arbeit und vor allem den Ärger einer etwaigen Verwechslung mit einem Kometen. Aus Messiers gelegentlichen Entdeckungen entstand über mehrere Jahre hinweg ein Katalog mit 103 Objekten (bis heute sind noch sieben weitere dazugekommen, sodass der »moderne« Messier-Katalog insgesamt 110 Objekte umfasst), der ihm einen Ehrenplatz in der Geschichte der Astronomie sicherte und in dem Messier sowohl Objekte innerhalb als auch außerhalb unserer Galaxis auflistete. Über die wirkliche Natur dieser Objekte und vor allem deren Entfernungen wusste Messier nichts. Niemand wusste das zu dieser Zeit. Aber schon stand jemand bereit, sich darüber ernsthaft Gedanken zu machen. Na klar, es war unser Musiker-Astronom Wilhelm Herschel.

Zunächst hatte Herschel allerdings noch zu viel um die Ohren, um sich außerhalb einiger Mußestunden die Messier-Objekte genauer anzusehen. Es war seine Schwester Caroline (und sein schon länger bestehendes Interesse an scheinbaren Veränderungen im Orionnebel, die er glaubte beobachten zu können), die ihn schließlich auf ein völlig neues Arbeitsfeld führte: die systematische Durchmusterung des Himmels nach Nebelflecken. Anlass war zunächst eine Idee Wilhelms gewesen, Caroline mit einem kleinen Refraktor nach Kometen suchen zu lassen, ganz so, wie es Messier tat. Und wie ihr französisches Vorbild fand sie nicht nur viele der schon bekannten Nebel und Sternhaufen wieder, sondern entdeckte im Februar und März 1783 sogar vier neue Objekte. Selbst durch seine erste Entdeckung eines neuen Nebels (des Saturnnebels im Sternbild Wassermann) euphorisiert, kam Herschel schließlich zu dem Entschluss, diese immer noch zufälligen Entdeckungen zu systematisieren. Wie viele dieser Nebelflecken es wohl am Himmel geben musste, wenn schon die vergleichsweise ungeordneten und zufälligen Beobachtungen gleich mehrere neue, noch unbekannte Objekte zutage gefördert hatten? So machte sich Herschel im März 1783 – nur wenige Tage nachdem Caroline »ihre« ersten beiden Objekte entdeckt hatte – an die Arbeit, um sich diese Nebel mal selbst genauer anzusehen, zunächst noch quasi als »Nebenbeschäftigung« und nur mit halbem Herzen. Denn er hatte ja noch andere Aufgaben: Anfangs musste er sich jede Beobachtungsminute, die das sprichwörtlich schlechte britische Wetter zuließ, noch von seinem laufenden Projekt abzweigen (er wollte alle Sterne des berühmten Flamsteed-Katalogs beobachten und neu vermessen). Ließ es die Zeit (und seine Disziplin) zu, nutzte er für seine Nebelbeobachtungen, was er an Teleskopen zur Verfügung hatte, mit denen er allerdings zunächst noch etwas planlos am Himmel herumsuchte. Aber er hatte schon einen Plan.

Neben Herschels astronomischen Aktivitäten ging auch der Teleskopbau in Datchet munter weiter. Dabei war Herschel nicht nur für seine Kunden aktiv: Auch sich selbst gönnte er im Laufe des Jahres 1783 ein neues Teleskop: den »großen 20-Füßer«, so genannt, weil es eine Brennweite von 20 englischen Fuß hatte, ungefähr 6,2 Meter. Gegenüber dem ersten 20-Füßer, mit dem er bisher beobachtet hatte, besaß dieses Teleskop eine deutlich größere Öffnung von etwa 48 Zentimetern – gegenüber den 33 Zentimetern des ersten Teleskops verdoppelte er damit glatt den Lichtgewinn! So ein Teleskop war wie geschaffen für die anstehende Durchmusterungsarbeit.

Der große 20-Füßer sollte Herschels produktivstes Teleskop überhaupt werden. Nun machte er keine halben Sachen mehr: Er perfektionierte seine Durchmusterungsmethodik und konnte nun, da er mit seinem neuen, großen Teleskop so viel mehr Licht einzufangen vermochte, so richtig loslegen: Beginnend Ende Oktober 1783, fand er innerhalb von Wochen mal eben Dutzende und bis Ende 1784 Hunderte neue Nebel und Sternhaufen am Himmel, bestimmte ihre Positionen, klassifizierte sie nach ihrer scheinbaren Helligkeit und Größe, der Regelmäßigkeit ihrer Form und der Konzentration zur Mitte hin. Was für ein gewaltiges Universum tat sich ihm da auf! Viele dieser

Abb. 7: Wilhelm Herschels großer 20-Fußer von 1783.

Nebel konnte er in einzelne Sterne auflösen. Einige schienen lockere Ansammlungen von Sternen zu sein, während andere als sehr dichte, aus vielen Sternen aufgebaute Kugeln erschienen.

Die Beobachtung des Himmels war für Wilhelm Herschel nie ein Selbstzweck, sondern sie diente seiner Einschätzung zufolge stets der Ideenbildung. So zeichnete sich zum ersten Mal in der Geschichte der Astronomie die Idee von einer Entwicklung dieser Himmelsobjekte ab: Herschel »sah« in seiner Vorstellung einen Kosmos, der sich entwickelte, sich veränderte! So mutmaßte er, dass sich unter der Wirkung der Schwerkraft aus einer zunächst gleichmäßigen Verteilung von Sternen heraus lockere Sternenansammlungen bildeten, die sich anschließend durch ihre gegenseitige Anziehungskraft mehr und mehr zu einer Kugel verdichteten. Damit ging Herschel viel weiter als Newton, in dessen Weltsicht Gott der kosmische Uhrmacher war, den er für die Wiederherstellung der Anfangsbedingungen – die gleichmäßige Verteilung der Sterne wider die Schwerkraft – zuständig hielt. Heute wissen wir zwar, dass die lockeren, offenen Sternhaufen sich nicht zu Kugelsternhaufen entwickeln. Es ist jedoch tatsächlich so, dass Sterne aus Verdichtungen von Gaswolken entstehen, deren Form sich mit der Zeit verändert. Gemeinsam mit seiner Schwester entdeckte Herschel schließlich mehr als 2500 neue Sternhaufen und Nebelflecken, die sie in insgesamt drei Katalogen veröffentlichten (1786, 1789, 1802).

Abb. 8: Offener Sternhaufen (links), daneben ein Kugelsternhaufen.

Die unterschiedlichen Erscheinungen der Nebelflecken verglich er mit denen unseres Milchstraßensystems und kam zu dem Schluss, dass sie »wohl nicht kleiner sein können, sondern wahrscheinlich viel größer sind als unser eigenes System«. Die Ähnlichkeit zwischen den Nebelflecken und der Milchstraße war so groß, dass er in seinem zweiten Katalog von Nebelflecken und Sternhaufen schrieb: »Für die Bewohner der in dem folgenden Katalog beschriebenen Nebelflecken muss unser eigenes Sternsystem entweder als kleiner nebliger Fleck oder als ausgedehnter milchiger Lichtstreifen erscheinen.« Und er hatte recht!

Abb. 9: Die Andromedagalaxie als Nebelfleck.

Seine Arbeit über Nebelflecken und die erstaunlichen Anblicke der Milchstraße durch seinen »großen 20-Füßer« inspirierten Herschel dazu, sich einer noch größeren Aufgabe zu widmen: dem »Bau des Himmels«, womit die Erforschung der Struktur des Milchstraßensystems gemeint war. Sollte es, so wie bei vielen Nebelflecken, möglich sein, die gesamte Milchstraße in einzelne Sterne aufzulösen und diese zu zählen, um die Struktur der

Galaxis genauer untersuchen zu können? Doch wie konnte man die Form und die Dimensionen eines Gebildes wie der Milchstraße erforschen, wenn man Teil dieses Gebildes war, sich sogar mittendrin befand? Tatsächlich ist es gleich, wohin wir in den Himmel schauen, überall sehen wir Sterne, in der einen Richtung mehr, in der anderen weniger. Und dann dieser längliche milchige Schimmer am Himmel, der nach den alten Griechen Milchstraße genannt wird? Was ist das genau, und wo ist unser Platz darin?

Herschel hatte aber diesmal beschlossen, eine neue Methode anzuwenden, und ging seine Aufgabe systematisch an. Seine Absicht war, über Sternzählungen nicht bloß die scheinbare Verteilung der Sterne am Himmel zu messen, sondern deren Anzahl in der Tiefe, bis zum Rand unserer Galaxis zu erfassen! Herschel bezeichnete sein Vorhaben als das »siderale Problem«, was nichts anderes bedeutete, als den Aufbau des Himmels zu ergründen. Dazu bediente er sich der folgenden zwei Annahmen: Zum Ersten ging er davon aus, dass ihm sein großer 20-Füßer ermöglichen würde, alle Sterne bis an den Rand der Milchstraße zu sehen. Zum Zweiten nahm er an, dass innerhalb des Milchstraßensystems alle Sterne gleichmäßig verteilt seien. Je mehr Sterne im Gesichtsfeld des Teleskops zu sehen waren, desto tiefer müsse an dieser Stelle die Galaxis, desto weiter ihr Rand entfernt sein. Herschel konnte unmöglich alle Sterne zählen, er entwickelte jedoch eine Methode, um eine repräsentative Verteilung zu ermitteln. Damit legte er den Grundstein für die stellare Statistik, eine Methode, die bis heute in der modernen Astronomie angewandt wird.

Er wählte am Himmel einen Kreis, der einen Querschnitt des Milchstraßensystems darstellte, und unterteilte diesen in 3400 Felder, die insgesamt 50 000 erkennbare Sterne enthielten. Von der Sonne aus zog er in Gedanken Linien in verschiedene Richtungen, in die das Teleskop für die Sternzählungen gerichtet wurde. Man kann sich vorstellen, dass jedes Blickfeld des Fernrohrs einen Kegel darstellte, dessen Spitze im Fernrohr selbst lag und dessen Grundfläche die entferntesten erfassbaren Sterne umschloss.

Die Anzahl der Sterne ist dann proportional zum Volumen dieses Kegels, und dort, wo man mehr Sterne zählt, ist die Höhe des Kegels größer. So konnte Herschel die relative Entfernung des Randes unserer Galaxis aus der Anzahl der beobachteten Sterne ermitteln. »Relativ« deshalb, weil es da noch ein kleines Problem gab: Es fehlte ein Maßstab für das Universum. Wenn man damals von kosmischen Entfernungen sprach, dann gern in Einheiten von »Siriusweiten« – man ging einfach davon aus, dass die hellsten Sterne auch die nächsten sein müssten, und Sirius ist nun mal der allerhellste Stern am Himmel. Entsprechend musste er auch – das war damals allgemeiner Konsens unter den Astronomen – der zur Erde nächstgelegene Stern sein. Und so konnte sich Herschel eine erste kosmische Leiter bauen, die relative Entfernungsverhältnisse, aber noch keine wahren Entfernungen angab: Je schwächer ein Stern, desto weiter musste er von uns entfernt sein.

Abb. 10: Darstellung von Herschels Methode, um eine repräsentative Verteilung der Sterne zu ermitteln.

Aus seinen Sternzählungen ergab sich im Jahr 1785 ein stark abgeplattetes elliptisches System, von dem Herschel eine Skizze anfertigte, in der er die Sterne durch gleichmäßig verteilte Pünktchen veranschaulichte. Die Sonne befindet sich nach diesem Bild nicht sehr weit vom Zentrum entfernt; das ganze System wäre auch nicht besonders stark zum Zentrum hin konzentriert, die Sterne wären darin einigermaßen gleich verteilt. Dieses Bild der Milchstraße zeigt sogar rechts eine Aufspaltung der Galaxis aufgrund von Staubwolken in den zentralen Gebieten.

Nun zeigte sich, wie sehr Herschel zum Wissenschaftler geworden war: Keine Erkenntnis ist unumstößlich, Theorien sind nur so lange

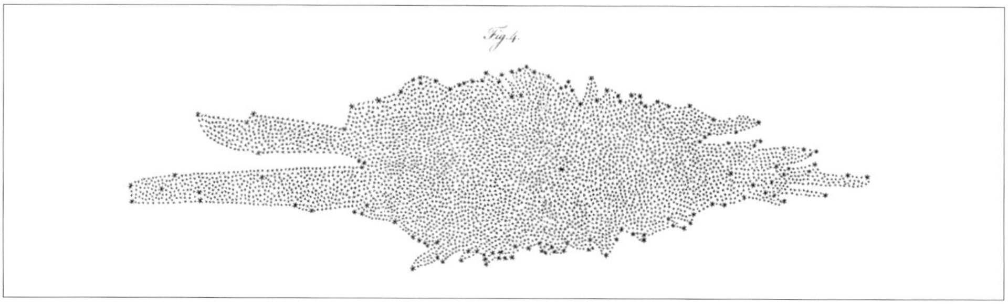

Abb. 11: Herschels Querschnitt durch die Milchstraße.

gültig, bis neue Beobachtungen ihnen widersprechen, sodass sie durch bessere Theorien abgelöst werden müssen. Bald stellte er nämlich fest, dass seine Annahmen unzulänglich waren, und er gab sie schließlich auf – nach bester wissenschaftlicher Methode. So revidierte Herschel bis 1791 seine ursprüngliche Annahme, dass alle Nebelflecken Sternansammlungen seien; er erkannte unter anderem anhand von Beobachtungen sogenannter *planetarischer Nebel*, dass es durchaus »echte« Nebelmaterie im Universum geben müsse. Und er sah auch ein, dass selbst sein großer 20-Füßer nicht alle Sterne bis an den Rand der Milchstraße erfassen konnte. Vor allem aber musste er feststellen, dass zwar eine große Anzahl von Sternen ein Maß für die Verdichtung der Sterne lieferte, dass sich davon aber nicht zwangsläufig auf die Entfernung bis zum Rand des Systems schließen ließ. Damit wurde ihm klar, dass das Vorhaben einer 3-D-Kartografierung der Milchstraße eine genaue Messung der Entfernungen der Sterne erforderte. Zu seiner Zeit aber waren solche Entfernungsmessungen ein großes Problem.

Aufgrund des feuchten Klimas in Datchet, das Herschels Gesundheit bei den ständigen nächtlichen Aufenthalten im Freien ganz und gar nicht zuträglich war, waren die Herschels gezwungen, von dort wegzuziehen. So führte Herschel eine weitere Wendung des Schicksals in das Städtchen Slough, nur wenige Kilometer von Datchet entfernt und ebenfalls nahe bei Windsor, aber dennoch klimatisch deutlich günstiger gelegen, wo er ab 1786, zur Freude des Königs weiterhin ganz in dessen Nähe, nicht nur seine Beobachtungen fortsetzte, sondern auch die damals größte Teleskopfabrik der Welt gründete. Gemeinsam mit seinen Geschwistern Alexander und Caroline baute er hier Hunderte Fernrohre. Er belieferte unter anderem den spanischen König, den Bruder Napoleons, den russischen Zaren, den österreichischen Kaiser, den Herzog der Toskana und auch viele bekannte Astronomen, darunter den Uranus-Namensgeber Johann Elert Bode aus Berlin. Als Belohnung für die Anstrengungen, die der Teleskopbau ihn kostete, nutzte Herschel jede klare Nacht, um weiter in die Tiefen des Firmaments vorzudringen, und das in einer Zeit, in der der Blick der professionellen Astronomen noch ganz im Sonnensystem gefangen war. So verlagerte sich sein Interesse von den Doppelsternen, die gemeinsam um einen Schwerpunkt kreisen, auf die Bewegung der Sonne samt ihren Planeten in Bezug auf die Fixsterne. Auch hier überwand er die Grenzen der akademischen Wissenschaft.

In Slough sollte Herschel den Rest seines Lebens verbringen. Im Garten des Hauses baute er denn auch sein größtes Teleskop: den »großen 40-Füßer«, ein Teleskop mit einem Spiegeldurchmesser von 122 Zentimetern und 12 Metern Brennweite (was 40 englischen Fuß entspricht – daher der Name). Es war so groß, dass es für 50 Jahre das größte Teleskop der Welt bleiben sollte. Caroline Herschel beschreibt in ihren Memoiren die Stimmung während der Einweihung dieses Teleskops: »Ehe noch die optischen Theile eingesetzt waren, machte sich mancher Besucher den Spaß, durch das Rohr zu gehen, unter ihnen König Georg III. und der Erzbischof von Canterbury. Letzterer, der hinter dem König ging, fand es schwierig, vorwärts zu kommen. Der König drehte sich um und reichte ihm die Hand, indem er sagte: ›Kommen Sie Mylord Bischof, ich will Ihnen den Weg zum Himmel zeigen!‹«

Das Teleskop sah – erst halb fertig, aber schon benutzbar – am 19. Februar 1787 sein »erstes Licht«, als Herschel es auf den Orionnebel richtete. Man kann durchaus verstehen, dass Herschel bei einem so großen Instrument nicht erst abwarten wollte, bis alles fix und fertig war – zu groß war die Neugier auf die Bilder, die dieses Gerät wohl zeigen musste. Tatsächlich war dieses Gerät so leistungsstark, dass Herschel schon kurz nach der offiziellen Inbetriebnahme im August 1789 einen sechsten und kurz darauf einen siebten Mond des Saturns entdeckte. Astronomische Beobachtungen mit diesem Giganten waren allerdings eine schweißtreibende Angelegenheit: So mussten zwei starke Helfer die Vertikalbewegungen ausführen, während Caroline in der Winterzeit in einer Hütte saß, mit Sternkatalogen und einer Uhr ausgerüstet, und über ein langes Sprachrohr mit Wilhelm in Verbindung stand. Der Meister stand auf einem Gestell und schaute direkt oben in die Öffnung des Teleskoprohrs, ein lebensgefährliches Unternehmen. Schließlich zeigte sich Herschel eher enttäuscht über die Komplexität des »Großen«, zu groß waren die praktischen Probleme, die sich beim Betrieb eines solchen Kolosses ergaben. Und so wurde der 40-Füßer zwar zur Ikone von Herschels Beobachtungsreisen ins Weltall, aber wirklich große Beiträge zu seinem wissenschaftlichen Werk lieferte er, abgesehen von der (nicht einmal ganz eindeutig zuzuordnenden) Entdeckung der beiden Saturnmonde, nicht. Doch als touristische Attraktion war das weithin sichtbare Teleskop zweifellos perfekt geeignet – und dieser Punkt ist nicht zu verachten, denn er sorgte dafür, dass Herschel auch abseits der Fachwelt im Gespräch mit der Gesellschaft blieb.

Abb. 12: Wilhelm Herschels größtes Teleskop, sein »großer 40-Füßer«.

Mittlerweile hatte sich auch im Privatleben von Herschel einiges getan: 1788 hatte er geheiratet. Das blieb natürlich nicht folgenlos, schon gar nicht für seine Schwester Caroline, die es bislang als eine ihrer Aufgaben angesehen hatte, ihrem Bruder den Haushalt zu besorgen. Da diese Aufgabe nun entfiel (sie wollte auch, ehrlich gesagt, nicht mehr als Haushälterin wirken), konnte sie sich nun ihrer Profession, der beobachtenden Astronomie, intensiver widmen. Auf einmal stand ihr viel freie Zeit zur Verfügung, und so wagte sie sich, als ihr Bruder einmal auf Reisen war, an ihre ersten selbstständigen Beobachtungen. Es war ein großer Erfolg: Bereits in der ersten Nacht entdeckte sie einen Kometen und meldete ihre Entdeckung sofort der Royal Astronomical Society.

Herschel arbeitete unermüdlich weiter. 1800 entdeckte er die Infrarotstrahlung der Sonne und zeigte als Erster, dass mehr Strahlungsarten existieren, als unsere Augen wahrnehmen können. Damit eröffnete er neue Wege für die Erforschung des Kosmos, was mehr als 100 Jahre später die Erforschung der zentralen Gebiete der Milchstraße ermöglichen sollte.

Als Wilhelm Herschel 1822 im Alter von 84 Jahren in Slough bei Windsor starb, hatte er als Instrumentenbauer die größten Teleskope der damaligen Zeit geschaffen. Als Astronom hatte er unser Sonnensystem durch die Entdeckung des Uranus um 1,5 Milliarden Kilometer erweitert, jeweils eine Arbeit *Über den Bau des Himmels* und zur Bewegung der Sonnen und des Sonnensystems im All veröffentlicht sowie zwei Doppelsternkataloge und drei Kataloge zu Nebelflecken und Sternhaufen herausgegeben. Nicht zuletzt war er der Erste, der aus seinen Beobachtungen eine Entwicklung der kosmischen Objekte ableitete. Ohne Zweifel darf man Wilhelm Herschel angesichts seiner Verdienste als Vater der modernen Astronomie und als Mann eisernen Willens bezeichnen.

Nach seiner 1785 erschienenen Arbeit zum Aufbau der Milchstraße sollten 50 Jahre vergehen, bis weitere Schritte zur Erforschung unserer Galaxis in Angriff genommen wurden. In demselben Jahr, in dem Friedrich Wilhelm (in England: William) Herschel die Milchstraße zu kartografieren versuchte, wurde im westfälischen Minden in Deutschland ein anderer deutscher Astronom zufällig gleichen Vornamens geboren: Friedrich Wilhelm Bessel. Er sollte es schließlich sein, der das Universum erstmals mit einem Maßstab versah, indem es ihm gelang, die Entfernungen zu den Sternen zu messen.

Kapitel 2

Vom Schulversager zum Sternentfernungsmesser – Friedrich Wilhelm Bessel

Latein war seine Sache nicht, aber die Mathematik. Fleißig war er wie sonst kaum jemand und sorgfältig, genau, detailbesessen, wenn es sein musste. Friedrich Wilhelm Bessel verließ als Achtklässler mit 14 Jahren die Schule auf eigenen Wunsch und wurde, wieder auf eigenen Wunsch, ein Kaufmannslehrling. Bessel wusste, dass es die Zahlen waren, das Rechnen und Berechnen, das möglichst genaue Kalkulieren, das ihm Einkünfte und Freude am Dasein bereiten würde. Und da war die wirtschaftliche Nutzung dieses Talents, mit Gleichungen und Rechnungen umgehen zu können, gewissermaßen der natürliche, weil konkrete und sichere Weg. Unterstützt auf diesem Weg hat ihn sein Lehrer und Schulkonrektor Johann Conrad Thilo, quasi sein Entdecker. Der hatte das Akribische, Sorgfältige, fast schon Übergenaue im jugendlichen Bessel erkannt sowie dessen Versessenheit in Sachen Mathematik und Astronomie. Einmal nämlich hatte der Junge eine Untertasse so lange mit Sand abgerieben, bis sie aussah wie die Linse eines Fernrohrs. Ein anderes Mal entdeckte er auf einer Himmelskarte einen »Fehler«: Nämlich dort, wo im Sternbild Leier nur ein einziger Stern verzeichnet war – ε Lyrae –, sah Fritz, wie er von allen genannt wurde, zwei Sterne am Himmel. Da nur sehr scharfe Augen die beiden Sterne auseinanderhalten können, kam er im Laufe seines Lebens immer wieder auf sie zurück, um seine Sehkraft zu überprüfen.

Abb. 13:
Friedrich Wilhelm Bessel, Porträt von 1834.

Fußgänger der damaligen Zeit berichteten davon, wie sie in vielen klaren Nächten den Lehrer und seinen Schüler mit einer Sternkarte in der Hand auf den Stufen der Martinitreppe in Minden sitzen sahen.

Friedrich Wilhelm Bessel, als eines von neun Geschwistern, wollte sich also aufmachen, raus aus Minden, hinaus in die Welt. Und seine Eltern stimmten seinen Plänen zu. Bei freier Kost und Logis, aber ohne Lohn wurde der junge Fritz ab 1799 in einem Überseehandelshaus in Bremen tätig. Er wurde ein Import-Export-Kaufmann, mit herausragenden Kenntnissen zum Thema exakte Buchführung. Zur Verwunderung der erfahrenen Kaufleute suchte der Lehrling stundenlang akribisch nach Fehlern und bemerkte nicht selten: »Wo ein kleiner Fehler festgestellt wird, kann sich auch ein bedeutend größerer verbergen, man muss ihn finden.«[1] Damals konnte er nicht wissen, dass genau dieses unbedingte Streben nach Genauigkeit ihm Jahre später ermöglichen sollte, tatsächlich bahnbrechende astronomische Messungen durchzuführen, mit denen er Geschichte schreiben würde.

Als Überseekaufmann lernte er nicht nur Sprachen und war begeisterter Hobbygeograf, sondern er begann auch, zumindest in seiner Fantasie, zu reisen. Aus der Idee einer geplanten Schiffsreise entspann sich für Bessel das Problem einer möglichst genauen Ortsbestimmung auf hoher See. Navigation und Ortsbestimmung, Mathematik und Astronomie in praktischer Anwendung – geradezu ein Paradies für Bessels Geist! Dafür baute er selbst ein erstes astronomisches Instrument, einen Sextanten, den er dringend für seine Reise brauchen würde, die allerdings nie stattfand.

Einer solchen Begabung konnten das reine Wirtschaften und kaufmännische Handeln nicht genügen. Auch wenn der Arbeitstag in der Firma Kulenkamp in Bremen von 8 Uhr morgens bis 20 Uhr am Abend dauerte, hatte Fritz noch genügend Energie, um bis spät in die Nacht Bücher zur astronomischen Bahnberechnung aufs Genaueste zu studieren und nachzurechnen. Und für soziale Kontakte blieb ihm immer weniger Zeit. Seiner Verwandtschaft in Bremen schrieb er kurz und bündig: »Ich habe Euch lieb, aber der Himmel ist mir näher.«[2]

Besonders wichtig war ihm der Komet von 1607, der später als Halley'scher Komet bekannt wurde. Seine Bahn wollte Bessel möglichst genau berechnen und vorhersagen. Deshalb drang er im Selbststudium immer tiefer zu den theoretischen Grundlagen der Astronomie vor und eignete sich ganze Wissensbereiche an, die er miteinander verband und zur Lösung seines Problems einsetzte. In Briefen beschrieb er seinen Lernprozess:

»So setzte ich eine ziemlich vollständige Kenntnis der Astronomie aus einzelnen Stücken zusammen, welche ich jedes an seinem Ort in der Übersicht einschaltete. Diese Methode des Lernens war übrigens die einzige mir angemessene. Ich lernte nur das, was ich anzuwenden beabsichtigte.« Unter anderem schrieb er: »Ich studierte eifrig, aber nicht auf eine Prüfung zu, sondern auf die Früchte zu, die mich unwiderstehlich reizten! Daß dereinst die Astronomie meine Profession werden würde, fiel mir nicht im Traume ein; ich folgte allein meinem Vergnügen, und dieses bestand in der Einsammlung von Früchten.«[3]

Mit dem Einsammeln der Früchte begann Bessel bereits mit 20. Er kontaktierte den damals bereits durchaus bekannten Arzt und Astronomen Heinrich Wilhelm Olbers und zeigte ihm seine Kometenberechnungen. Olbers war so begeistert von Bessels Arbeit, dass er ihn für eine Veröffentlichung im Novemberheft der *Monatlichen Korrespondenz* in Gotha zum »Kometen von 1607« vorschlug. Und die Arbeit erschien tatsächlich. Noch dazu verhalf Olbers dem jungen Bessel noch im gleichen Jahr zur Gelegenheit, den berühmten Mathematiker Carl Friedrich Gauß kennenzulernen. Dieser war ebenfalls sehr beeindruckt von den überragenden Berechnungen des jungen Fritz. Gauß, auch ehemals ein armer Student, verdankte seine Universitätskarriere einigen Förderern, wusste, wie hilfreich es sein konnte, Talente dieser Art zu unterstützen.

Bessel beendete seine vereinbarten Lehrjahre bei der Firma Kuhlenkamp in Bremen und wurde im März 1806 dank Olbers' Vermittlung Inspektor der Privatsternwarte des Oberamtsmanns Johann Hieronymus Schroeter in Lilienthal bei Bremen, mit einer äußerst dürftigen

Bezahlung von 100 Talern im Jahr. Sein Idealismus und seine Liebe zur Astronomie ließen ihn das Angebot seines ehemaligen Arbeitsgebers in Bremen von immerhin 700 Talern Jahressalär ablehnen.

Schroeter, ein Bewunderer Herschels, hatte selbst große Spiegelteleskope geschliffen, die nach Herschels Geräten in England rund 100 Jahre lang zu den lichtstärksten Teleskopen Europas zählten. Unter Schroeters Leitung erlernte Fritz den Umgang mit astronomischen Instrumenten. Während der Oberamtmann sich für den Mond, Planeten und Nebelflecken interessierte, ging Bessels Interesse jedoch eher dahin, die genauen Positionen von Himmelskörpern zu vermessen. Aus dieser Zeit stammen 39 wissenschaftliche Veröffentlichungen, die vor allem Probleme der Bahnberechnung von Kometen behandelten. Zehn Jahre später wurde Bessel dafür von der Pariser Akademie der Wissenschaften mit dem Lalande-Preis ausgezeichnet.

Als Bürger des Königreiches Westphalen wurde der damals 24-jährige Bessel 1808 wehrpflichtig. Die mögliche Einberufung versetzte Gauß, Olbers und Schroeter in helle Aufregung und veranlasste sie dazu, mehrere lange Dispensationsbriefe zu schreiben. Um jeden Preis wollten sie Bessel vor dieser Gefahr bewahren. Wer einberufen wurde, entschied damals das Los. Zur großen Erleichterung und Freude seiner Beschützer hatte Fritz das Glück, vom Militärdienst freigestellt zu werden.

Während dieser Zeit betrieben König Friedrich Wilhelm III. und sein Staatsminister Wilhelm von Humboldt in Preußen intensive Planungen zur Verbesserung des Bildungssystems im Allgemeinen und insbesondere zum Ausbau der Universität Königsberg. Zu den bereits existierenden Fakultäten sollte die Astronomie hinzukommen. Über Professor Johann Georg Tralles von der Preußischen Akademie der Wissenschaften in Berlin erhielt der nunmehr 25-jährige Bessel das Angebot, in Königsberg die Errichtung einer neuen Sternwarte zu leiten und das Fach Astronomie an der Universität zu unterrichten. Bessel berichtete Gauß zu dieser Zeit: »Diese Stellung entspricht ganz meinen Wünschen, da sie mir den Besitz schöner Instrumente verschafft, und einer alten Anhänglichkeit an Preußen schmeichelt; mein

Gehalt ist auf 800 Taler nebst freier Wohnung und Feuerung, wenigstens nach Beendigung des Baues der Sternwarte gesetzt, für Reise und Transportkosten erhalte ich eine Vergütung von 300 Talern.«

Ein Jahr später, am 10. Mai 1810, erreichte Bessel in Begleitung seiner Schwester Amalia die Universitätsstadt Königsberg. Dort nahm ihn der Bau der geplanten Sternwarte voll in Anspruch. Das Gebäude wurde kreuzförmig angelegt. Im östlichen Teil befanden sich die Wohnung, ein Unterrichtsraum und ein Arbeitszimmer, in der Mitte wurden die beweglichen Instrumente aufgestellt und am westlichen Ende der »Meridiansaal« eingerichtet. Hier konnte das Hauptfernrohr, das der Positionsbestimmung der Himmelskörper diente, aufs Genaueste in der Nord-Süd-Linie ausgerichtet werden.

Gleich im Sommersemester 1810 begann Bessel mit seinen Vorlesungen. Seine Berufung als Professor stieß jedoch auf Ablehnung seitens der Königsberger Professoren: Dieser Bessel ohne Schulabschluss wagte es, Astronomie und Mathematik an der Universität von Königsberg zu unterrichten? Irritiert wandte Fritz sich an Gauß, dem er schrieb: »Man schikaniert mich hier mit der Doktorwürde, die ich nicht besitze. Indes erklärte ich, daß ich als Königlicher Professor der Astronomie über diese Wissenschaft lesen könne, ohne zur Fakultät zu gehören.« Gauß, vertraut mit der konservativen Mentalität seiner Kollegen, suchte nach einer anderen Lösung. Im April 1811 ließ er seinem Freund durch einen Postboten die Doktor- und Magisterwürde honoris causa der Universität Göttingen erteilen. Dieses Hindernis war somit elegant und unkonventionell aus der Welt geschafft.

In Königsberg lernte Fritz Johanna Hagen kennen, die Tochter des Pharmazieprofessors Karl Gottfried Hagen, eines engen Freunds Immanuel Kants, und heiratete sie. Fünf Kinder bekam das Paar, drei Töchter und zwei Söhne, wobei der jüngste Sohn kurz nach der Geburt starb. Trotz seiner astronomischen Arbeit, die ihn stark in Anspruch nahm, widmete er so viel Zeit wie nur möglich der Erziehung seiner Kinder. Er ließ sie zu Hause unterrichten. Der Sprachunterricht lag ihm besonders am Herzen. Die Liebe zur Muttersprache und auch zu Latein war ihm wichtig. In dieser Zeit lernte er den Dichter Joseph von Eichendorff kennen, der höchstpersönlich einen Sprachlehrer für Bessels Kinder suchte.

Während seiner Zeit in Königsberg interessierte Bessel ein altes, noch ungelöstes Problem der Astronomie ganz besonders. Man wusste nicht, wie weit Sterne von der Erde entfernt sind. Insbesondere ein Effekt, der in direktem Zusammenhang mit der Bewegung der Erde um die Sonne stand, war immer noch nicht nachgewiesen. Es ging im Grunde um etwas ganz Einfaches: Wenn die Theorie, die 1543 von Kopernikus veröffentlicht wurde, richtig war, dass nämlich die Erde sich um die Sonne drehe und nicht umgekehrt, dann müssten sich während der Erdumdrehung die nahen Sterne scheinbar schneller bewegen als die weiter entfernten Sterne. Dasselbe geschieht, wenn wir eine Straße entlangfahren und es uns scheint, als zögen die nahen Dinge schneller an uns vorbei, während alles weiter Entfernte sich viel langsamer zu bewegen scheint. Von der Erde aus gesehen müssten die nahen Sterne demzufolge innerhalb einer jährlichen Rotation um die Sonne im Verhältnis zu den Fixsternen hin- und herspringen. Diesen Sprung nennt man in der Astronomie die Parallaxe eines Sterns. Die Parallaxe ist dann der Winkel P, unter dem der Radius der Erdbahn vom Stern aus erscheint. Beträgt die Parallaxe eine Bogensekunde (1/3600 eines Grades), so entspricht das einer Entfernung von 3,26 Lichtjahren oder ca. 31 Millionen Kilometern. Diese Entfernung wird in der Astronomie auch als Parallaxensekunde (1 Parsec) bezeichnet.

Die Skeptiker hatten recht mit dieser Annahme, und in der Tat hatten seit Kopernikus viele Astronomen versucht, dieses Phänomen nachzuweisen, darunter auch Galileo Galilei und später William Herschel. Jedoch gestalteten sich Beobachtungen solcher Sternparallaxen als äußerst schwierig. Das konnte nur bedeuten, dass Sterne sehr weit von der Erde entfernt sein müssten und entsprechend die »Sprünge« winzig klein. Zur Erläuterung soll folgendes Beispiel dienen: In der Astronomie wird der Abstand zwischen zwei Himmelskörpern in Grad gemessen. Da ein Kreis 360° umfasst, bestünde zwischen einem Stern,

Als Parallaxe eines Sterns bezeichnet man die scheinbare Änderung der Position des Sterns, wenn der Beobachter, der sich auf der Erde befindet, seine eigene Position aufgrund der Erdrotation um die Sonne von A zu B ändert.

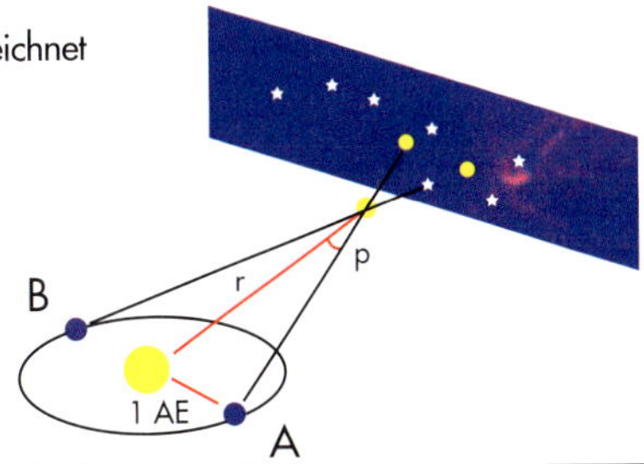

Abb. 14: Schematische Darstellung der Parallaxe.

der über unserem Kopf am Himmel steht, und einem Stern am Horizont ein Abstand von 90°. Der Sprung der Sterne jedoch, der gemessen werden sollte, beträgt selbst für die nächstgelegenen Sterne bestenfalls wenige Zehntausendstel Grad, ein so winziger Winkel, den zu messen jahrhundertelang unmöglich war. Hinzu kam, dass sich im 17. Jahrhundert die Newton'sche Gravitationstheorie etablierte, und so geriet die Suche nach der Parallaxe als Beweis für die Erdbewegung in Vergessenheit. Es genügte zu wissen, dass die Sonne als massenreichster Körper im Sonnensystem das Gravitationszentrum bildete und alle Planeten in ihren Bahnen hielt.

Aber für Bessel hatte dieses ungelöste Problem der Astronomie einen enormen Reiz. Er wollte unbedingt der Erste sein, der so genaue Messungen von Sternparallaxen machte. Und durchführen wollte er das Ganze mit einem Instrument, das der Optiker Joseph von Fraunhofer Jahre zuvor in München entwickelt hatte, um Schwankungen des Durchmessers der Sonne zu messen: dem Heliometer. Denn in diesen Jahren versuchten natürlich auch etliche andere Astronomen, als Erste Parallaxen und damit die Entfernungen zu den Sternen am Himmel zu messen, darunter der Direktor der Sternwarte im estnischen Dorpat (heute: Tartu), Wilhelm Struve, und der schottische Astronom Thomas Henderson. Der Wettlauf um die erste Sternentfernungsmessung war eröffnet.

Das Heliometer – das letzte Instrument, das Fraunhofer baute – traf im Sommer 1829 an der Königsberger Sternwarte ein. Bessel entschloss sich, das Fraunhofer-Heliometer zunächst für die Messung der Durchmesser von Planeten auszuprobieren, um sich mit den Fehlerquellen vertraut zu machen. Er ermittelte mit ihm zunächst den Durchmesser des Saturnmondes Titan und der Saturnringe. Während des Durchgangs des Merkurs vor der Sonnenscheibe im Jahr 1832 maß Bessel mit dem Heliometer den Durchmesser dieses sonnennächsten Planeten und erhielt als Ergebnis 4855 Kilometer. Dies entspricht beinahe dem heute präzisierten Wert von 4879 Kilometern! Bessels Neigung zu höchster Präzision und Genauigkeit zahlte sich eben aus und erwies ihm bei all diesen Messungen außerordentlich gute Dienste.

Dieses Instrument besitzt ein Objektiv, das längs des Durchmessers in zwei Hälften geteilt ist. Beide Objektivhälften können gegeneinander verschoben werden. Jedes der beiden Halbobjektive erzeugt ein Abbild der beobachteten Gegenstände, z. B. der Sterne A und B. Um den genauen Winkelabstand zwischen den Sternen zu bemessen, werden die Objektivhälften so weit verschoben, bis das Abbild des Sterns A direkt unterhalb des Abbildes des Sterns B erscheint. An der Skala (rechts) ist der gesuchte Abstand abzulesen.

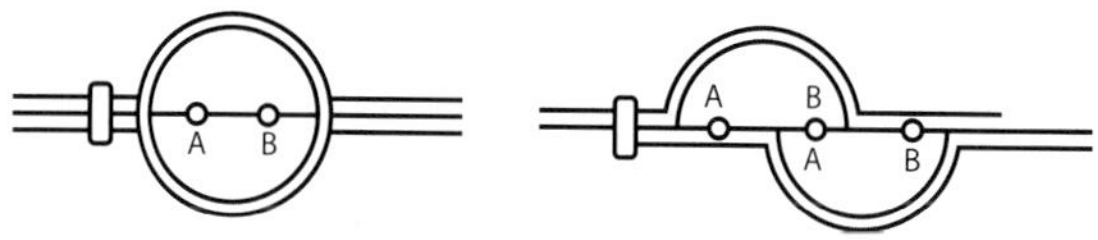

Abb. 15: Das Heliometer: Funktionsweise.

Im Juli 1831 musste er aufgrund einer Cholera-Epidemie, die in Königsberg ausbrach, seine Arbeit unterbrechen. Die Epidemie führte zu tumultartigen Ausschreitungen, die am Abend des 28. Juli darin gipfelten, dass die Königsberger Bevölkerung die Sternwarte stürmen und demolieren wollte, denn viele Einwohner Königsbergs machten Bessel für die Epidemie verantwortlich. Es hieß, dass eine silberne Kugel, die in der Sternwarte als Teil eines Versuches diente, an der Luft schwarz geworden sei und dadurch die Krankheitserreger erzeugt habe. Bessel verwendete diese Kugel, um Signale von einem Raum in den anderen zu übertragen und somit parallele Beobachtungen zu synchronisieren. Das Militär in Königsberg war zu schwach, um die Sternwarte zu schützen, und so waren es die Studenten der Universität, die die Sternwarte drei Tage lang entschlossen verteidigten und sie somit retteten. Als aber kurz darauf die Stadtverwaltung nahe der Sternwarte eine Begräbnisstätte für Cholera-Opfer einrichtete, ertrug Bessel diese Situation nicht mehr. Er schloss die Sternwarte und kehrte der Stadt zwei Monate lang den Rücken.

Im Jahr 1835 hatte Struve an der Sternwarte Dorpat bereits begonnen, mit seinem Fraunhofer-Refraktor die Parallaxe der Wega, des Hauptsterns im Sternbild Leier, zu messen. Zwei Jahre darauf hatte er erste Werte veröffentlicht, die jedoch noch vorläufig und ungenau waren. Währenddessen richtete sich Bessels Aufmerksamkeit auf den Stern 61 Cygni, der ihm durch seine starke Eigenbewegung auffiel. Dementsprechend musste der Stern der Erde relativ nahe sein.

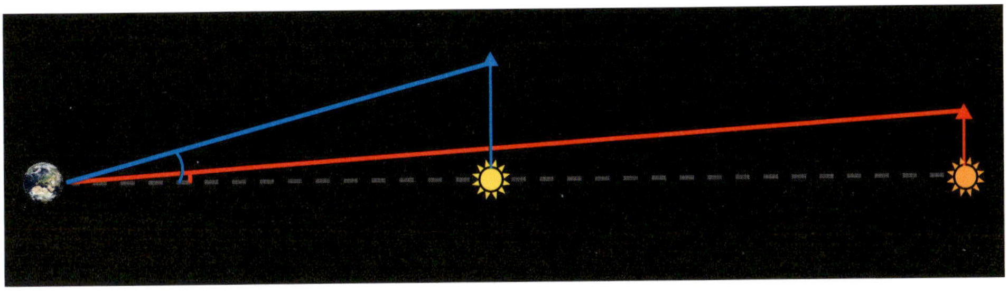

Abb. 16: Die Eigenbewegung eines Sterns ist die Winkelbewegung eines Sterns am Himmel von der Erde aus gesehen, gemessen in Bogensekunden pro Jahr. Sterne näher an der Sonne zeigen eine größere Eigenbewegung als Sterne weiter weg von uns.

Nach nur anderthalbjähriger Beobachtung des Sterns 61 Cygni gelang es Bessel 1838 in Königsberg erstmals, 300 Jahre nach Kopernikus' Vorhersage, die winzigen Sprünge dieses Sterns im Verhältnis zu den Fixsternen genau zu messen. Die gemessene Parallaxe von nicht einmal neun Hunderttausendstel Grad (für Kenner: 0,3136 Bogensekunden) entsprach einer Entfernung zur Erde von 10,4 Lichtjahren. Damals wusste man bereits, dass das Licht der Sonne knapp achteinhalb Minuten benötigt, um die 150 Millionen Kilometer bis zur Erde zurückzulegen, und so deutete Bessels Messung darauf hin, dass das Licht des Sterns 61 Cygni in 10,4 Jahren die unvorstellbare Entfernung von rund 114 Billionen Kilometern zurücklegen musste, um bis zur Erde zu gelangen. Und dabei war 61 Cygni noch einer der erdnächsten Sterne!

Als John Herschel, William Herschels Sohn, von dieser bahnbrechenden Messung erfuhr, schrieb er Bessel: »This is the greatest and most glorious triumph which practical astronomy has ever witnessed.«

(Dies ist der größte und ruhmreichste Triumph der praktischen Astronomie.) Und Olbers, der an seinem 80. Geburtstag von der Messung erfuhr, nahm dies als schönstes Geschenk und erklärte: »Bessel hat unsere Vorstellung vom Universum zum ersten Mal auf ein solides Fundament gestellt.« Bis zu seinem Tod war Olbers sehr stolz darauf, dass er es gewesen war, der Bessel entdeckt und unterstützt hatte.

Dabei hatte Bessel sicherlich auch das Glück des Tüchtigen: Er war nämlich gar nicht der Erste, dem die Messung einer Sternparallaxe gelang – er war aber der Erste, der sich traute, seine Ergebnisse zu veröffentlichen. Die Debatte um die Bestimmung der Entfernung zu den Sternen war in den frühen Jahren des 19. Jahrhunderts ein heißes Eisen, an dem man sich – und seine Karriere – nur allzu leicht verbrennen konnte, wenn man zu ungestüm mit ungesicherten Daten an die Öffentlichkeit vorpreschte. Genau diese Zurückhaltung eines anderen Zeitgenossen war es, die Bessel historisch letztlich zum Pionier der Entfernungsbestimmung machte: Der schottische Astronom Thomas Henderson hatte während seiner einjährigen (er war gesundheitlich von schwacher Konstitution und hielt es dort nicht lange aus) Anstellung an der königlich-britischen Sternwarte am Kap der Guten Hoffnung in Südafrika nämlich unter anderem 19 extrem genaue Positionsmessungen des Sterns Alpha Centauri vorgenommen (wir wissen heute, dass dieser Stern – abgesehen von seinem kleinen Begleiter Alpha Centauri C – der nächstgelegene Stern überhaupt ist). Nachdem er erfahren hatte, dass dieser Stern eine sehr große Eigenbewegung am Himmel hat (er also sehr wahrscheinlich der Erde ziemlich nahe steht), konnte Henderson bei einer vorläufigen Datenanalyse feststellen, dass Alpha Centauri wirklich das für eine messbare Parallaxe erwartbare Verhalten zeigte: Seine Bahn vor dem Hintergrund der weiter entfernten Sterne war nämlich nicht bloß eine gerade Linie, sondern wies das typische »Wackeln« auf, also das Hin- und Herschwingen um eine mittlere Position – ein klarer Hinweis auf eine Parallaxe. Aber 19 Einzelbeobachtungen – nein, das war nicht genügend belastbares Material für eine Veröffentlichung. Also ging Henderson erst 1839 mit seinen Beobachtungsergebnissen an die Öffentlichkeit – und damit um einige Monate zu spät, um in den Annalen der Astronomie als erster Astronom geführt zu werden, der eine Entfernung zu einem Stern bestimmt hatte. Diese Ehre gebührte fortan Bessel.

»Skandal!«, mag man da rufen. »Es ist ja alles ganz anders!« Also war Friedrich Wilhelm Bessel gar nicht der Erste, der eine Sternparallaxe erfolgreich gemessen hatte? Wurde hier jemand auf ein Podest gehoben, auf das eigentlich ein anderer gehört? Dazu ein klares Nein! Henderson tat – nach all der herben Kritik an denjenigen, die frühere angebliche Nachweise einer gemessenen Parallaxe veröffentlicht hatten – gut daran, sich nicht mit gerade einmal 19 Messungen ins Rampenlicht zu schieben. Wenn er selbst schon skeptisch bezüglich der Aussagekraft seiner Messungen war – wie konnte er verlangen, dass die Fachwelt ihm wohlwollender begegnen sollte? Nein, Bessel hatte einfach das bessere Datenmaterial zu einem früheren Zeitpunkt beisammen. Dessen Veröffentlichung zur Jahreswende 1838/1839 war einfach überzeugend. Bessel ist und bleibt damit der Erste, dem man seine Messungen wirklich guten Gewissens glauben konnte. Er steht heutzutage deshalb genau da, wo er hingehört: auf dem Podest desjenigen, dem die Ehre des größten Erfolgs der beobachtenden Astronomie des 19. Jahrhunderts gebührt.

Zu seinem großen Kummer traf Bessel zwei Jahre nach seiner wegweisenden Messung ein schlimmer Verlust: Sein Sohn Wilhelm, der an der Königsberger Universität Mathematik studierte und anschließend auf die Architekturschule in Berlin gegangen war, starb dort im Alter von nur 26 Jahren infolge eines epidemischen Nervenfiebers. Von diesem Schmerz sollte sich der Vater nicht mehr erholen. Damit sein Name nicht erlösche, verfügte Bessel, dass die ältesten Söhne seiner drei Töchter den Familiennamen Bessel weiterführen sollten. So geschah es, dass der Name Bessel dank der Enkelsöhne des Astronomen erhalten blieb.

Zwei Jahre nach dem Tod seines Sohnes war Bessels Gesundheit stark angeschlagen. Trotz allem entschloss er sich 1842 in Begleitung seiner Tochter Elise zu seiner ersten und einzigen Reise ins Ausland, nämlich nach Großbritannien. Dort nahm er in Manchester an der Jahrestagung der British Association for the Advancement of Science teil und hatte dort in London die große Freude, John Herschel persönlich kennenzulernen.

Als Bessel über Paris nach Königsberg zurückkehrte, war er ernsthaft erkrankt. Schon im Herbst 1844 musste er aus Krankheitsgründen seine Beobachtungs- und Lehrtätigkeit aufgeben. Zum Zeichen seiner Achtung und Bewunderung ließ ihn König Friedrich Wilhelm IV. durch seinen Leibarzt Dr. Schönlein persönlich behandeln. Die Krankheit war jedoch bereits fortgeschritten, und nach monatelangen quälenden Schmerzen, höchstwahrscheinlich verursacht durch Darmkrebs, starb Bessel am 17. März 1846 im Alter von 62 Jahren in Königsberg.

Obwohl Bessel sich während seiner langen Tätigkeit als Astronom nie mit der Frage der Vermessung der Milchstraße befasste, legte er doch den Grundstein für weitere Schritte in diese Richtung. Erst nach der Parallaxenmessung des Sterns 61 Cygni und mehrerer Tausend anderer Sterne konnten nachfolgende Astronomen dem Problem der dreidimensionalen Verteilung der Sterne in der Milchstraße quantitativ nachgehen. Aber dafür waren noch wichtige Entwicklungen und weitere Messverfahren notwendig.

In der Folge sollte ein niederländischer Astronom die Bühne betreten, der, auf Bessels Arbeit aufbauend, William Herschels ursprüngliche Ziele weiterverfolgen würde.

Kapitel 3

Der Astronom ohne Teleskop – Jacobus Kapteyn

Die Niederlande sind kein Land, das sich ein Astronom aufgrund seines Wetters aussuchen würde. Wolken und Wind ziehen über die flache Landschaft und schränken die Möglichkeit astronomischer Beobachtungen oftmals ein. Doch ausgerechnet hier erblickte an einem Wintertag des Jahres 1851 der Astronom Jacobus Cornelius Kapteyn das Licht der Welt, der Herschels Arbeiten zum Aufbau des Himmels mit Bessels Methode fortführen sollte.

Abb. 17: Jacobus Kapteyn, Porträt von 1898.

Jacobus war der neunte Sohn einer Lehrerfamilie. Wie ein roter Faden zog sich die Tradition des Lehrens über Jahrhunderte hinweg durch die Geschichte der Familie Kapteyn. Die Lehrtätigkeit lag ihnen buchstäblich im Blut, und wer von ihnen nicht an einer Schule oder in einer anderen Bildungseinrichtung beschäftigt war, der unterrichtete zu Hause.

Jacobus, genannt Ko, war ein in sich gekehrter Junge, der in seiner ganz eigenen inneren Welt lebte, aber als ein sehr guter und interessierter Schüler bereits mit 14 Jahren seine ersten astronomischen Erfahrungen mit einer Sternkarte machte. Davon inspiriert fertigte Ko mit viel Sorgfalt und Hingabe eine eigene Karte an, auf der er die hellsten Sterne mit silbernem Papier markierte. Der Himmel faszinierte ihn, und er sprach erstmals von seinem Wunsch, Astronom zu werden. So bekam er von seinem Vater sein erstes Teleskop geschenkt, mit dem er monatelang den Mond und einige Planeten beobachtete.

Mit 16 Jahren beendete Jacobus die Schule, blieb aber noch ein Jahr zu Hause. Während dieser Zeit überlegte Ko, wie er sich gegen den Willen des Vaters durchsetzen könnte, der in ihm einen Theologen sah. Ko aber wollte an der Universität Utrecht Mathematik und Physik studieren. Ein enger Freund von ihm war in einer ähnlichen Lage, und so vereinbarten die beiden einen Termin, um gleichzeitig mit ihren Vätern zu sprechen. Die Überzeugung und Entschlossenheit, die die beiden jungen Männer bei dem Gespräch an den Tag legten, ließen schließlich ihren Vätern keine andere Wahl, als ihren Wunsch zu akzeptieren.

Nach dem Abschluss seines Physikstudiums an der Universität Utrecht promovierte Kapteyn im Alter von 24 Jahren über die »Erforschung der Vibration einer Membrane«. Nach einigen Diskussionen mit seinem Vater, der in ihm nun einen zukünftigen Lehrer sah, entschied sich Kapteyn für die Forschung. Er bewarb sich und bekam für zwei Jahre eine Stelle als wissenschaftlicher Assistent in Leiden, wo er Gelegenheit hatte, sich mit verschiedenen Beobachtungsinstrumenten vertraut zu machen. »In meinem ganzen Leben habe ich nicht so hart gearbeitet wie zu dieser Zeit«, hat Kapteyn rückblickend einmal gesagt. Sooft es das niederländische Wetter erlaubte, beobachtete er ganze Nächte lang den Himmel.

Eines Abends, als der 26-jährige Kapteyn mit Studienkommilitonen aus Utrecht beim Abendessen saß, stand plötzlich sein Freund Ambrosius Hubrecht auf, um eine Flasche Champagner zu bestellen. Er erklärte den überraschten Gästen: »Ich erhebe das Glas auf das Wohl Willem Kapteyns, der einen Ruf als Mathematikprofessor an die Universität Utrecht erhalten hat.« Was für eine Überraschung für Jacobus, der noch nichts von der Ernennung seines älteren Bruders zum Professor wusste! Doch Hubrecht bestellte sofort eine zweite Flasche und rief: »Und nun möchte ich auf das Wohl eines Freundes anstoßen, der heute Abend bei uns ist und der ebenfalls Professor werden wird. Auf das Wohl von Ko Kapteyn, der soeben einen Ruf als Professor an die Uni Groningen erhalten hat!« Die Freunde und erst recht Jacobus Kapteyn trauten ihren Ohren nicht! Und doch stimmte, was Hubrecht gesagt hatte. Als Sohn des Generalsekretärs im Innenministerium erfuhr er natürlich vieles vor allen anderen. Nach dem Essen zog die ganze Gruppe laut singend durch Leiden. Eine ältere Dame betrachtete missbilligend die lärmenden jungen Männer, und Paulus Hoek, einer der Freunde aus der Runde, rief ihr zu: »Würden Sie glauben, dass einer von denen hier Professor ist?« Und lachend zeigte er auf Kapteyn. Die alte Dame war verwirrt: »So sehen also Professoren aus? Die habe ich mir wirklich anders vorgestellt.«

Am 20. Februar 1878 kam Kapteyn nach Groningen. Im Gepäck große Ideen und den dringenden Wunsch, Antworten auf offene Fragen der Astronomie zu finden. Für seine Einführungsvorlesung wählte er das Thema »Die Größe des Universums und die Parallaxe der Fixsterne«. 40 Jahre nach Bessels ersten Parallaxenmessungen und fast 100 Jahre nach William Herschels Sternzählungen waren auf dem Gebiet der Entfernungsbestimmung und der dreidimensionalen Verteilung der Sterne am Himmel so gut wie keine Fortschritte erreicht worden. Das wollte Kapteyn ändern. Allerdings war die Situation, die er in Groningen vorfand, alles andere als motivierend. Denn der Lehrstuhl für Astronomie war noch ganz neu, es gab keine Sternwarte, und die Chancen, eine errichten zu können, standen sehr schlecht. Kapteyn hielt Vorlesungen und schrieb unentwegt Anträge mit detaillierten Bauplänen für eine Sternwarte. Alles umsonst. Es fehlte ihm an Kontaktpersonen in der Regierung. Darüber hinaus waren die Astronomen aus Leiden und Utrecht auch anderer Auffassung. Sie befanden, dass eine dritte Sternwarte in den Niederlanden überflüssig war. Nach zwölf Jahren und zahllosen vergeblichen Versuchen gab Kapteyn schließlich auf. Was für eine Enttäuschung! Aber ein ehrgeiziger Astronom ohne Teleskop, das war unmöglich! Wie sollte es denn nun weitergehen?

In dieser aussichtslosen Lage heiratete Jacobus Kapteyn im Juli 1879 seine Freundin Elise Kalshoven aus Utrecht, mit der er zwei Töchter und einen Sohn bekam. Seiner Familie widmete er viel Zeit, zudem vertiefte er sich intensiv in die Lektüre der Darwin'schen Theorie und veröffentlichte zusammen mit seinem Bruder Willem einige mathematische Arbeiten. In den Semesterferien fuhr Kapteyn regelmäßig nach Leiden, wo sich genau die Instrumente befanden, auf die er angewiesen war. Er benutzte den Meridiankreis, um Sternenparallaxen zu messen, was ihm im Fall von 15 Sternen gelang. Die Aufenthalte in Leiden waren ihm ein Trost, obwohl ihm das Fehlen eigener Instrumente noch immer sehr zu schaffen machte.

Doch in den Weihnachtsferien des Jahres 1885 geschah ein bedeutender Zufall in Kapteyns wissenschaftlicher Laufbahn: Er las einen Artikel des Schotten David Gill, der als königlicher Astronom am Kap der guten Hoffnung in Südafrika tätig war und dort von einem großen Projekt berichtete, das er unmöglich allein durchführen konnte. Gills Vorhaben bestand darin, anhand von Fotoplatten einen Katalog mit den Positionen aller Sterne des südlichen Himmels bis zur Größenhelligkeit 10 herauszugeben. Für den nördlichen Sternhimmel existierte bereits ein solcher Katalog, die *Bonner Durchmusterung*, die Friedrich Argelander, ein Student Friedrich Wilhelm Bessels, 1859 veröffentlicht hatte.

Kapteyn, der unglückliche Astronom ohne Teleskop, sah sofort seine Chance. Ohne zu zögern, schrieb er einen Brief an Gill, in dem er ihm seine Unterstützung anbot. Wenn Gill ihm eine oder zwei Fotoplatten schicken könne und die Ergebnisse vielversprechend seien, wolle er einige Jahre seines Lebens dieser Arbeit widmen, schrieb Kapteyn. Gill wiederum war außer sich vor Freude und antwortete: »Ich erkenne hier den wahren brüderlichen Geist der Naturwissenschaften und in Ihnen einen wahren Bruder.« Kapteyn schätzte, dass er etwa sechs Jahre brauchen würde, um die Helligkeiten und Positionen der Sterne aus den Fotoplatten zu messen. Tatsächlich wurden daraus 13 Jahre.

So kam es, dass Gill zwischen 1886 und 1892 eine große Anzahl Fotoplatten nach Groningen schickte, auf denen Kapteyn die Sternpositionen maß. Für die Vermessung der Platten entwickelte Kapteyn eine unkonventionelle Methode. Anstatt x- und y-Koordinaten zu messen, verwendete er einen Theodolit und beobachtete die Platte aus einer Entfernung, die der Brennweite des Teleskops entsprach, an dem die Platten ursprünglich belichtet wurden. Auf diese Weise erhielt er direkt die Äquatorialkoordinaten, die für die Messung der Positionen von Himmelsobjekten in der Astronomie verwendet werden. Da er für die Auswertung aller Fotoplatten mehrere Helfer brauchte, erhielt der Astronom von der Regierung 500 Gulden. Die reichten jedoch bei Weitem nicht aus, um genügend Helfer für sieben Jahre zu bezahlen. So wandte er sich an eine Schule und fragte nach einem guten Schüler zur Unterstützung, woraufhin diese ihm den Abiturienten T. W. de Vries als vorläufigen Assistenten schickte. Dieser de Vries leistete so gute Arbeit, dass er unentbehrlich wurde. Ein guter Freund Kapteyns, ein Psychologieprofessor, stellte ihm zwei Räume in seinem Institut für die Messvorgaben zur Verfügung. So entstand im Institut für Psychologie das Astronomische Labor von Groningen.

Um 1890, als die beiden ihre Messungen beendeten und einen Katalog mit 450 000 Sternen der erstaunten Fachwelt präsentierten, war Jacobus Kapteyn ein international bekannter Astronom. Während eines Aufenthalts in Paris, bei dem mehrere Astronomen die Erstellung eines neuen Katalogs *(Carte du Ciel)*, an der weltweit 18 Sternwarten beteiligt werden sollten, besprachen, nutzte der Holländer die Gelegenheit, um erneut das Thema der Sternparallaxen und des »Aufbaus des Himmels« anzusprechen. Die *Carte du Ciel* würde es ermöglichen, nicht nur Positionen und Helligkeiten der Sterne zu messen, sondern auch deren Eigenbewegungen und Parallaxen. Leider gelang es Kapteyn lediglich, den Leiter der Sternwarte von Helsinki in Finnland dafür zu begeistern. Immerhin, mit dieser Unterstützung konnte Kapteyn im Jahre 1900 die kurze Liste der Sternparallaxen um 250 neue Messungen erweitern.

Zur selben Zeit boten die Experten der Universität Groningen, nun überzeugt von Kapteyns vielversprechenden Forschungsthemen, ihre Unterstützung an und stellten ein ganzes Gebäude sowie Messinstrumente zur Verfügung. Bei der Eröffnung des Gebäudes erläuterte Kapteyn sein Vorhaben den verblüfften Zuhörern. Noch nie hatten sie von einem astronomischen Labor ohne Teleskope gehört und konnten nicht begreifen, wie ein teleskoploser Astronom seine Arbeit verrichten sollte. Deshalb erklärte Jacobus, dass in jeder Sternwarte viel mehr Daten von Messungen am Himmel erzeugt werden, als analysiert werden könnten. Zwar waren genügend Mitarbeiter vor Ort, um in jeder klaren Nacht den Himmel zu beobachten, aber für die Auswertung reichten diese Arbeitskräfte nicht aus. Kapteyn zitierte dazu einen Satz von Charles Darwin: »das Abschleifen großer Massen an Fakten ins Gesetz«.[4]

Ein Jahr darauf, Kapteyn war bereits 50, durfte er die Promotion seines ersten Doktoranden, Willem de Sitter, miterleben, der Jahre später aufgrund seiner Anwendung von Einsteins Relativitätstheorie auf die Entwicklung des Universums weltberühmt wurde. Es waren Kapteyns produktivste Jahre. Sein Ziel: den Abstand der am weitesten entfernten Sterne und eine möglichst große Anzahl von diesen zu messen. Seine erste Idee war, immer mehr Sternparallaxen zu sammeln. In der Tat konnten im Laufe der Jahre dank seines Eifers und seiner Überzeugungskraft weltweit 100 000 Sternparallaxen gemessen werden. Das reichte jedoch bei Weitem noch nicht aus, um den Aufbau des Himmels zu erforschen.

Doch dann hatte Kapteyn einen genialen Einfall, durch den er eine direkte Verbindung von seiner Forschung zu Bessels Arbeit herstellte. Wie er bereits wusste, haben Sterne wie 61 Cygni eine starke Eigenbewegung, weil sie der Erde relativ nah sind. Er nahm an, dass willkürlich am Himmel verteilte Sterne sich auch zufällig in alle möglichen Richtungen bewegen. Also würde man erwarten, dass Gruppen von sehr nahen Sternen im Durchschnitt größere Eigenbewegungen aufweisen als Gruppen von weiter entfernten Sternen. Seine Vermutung bezog sich jedoch nicht auf einzelne Sterne, sondern nur auf Gruppen von Sternen. Kapteyn verwendete verschiedene statistische Methoden, um diesem Phänomen nachzugehen. Wenige Zeit später entdeckte er zusammen mit seinem Bruder Willem in Utrecht eine Formel, die die Eigenbewegung der Sterne mit deren Parallaxen verband. Wenn nur die Eigenbewegung eines Sterns bekannt war, so konnte er diesem nach der Formel eine »mittlere Parallaxe« zuordnen. Mit dieser Methode war Kapteyn in der Lage, Entfernungen von bis zu 3000 Lichtjahren zu messen, während die direkte Messung von Parallaxen nur bis zu 200 Lichtjahren Entfernung möglich war. Er benutzte matte schwarze Sphären, auf die er mit Kreide die Daten der Sternbewegungen in Form von Vektoren zeichnete. Darauf waren deutlich zwei Strömungen von Sternen zu erkennen! Mit anderen Worten: Die Eigenbewegungen der Sterne in der Milchstraße sind nicht zufällig verteilt. Es muss eine physikalische Ursache dafür existieren. Ganz konkret schien sich der eine »Strom« an Sternen weg vom galaktischen Zentrum (in Richtung des Sternbilds Orion) und der andere hin zum galaktischen Zentrum (in Richtung des Sternbilds Schütze) zu bewegen.

Seine Entdeckung der zwei Sternströmungen präsentierte Kapteyn 1904 im Rahmen einer naturwissenschaftlichen Tagung, die als Teil der Weltausstellung in St. Louis in den USA stattfand. Seine Beobachtungsresultate wurden durch Messungen anderer Gruppen sofort bestätigt. Die beiden Ströme bewegen sich mit einer aus den Radialgeschwindigkeiten ermittelten Relativgeschwindigkeit von etwa 40 km/s. Was hat das zu bedeuten?, fragten sich Kapteyn und seine Kollegen.

Überzeugt von seinem Ergebnis, schlug Kapteyn deshalb vor, den Himmel in Segmente zu unterteilen – so wie William Herschel es knapp 120 Jahre zuvor in England getan hatte –, um über eine internationale Kooperation die Daten von mehr als 200 000 Sternen samt Eigenbewegungen, Radialgeschwindigkeiten und Parallaxen zu erheben. Dieser Vorschlag präsentierte die erste koordinierte statistische Analyse in der Geschichte der Astronomie und umfasste die Zusammenarbeit von mehr als 40 Observatorien weltweit.

Seine Präsentation hinterließ großen Eindruck bei dem jungen US-amerikanischen Astronomen George Ellery Hale, der als Teleskopbauer bereits weltweit bekannt war. Hale war derart fasziniert von

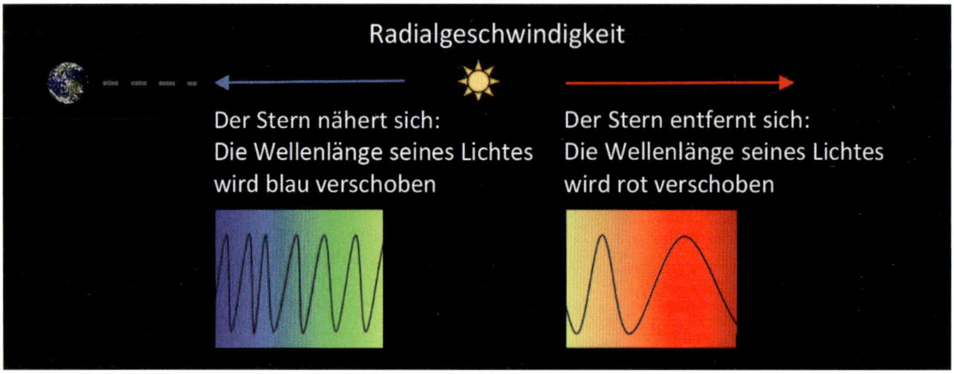

Abb. 18: Unter der Radialgeschwindigkeit eines Sterns versteht man seine Geschwindigkeit in Richtung der Sichtlinie zum Beobachter auf der Erde. Radialgeschwindigkeiten können mithilfe des Doppler-Effekts gemessen werden: Da die Wellenlänge des Lichts bei sich entfernenden Objekten größer wird und bei sich nähernden Objekten kleiner, ergibt sich eine Rot- bzw. Blauverschiebung. Diese kann man im Spektrum des Sterns nachweisen.

Kapteyns Idee, dass er im kalifornischen Mount-Wilson-Observatorium ein großes Sonnenteleskop errichtete, mit dem er nicht nur Sonnenbeobachtungen durchzuführen gedachte, sondern auch Kapteyn bei der Gewinnung seiner Daten helfen wollte. Kapteyn besuchte das Mount-Wilson-Observatorium jedes Jahr zusammen mit seiner Frau. Während sie beim ersten Mal noch in einem Zelt nahe der Sternwarte hatten übernachten müssen, bekam das Paar ein Jahr darauf als freundschaftliche Geste Hales eine Hütte (»Kapteyn Cottage«) geschenkt, die noch heute existiert und von Fachbesuchern genutzt werden kann.

1907 erhielt er beim Treffen der British Association for the Advancement of Science in Südafrika noch mehr Unterstützung, denn viele amerikanische Astronomen, die sich bis dahin an keiner internationalen Kooperation beteiligt hatten, schlossen sich nun seiner Unternehmung an. Ein Kollege Kapteyns schrieb in dieser Zeit: »Kapteyn verkörperte den einmaligen Fall eines Astronomen ohne Teleskop, doch nun gehören ihm alle Teleskope der Welt.« Tatsächlich war der Niederländer ein echter Pionier auf dem Gebiet der internationalen Kooperation, von der die Forschung in der Astronomie heute stark geprägt ist.

Ein Problem, das Kapteyn umtrieb, war für ihn die mögliche Existenz weit verteilter Materie mit geringer Dichte im Weltraum, die zwar für das Auge unsichtbar sei, aber das Licht der Sterne absorbieren könne. Bereits seit 1904 hatte ihn dieses Thema beschäftigt, denn dieser Effekt würde dazu führen, dass die Sterne als leuchtschwächer und weiter entfernt erscheinen, als sie es tatsächlich sind. Doch trotz seiner vielen Bemühungen gelang es ihm nicht, die Existenz dieses Materials nachzuweisen.

Inzwischen war er durch seine engen Kontakte zum Mount-Wilson-Observatorium allmählich eine der wichtigsten Kontaktpersonen für junge Astronomen geworden, deren sehnlichster Wunsch es war, mit dem damals größten Teleskop der Welt zu arbeiten. So besuchte ihn unter anderen 1911 der dänische Astronom Ejnar Hertzsprung. Der 38-jährige Däne, der Chemie studiert hatte und darüber hinaus stark an der Spektroskopie interessiert war, arbeitete zu dieser Zeit an der Sternwarte Potsdam in Deutschland. Hertzsprung erhielt nicht nur einen Empfehlungsbrief von Kapteyn, sondern wurde auch dessen Schwiegersohn: Er heiratete Henrietta Kapteyn.

Im Januar 1914 erreichte Kapteyn die Nachricht von David Gills Tod, der traurige Beginn eines verheerenden Jahres. Als am 28. Juli 1914 der Erste Weltkrieg ausbrach, befanden sich die Kapteyns auf dem Mount Wilson. Die Rückreise nach Groningen war mühsam und riskant, und während der Kriegszeit war es ihm nicht mehr möglich, in die USA einzureisen. Während des Krieges sah sich die astronomische Forschung in ganz Europa erschwerten Bedingungen ausgesetzt, und die internationale Zusammenarbeit in den Wissenschaften kam fast zum Stillstand.

Mit 69 Jahren wurde Jacobus Kapteyn emeritiert, ohne die Probleme der Astronomie, wie er es sich als junger Mann vorgenommen hatte, gelöst zu haben. Doch sein Forscherdrang ließ ihm keine Ruhe, und so kam es, dass er nach seiner Emeritierung weiter an seinem letzten großen Projekt, einer Synthese seiner Arbeiten zum »Aufbau des Himmels«, arbeiten konnte. Sein inzwischen berühmter Student Willem de Sitter, ein international bekannter Kosmologe, der sich der 1915 von Einstein veröffentlichten Allgemeinen Relativitätstheorie angenommen hatte, war inzwischen Direktor an der Universität in Leiden und verhalf Kapteyn dort zu einer befristeten Stelle. Mit der Unterstützung seines ehemaligen Studenten Pieter van Rhijn analysierte Kapteyn nun die Sterndaten der ausgewählten Himmelssegmente unter der Annahme, dass keine Absorption des Lichts stattfand. Ihr Ziel war es, die Dichte der Sterne – die Anzahl der Sterne im Verhältnis zum Raumvolumen – als Funktion der Entfernung zur Milchstraßenebene zu bestimmen. So schuf er ein Modell, das heute als Kapteyn-Universum bezeichnet wird. Sie kamen zu dem Schluss, dass sich die Sonne ganz in der Nähe des Zentrums des Universums der Sterne befindet, etwa 650 Parsec entfernt. Es wurde festgestellt, dass die Anzahl der Sterne pro Volumeneinheit vom Zentrum aus in alle Richtungen abnimmt. Das gesamte System war in der Ebene der Milchstraße etwa 17 000 Parsec breit, aber nur ein Fünftel so dick.

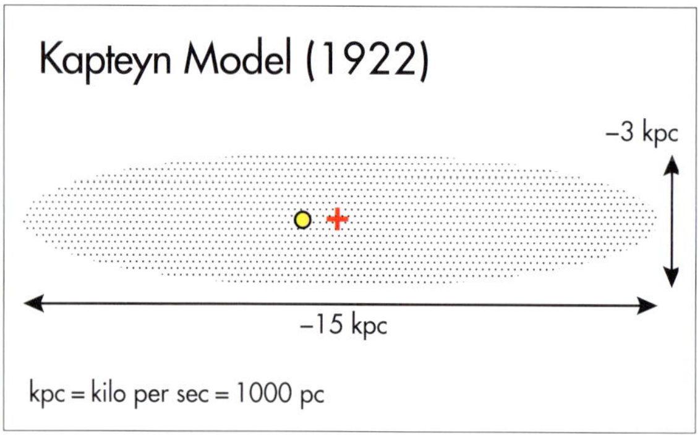

Abb. 19: Kapteyns modifiziertes Modell der Galaxis.

Ein Jahr später, im Alter von 70 Jahren, modifizierte Kapteyn noch einmal sein Bild der Galaxis, das sogenannte Kapteyn-Universum, und interpretierte die zwei von ihm entdeckten Sternströmungen als Sterne in konzentrischen Ringen, die das Zentrum des Systems umkreisten. Nach diesem Bild befand sich die Sonne nun innerhalb eines solchen Ringes, 2000 Lichtjahre vom Zentrum entfernt.

1921 präsentierte Kapteyn sein neues Modell bei einem Treffen der Astronomen in Edinburgh und in Leiden, und zwar vor einer Arbeitsgruppe, in der auch Albert Einstein saß. In diesen Tagen machte sich in den USA der Astronom Harlow Shapley an die Vermessung der Galaxis. Er hatte eine andere Methode der Entfernungsmessung verwendet und damit ein ganz anderes Modell mit noch größeren Dimensionen für die Milchstraße ermittelt. »Ich hoffe, lang genug zu leben, um zu sehen, wie Ihr Modell und meines sich treffen«, schrieb Kapteyn an Shapley. Doch als Shapley 1922 nach Leiden zu Besuch kam, war Kapteyn bereits zu schwach und krank für ein Treffen. Kapteyn starb am 18. Juni 1922 im Alter von 71 Jahren, ohne dem Mann, der sein Modell der Milchstraße infrage stellen würde, die Hand geschüttelt zu haben und ohne zu erfahren, warum beide Modelle so unterschiedlich waren. Wie wir im nächsten Kapitel sehen werden, lag dies an der Entfernungsmessungsmethode, die eine zierliche, schweigsame und bescheidene Frau namens Henrietta Leavitt auf der anderen Seite des Atlantiks entdeckt hatte.

Kapitel 4

Die stille Welt der Henrietta Leavitt

In einer stillen Ecke im zweiten Stock des Harvard College Observatory saß in den 1890er-Jahren eine zierliche dunkelhaarige junge Frau, die ein langes Rüschenkleid trug, das bis zum Hals geknöpft war, ihr dunkles Haar eng in einen Haarknoten gebunden. Tief gebeugt über eine Fotoplatte, schien sie ihre Umgebung nicht wahrzunehmen. Ihr Name war Henrietta Swan Leavitt, und sie war fast taub. Sehr wahrscheinlich war sie deshalb in der Lage, die Geräuschkulisse der anderen anwesenden Frauen zu ignorieren, um hoch konzentriert Hunderte von Sternen, die als schwarze Punkte auf der beleuchteten Fotoplatte abgebildet waren, systematisch zu untersuchen.

Abb. 20: Henrietta Leavitt, Porträt um 1900.

Jeder, der damals den Direktor des Harvard College Observatory, Edward Charles Pickering, besuchte, war von der Gruppe der Frauen beeindruckt, die ihn bei seiner Arbeit tatkräftig unterstützten. Es waren um die 15 fleißige Frauen, die alle im selben Raum saßen und als Freiwillige oder für einen sehr niedrigen Lohn (25 Cent pro Stunde!) Tausende von Sternen nach ihrer Helligkeit klassifizierten.

In der Vergangenheit hatten sich Astronomen hauptsächlich dafür interessiert, die Position und Bewegung der Sterne zu messen. Pickering hingegen interessierte sich für Helligkeit und Farbe. Die Bestimmung dieser Größen und die Erstellung eines großen Sternenkatalogs waren sein Ziel.

In jener Zeit maßen Astronomen die Sternhelligkeiten mit einem deutschen Instrument – dem Zöller-Astrofotometer –, das die Helligkeit eines Sterns mit dem Licht einer Kerosinlampe verglich. Fokussiert durch ein Nadelöhr und von einem Spiegel auf das Teleskopsichtfeld reflektiert, erschien der Punkt eines Lampenlichts wie eine kleine Sonne, die neben einem Stern schwebt. Die Beobachterin stellte das Instrument ein und senkte schrittweise die Helligkeit der Lampe, bis sie der des Sterns entsprach. So konnte die Helligkeit des Sterns über die Lampe gemessen werden.

Pickering war jedoch der Meinung, dass sich eine endgültige Messung auf ein astronomisches Standardobjekt stützen sollte, das universeller wäre als die Helligkeit einer Lampe. Mit diesem Ziel baute er ein neues Instrument mit einer Anordnung von Linsen und Spiegeln, die es ermöglichte, jeden Stern am nördlichen Himmel mit dem Polarstern zu vergleichen, der etwas willkürlich auf eine Helligkeitsgröße von 2,1 eingestellt war. Mit dieser Technik wurde in Harvard die Helligkeit von 45 000 Sternen gemessen.

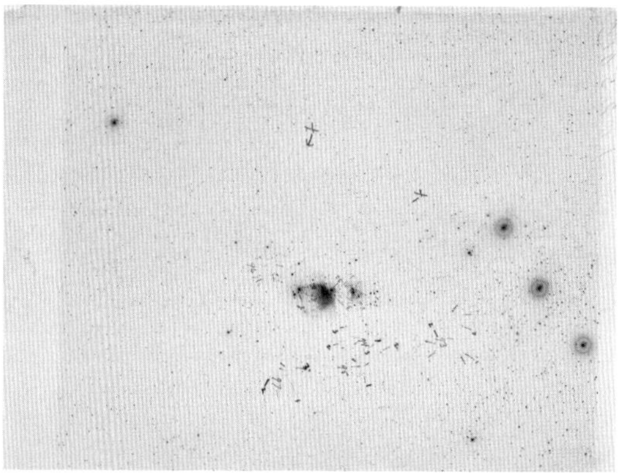

Abb. 21: Pickerings langzeitbelichtete fotografische Platte.

Das war aber nur eine von Pickerings neuen Methoden. Er vermutete, dass es in den Lücken zwischen den Sternen noch viel mehr Sterne geben würde, die zu schwach leuchteten, um mit der Netzhaut eines menschlichen Auges registriert werden zu können. Um tiefer ins All blicken zu können, müsste das Licht dieser schwachen Sterne auf einer fotografischen Platte gesammelt werden, die ins Teleskop geschoben wurde. Während einer Langzeitbelichtung hinterließen hellere Sterne größere Flecken auf der fotografischen Platte, indem sie chemisch mehr Körner in der Emulsion verdunkelten. Der Durchmesser der Punkte wäre somit ein Indikator für die Sternhelligkeit (und übrigens nicht für ihren Durchmesser, unter dem sie uns erscheinen – das wird immer wieder gern verwechselt: Es handelt sich hier lediglich um die Auswirkungen der Lichtbeugung am Rand der Fotoobjektive, die grundsätzlich alle Sterne als Punktlichtquellen, als gleich große Scheibchen abbildet, die allerdings in der Mitte am hellsten sind und nach außen schwächer werden. Nur deshalb erscheinen helle Sterne auf einer Foto-

Abb. 22: Pickering mit seinen Computerfrauen, Harvard University.

grafie größer als lichtschwache Sterne, denn der »Lichtberg«, der sich während der Belichtung auftürmt, ist für helle Sterne schlicht größer).

Auf einer solchen Fotoplatte erschien der Hintergrundhimmel weiß, die Sterne schwarz. Beim Blick durch ein Okular konnte man jeden Punkt mit denen von Sternen vergleichen, deren Helligkeiten bekannt waren. Diese Information war auf einer kleinen Palette angezeigt, die mit Punkten verschiedener Größe markiert und beschriftet war.

Auf diese Fotoplatten, die Tausende von Sternabdrücken beinhalteten, starrten Pickerings Helferinnen (darunter Leavitt) im Harvard-Observatorium. Man nannte sie auch »Pickerings Harem« oder etwas respektvoller »Harvard Computers«.

Nur mit großer Mühe kann man sich vorstellen, wie es vor 100 Jahren gewesen sein mag, ein Computer am Harvard College Observatory zu sein. Damit war aber keine seelenlose Maschine aus Silizium und Transistoren, aus Metall und Draht gemeint, sondern eine lebende, atmende Frau. Diese menschlichen Computer arbeiteten stundenlang hoch konzentriert und leisteten, was nur ein menschliches Gehirn zu leisten vermag: Objekte vermessen, vergleichen und klassifizieren. Ihre Daten zu interpretieren war ihnen jedoch nicht gestattet.

Von Anfang an wurde Henrietta Leavitt von Pickering mit der Suche nach veränderlichen Sternen, das heißt nach Sternen, deren Helligkeiten sich zyklisch veränderten, beauftragt. Sie musste auch die Periode der Variation – wie lange es also dauerte, bis ein solcher Stern einen kompletten Zyklus von hell bis dunkel und wieder zurück zu hell durchlaufen hatte – bestimmen sowie den genauen Verlauf der Form des Lichtwechsels. Eine Periode konnte sich dabei über Tage, Wochen oder Monate hinziehen, weshalb von einer bestimmen Himmelsregion stets eine große Menge von Fotografien bereitstehen musste, wenn man wirklich aussagekräftige Daten über veränderliche Sterne in diesem Bereich sammeln wollte – eine ungeheure Fleißaufgabe, die, man kann es sich sicherlich gut vorstellen, vor allem eines war: extrem langweilig.

Aber die Astronomie konnte um die Wende zum 20. Jahrhundert noch keine befriedigenden Antworten liefern, weshalb Sterne denn überhaupt ihre Helligkeit ändern. Die Gründe für diese Helligkeitsveränderungen lagen damals noch im Dunkeln, denn die Energiequelle der Sterne, ihr Aufbau und ihre Entwicklung waren unbekannt. Bei manchen Sternen war der sogenannte Lichtwechsel zudem sehr langsam, sodass mehrere Messungen der Helligkeit innerhalb eines Jahres notwendig waren, um die Veränderungen überhaupt feststellen zu können.

Um astronomisch weiterzukommen, brauchte man Daten, Daten, Daten – und dafür brauchte man Menschen, die diese Daten aus den Fotografien extrahierten. Die Technik der Fotoplatten ermöglichte dabei mittlerweile, solche Messungen regelrecht im Akkord zu machen. Die Astronomen machten wiederholt Aufnahmen derselben Region des Himmels in verschiedenen Zeiten des Jahres, und Rechengehilfen – im Fall von Edward Pickering waren es die Computerfrauen in Harvard – verglichen die Platten, indem sie sie aufeinanderlegten. Dabei war eine der Platten ein positives Bild, sodass die unveränderten Sterne verschwanden, wenn die positiven und negativen Platten überlagert wurden, während die veränderlichen Sterne sichtbar blieben.

Und so arbeitete auch Henrietta unermüdlich riesige Mengen von Platten durch, Tag für Tag, Monat für Monat. Im Laufe ihrer Auswertungen konnte sie mehrere Hundert veränderliche Sterne entdecken. In den auch kurz »Veränderliche« genannten Sternen verbarg sich dabei, genau wie man erhofft hatte, eine Schlüsselinformation, die Henrietta später entdecken sollte und die den Astronomen bis heute erlaubt, nicht nur große Entfernungen innerhalb der Milchstraße, sondern auch außerhalb bis in weit entfernte Galaxien zu messen. Aber ihre Entdeckung musste noch warten, da sie 1896, nachdem sie vier Jahre lang Tausende von Platten untersucht hatte, ihre Ergebnisse vorläufig zusammenschrieb und zu einer zweijährigen Reise nach Europa aufbrach. Niemand weiß, mit wem und wohin, aber mit Sicherheit besuchte sie die Großstädte Europas.

In der Tat, über das Leben dieser stillen und sehr zurückhaltenden Frau ist sehr wenig bekannt. Ihre Bescheidenheit hielt sie wahrscheinlich davon ab, ein Tagebuch zu führen. Es sind auch kaum Briefe erhalten. Sie galt auf jeden Fall als sehr pflichtbewusst und loyal, vor allem gegenüber ihrer Familie. Für oberflächliche Vergnügungen schien sie sich wenig zu interessieren. Kein Wunder: Henrietta Leavitt war die Tochter puritanischer Eltern.

Geboren wurde Henrietta Swan Leavitt am 4. Juli 1868 in der Stadt Lancaster, Massachusetts, USA. Ihr Vater war George Roswell Leavitt, der Priester in der Gemeindekirche war. Ihre Mutter hieß Henrietta Swan Kendrick. Henrietta war das älteste von sieben Kindern, von denen zwei im Kindesalter starben. Ihre Familie war relativ wohlhabend, was es Henrietta ermöglichte, sich im Alter von 17 Jahren, nach dem Umzug der Familie nach Ohio, am Oberlin College für einen einjährigen Vorbereitungskurs einzuschreiben. Anschließend studierte sie zwei Jahre lang verschiedene Fächer und verbrachte ein Jahr mit dem Studium der Musik.

Der Beruf des Vaters führte die Familie zurück nach Massachusetts, nach Cambridge, dem Sitz der Harvard University. Damals ließ Harvard allerdings keine Frauen zu, und Henrietta schrieb sich im »Harvard Annex« ein. Das war eine Bildungseinrichtung (das heutige Radcliffe College), die von der Society for the Collegiate Instruction for Women betrieben wurde. 1892 schloss Henrietta im Alter von 23 Jahren mit dem Äquivalent eines Harvard Bachelor of Arts ihr Studium ab.

In ihrem letzten Studienjahr, während eines Kurses am Observatorium der Harvard University, entdeckte die junge Frau ihre Begeisterung und ihr Interesse für die Astronomie. Da Frauen damals noch nicht an Teleskopen arbeiten durften, bewarb sie sich für ein Praktikum bei Edward Pickering, der, wie bereits erwähnt, damals etwa 20 Frauen als Hilfskräfte beschäftigte.

Nach ihrer zweijährigen Reise nach Europa kehrte sie zwar nach Harvard zurück, aber nicht zum Observatorium, sondern zum Beloit College (einer liberalen Kunsthochschule), wo sie als Kunstassistentin arbeitete. Doch die Sterne riefen sie zurück. Sie schrieb deshalb Pickering erneut und entschuldigte sich für ihr Schweigen. In ihrem Brief teilte sie mit, dass sie nach einer Infektion einen Gehörschaden zurückbehalten habe, der sich bei kaltem Wetter und Anstrengungen verschlechtere. Nun wollte sie wissen, ob er ihr eine Sternwarte in einer milden Klimazone empfehlen könne. Pickering antwortete, dass er von keinen entsprechenden Arbeitsoptionen wusste. Er beglückwünschte sie aber zu ihrer früheren Arbeit in Harvard und lud sie ein, an das Harvard College Observatory zurückzukehren, um als Vollzeitkraft unbefristet für einen Lohn von 30 Cent pro Stunde zu arbeiten. Das war damals mehr als der US-Durchschnittslohn, der etwa 10 Dollar pro Woche betrug. Schullehrer verdienten damals weniger als 350 Dollar pro Jahr!

Die inzwischen 33-jährige Henrietta Leavitt wurde diesmal nicht mit veränderlichen Sternen beauftragt, sondern mit einem hochkomplizierten, anspruchsvollen Projekt. Sie sollte die Daten von fast 300 Fotoplatten von 13 verschiedenen Teleskopen untersuchen mit dem Ziel, die Helligkeit von Sternen rund um den Himmelsnordpol in ein gemeinsames System zu bringen. Dieses Projekt erhielt den Namen »Nordpol-Sequenz«, es hätte von einem Team aus mehreren Mitarbeiterinnen und nicht von einer einzelnen Person durchgeführt werden sollen. In einer ungeheuren Fleißarbeit ordnete Henrietta mithilfe mathematischer Gleichungen alle Sterne in 17 Helligkeitsstufen ein (die schon bei Herschel erwähnten Größenklassen der Sterne). Zwölf Jahre später, 1913, sollte ihre Arbeit vom International Committee on Photographic Magnitudes akzeptiert werden und war von da an als *Harvard Standard* bekannt.

Aber Leavitt analysierte nicht nur den nördlichen Himmel, denn nach einer zweiten Europareise im Jahre 1903 nahm sie 1904 ihre Arbeit wieder auf und zog zu ihrem Onkel Erasmus Villa in die Garden Street, nicht weit weg vom Observatorium. Auf ihrem Schreibtisch fand sie einen Stapel vieler Fotoplatten. Diesmal stammten diese nicht aus Harvard, sondern aus Arequipa, Peru, einer Außenstation des Harvard-Observatoriums, die errichtet worden war, um die Helligkeit der Sterne des südlichen Himmels zu vermessen, einer zu jener Zeit noch arg vernachlässigten Himmelsregion (praktisch alle professionellen Sternwarten befanden sich um die Wende zum 20. Jahrhundert nur in der Nordhemisphäre der Erde). Die Fotoplatten beinhalteten die Abbilder von Sternen der Großen und der Kleinen Magellanschen Wolke, zwei recht auffälligen großen »Nebeln«, von denen man damals vermutete, dass sie Teil der Milchstraße waren. Diese Nebel waren 1525 von Antonio Pigafetta, einem Reisebegleiter des Seefahrers Fernando Magellan während seiner Weltumsegelung, gesichtet und beschrieben worden. 300 Jahre später beobachtete der Sohn des Musiker-Astronomen William Herschel, John Herschel, diese Nebel mit einem Fernrohr. Er schrieb: »Es ist, als ob zwei Stücke der Milchstraße abgebrochen wären.« Damit warf er die Frage auf, ob diese Nebel kleine Teile der Milchstraße waren oder eher zwei weit entfernte Galaxien.

Wer hätte gedacht, dass die Antwort sich in den veränderlichen Sternen der Wolken verbarg? Nun gut, diese Tatsache drängte sich den

Abb. 23: Die Kleine und Große Magellansche Wolke.

Astronomen nicht gerade auf, aber es zeichnete sich schon bald ab, dass irgendetwas an den beiden Magellanschen Wolken ganz besonders war. Leavitt war erstaunt über die schiere Anzahl der Veränderlichen, die sie durch die Analyse von insgesamt 16 Fotoplatten für die Kleine und von 18 Fotoplatten für die Große Magellansche Wolke entdeckte: 969 in der Kleinen und 808 in der Großen Magellanschen Wolke, also insgesamt 1777! Das ist eine größere Dichte an Veränderlichen, als sie jede andere Stelle des Milchstraßenbandes zu bieten hatte – viel größer sogar! Was war hier los? Die Antwort lag schon damals nahe: Wahrscheinlich handelt es sich bei den beiden Magellanschen Wolken tatsächlich um eigenständige Sternsysteme in einiger

Entfernung, die genauso wie die Milchstraße alle Objektklassen, die man so kennt – Sterne, Sternhaufen, Gasnebel und eben auch veränderliche Sterne –, enthalten. Aus größerer Entfernung betrachtet, ergäbe sich dann ganz automatisch eine scheinbare große Häufung von Objekten aller Art. So weit, so gut – aber wie weit die Magellanschen Wolken wirklich entfernt sind, das wusste man um 1900 noch nicht.

Dies alles hatte Leavitt zunächst nicht zu interessieren; für sie ging es erst einmal darum, Daten allein zu den veränderlichen Sternen zu sammeln. Nach sechs Jahren akribischer Arbeit veröffentlichte sie 1908 ihre ersten vorläufigen Ergebnisse. Die Publikation war 21 Seiten lang, enthielt zwei Abbildungen von Fotoplatten und 15 Seiten voller Tabellen. Den größten Teil nahm ein ausführlicher Katalog aller 1777 veränderlichen Sterne ein, soweit sie über sie hatte Daten sammeln können, was bedeutete: vor allem genaue Positionen sowie kleinste und größte scheinbare Helligkeit. So weit hatte sie die Anforderungen ihres Arbeitgebers ja schon einmal zu seiner Zufriedenheit erfüllt.

Doch jetzt wird es interessant: In ihrer Veröffentlichung verbarg sich nämlich ein Schlüssel zum Verständnis des Universums, den man damals noch gar nicht erkennen konnte. Um ihn zu entdecken, musste man allerdings großes Durchhaltevermögen beweisen: Erst auf den letzten Seiten, in der allerletzten Tabelle (Tabelle VI), hatte Henrietta Leavitt genauere Daten zu einigen besonderen Veränderlichen zusammengetragen. Diese Tabelle enthält die Periodenlängen des Lichtwechsels von 16 Veränderlichen. Für die allermeisten entdeckten Veränderlichen war ihr so eine Bestimmung bislang nicht gelungen, aber gerade die hellsten Vertreter hatten ihr (und damit allen Astronomen!) den Gefallen getan, die Zeitdauer ihres Lichtwechsels und sogar den genauen Verlauf der Entwicklung der Helligkeit durch ihre Bilder auf den Fotoplatten (es war hierfür im Vergleich zu den anderen Veränderlichen noch eine ganze Reihe weiterer Daten hinzugenommen worden) zu verraten.

»Die Mehrheit der Lichtkurven hat eine erstaunliche Übereinstimmung mit derjenigen von Haufenveränderlichen. Es ist bemerkenswert, dass die helleren Veränderlichen die längeren Perioden haben«, bemerkt Henrietta Leavitt lakonisch. »Haufenveränderliche« – so, so … Offenbar deutete einiges darauf hin, dass die Veränderlichen aus der ominösen Tabelle VI alle zu einem bestimmten Typ gehören, den man bereits gut kannte: Veränderliche, die relativ lange in einem schwachen Licht leuchten, um dann relativ schnell zur Maximalhelligkeit anzusteigen und dann langsam wieder an Helligkeit zu verlieren. Man kannte damals bereits einen Sterntyp, der solches Verhalten zeigt – Haufenveränderliche. Den Begriff verwendet man heutzutage nicht mehr; man würde heute sagen, dass es sich hier möglicherweise um Cepheiden handelte (mehr dazu weiter unten)*. Interessante Sache – aber das war alles noch reichlich unsicher.

Jedenfalls enthielt Tabelle VI noch ein brisantes Detail: Die vorläufigen Daten wiesen darauf hin, dass es unter Umständen einen Zusammenhang zwischen der Periodendauer des Lichtwechsels dieser »Cepheiden« und ihrer Helligkeit geben könnte. Seltsam und hochinteressant – was mochte dahinterstecken? An dieser Stelle gab sich die Astronomin dann aber keinen weiteren Spekulationen hin. Bevor hier voreilige Schlüsse gezogen werden, mussten die Daten erst noch verbessert werden. Wir kennen diese Zurückhaltung ja schon vom Fall der erstmaligen Bestimmung der Parallaxe eines Sterns – als Thomas Henderson es vorzog, statt der noch unsicheren Daten zu Alpha Centauri erst noch weitere Beobachtungsergebnisse abzuwarten, und dann gegen Friedrich Wilhelm Bessel den Kürzeren zog, der seine Daten vor ihm veröffentlichte. Dieses Risiko mussten auch Henrietta Leavitt und die Harvard-Astronomen eingehen – doch wer hätte ihnen ihre

---

* Dabei muss man darauf hinweisen, dass zu jener Zeit bei den Haufenveränderlichen noch nicht zwischen Veränderlichen vom Typ RR Lyrae und Cepheiden unterschieden wurde – beide weisen sehr ähnliche Lichtkurven auf, und beide findet man in (Kugel-)Sternhaufen. Damals kannte man noch nicht die Unterschiede zwischen beiden Typen, vor allem dass sie sich in ihrer wahren Leuchtkraft ganz erheblich unterscheiden. Wenn Henrietta Leavitt hier von Haufenveränderlichen sprach, dann meinte sie – weil sie trotz ihrer Seltenheit in Sternhaufen aufgrund ihrer großen Leuchtkraft viel leichter zu entdecken waren – Cepheiden im heutigen Sinne.

Position auch streitig machen sollen? Weltweit gab es um 1910 keine weitere Institution, die es in puncto Datenqualität und Personalverfügbarkeit auch nur annähernd mit Harvard hätte aufnehmen können. Also ging die Arbeit ruhig, aber beständig weiter.

Kurz nach der Veröffentlichung des Veränderlichen-Katalogs erkrankte Leavitt und kehrte zu ihren Eltern zurück, die jetzt in Wisconsin lebten. Weil sie so lange wegblieb, wurde Pickering dann doch langsam ungeduldig, und so entschied er sich, ihr eine Kiste mit Fotoplatten zu schicken, damit sie »sie während ihrer Genesung untersuchen konnte«.[5] Nach anderthalb Jahren Abwesenheit schaffte sie es schließlich zurück nach Harvard, musste aber ein Jahr später wieder Pickerings Institut verlassen, da ihr Vater im März 1911 starb. Als sie im Juni noch nicht zurückgekehrt war, schickte Pickering ihr weitere 70 (!) Fotoplatten für das Projekt »Nordpol-Sequenz«. Zehn Tage danach schrieb sie ihm in einem Brief, dass sie und ihre Mutter zu den Schwiegereltern gefahren seien, ohne jede weitere Erklärung.

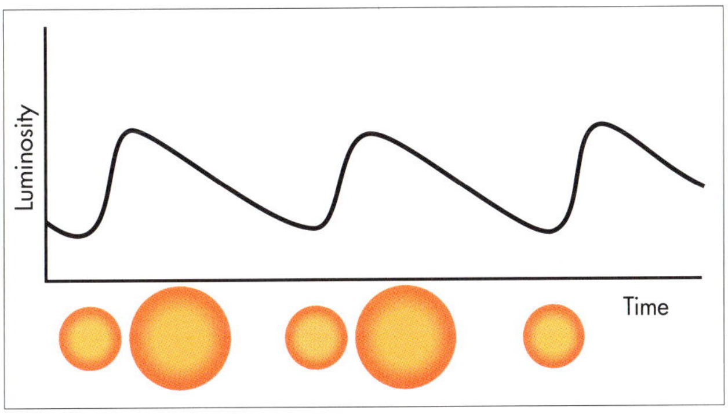

Abb. 24: Typische Lichtkurven der Cepheiden.

Als Henrietta Leavitt im Herbst 1911 zur Sternwarte zurückkehrte, veröffentlichte sie endlich unter Pickerings Namen im *Harvard Circular* von 1912 ihre neuesten Ergebnisse zu den Veränderlichen. Und diese Arbeit schlug in der Fachastronomie ein wie ein Meteorit. Bei den Veränderlichen mit bekannter Periode (mittlerweile hatte sie die 16 Sterne aus der Tabelle VI von 1908 um neun weitere Sterne ergänzen können) handelte es sich – das war nach einer genaueren Analyse ihrer Lichtkurven klar geworden – eindeutig um Cepheiden (wobei sie wieder von »Haufenveränderlichen« sprach, wie man sie in Kugelsternhaufen findet). Cepheiden – eine Kurzform des Begriffs »Delta-Cephei-Sterne« – sind

Veränderliche, die sich anhand ihrer typischen Lichtkurven (die – genau wie von Henrietta Leavitt schon 1908 beschrieben – einem schnellen Anstieg zur Maximalhelligkeit einen langsamen Abfall zur Minimalhelligkeit folgen lassen) leicht von anderen Arten von veränderlichen Sternen unterscheiden lassen. Ihr Name rührt daher, dass der erste Vertreter dieser Veränderlichen-Klasse im Jahr 1784 von John Goodricke im Sternbild Cepheus entdeckt worden war.

Nun war der Veränderlichen-Typ dieser geheimnisvollen Sterne also geklärt. Doch Henrietta Leavitt ging jetzt weiter als in ihrer Arbeit von 1908: Sie untersuchte den damals schon vermuteten Zusammenhang zwischen Periodendauer und maximaler beziehungsweise minimaler Helligkeit genauer. Dazu zeichnete sie zwei Diagramme mit den scheinbaren Helligkeiten und die Perioden der 25 für diese Arbeit berücksichtigten Cepheiden (mittlerweile hatte sie noch acht weitere Cepheiden entdeckt, die aber keine Berücksichtigung mehr fanden): ein Diagramm, in dem die scheinbaren Helligkeiten der Cepheiden auf der y-Achse ihren Periodendauern auf der x-Achse gegenübergestellt wurden (Abb. 25, links), und ein Diagramm, in dem auf der x-Achse statt der Periodendauer deren Zehnerlogarithmus aufgetragen wurde (Abb. 25, rechts).

Die Diagramme zeigen deutlich, dass hellere Cepheiden systematisch längere Perioden haben als lichtschwächere, und zwar so systematisch, dass man damit regelrecht ein Gesetz formulieren kann! Warum das so ist, wusste Leavitt nicht – aber das war für den Moment auch überhaupt nicht wichtig. Sie schlussfolgerte messerscharf: »Da sich die Veränderlichen der Magellanschen Wolke wahrscheinlich in nahezu gleicher Entfernung zur Erde befinden, *sind ihre Perioden offenbar mit ihrer tatsächlichen Lichtemission verbunden.*«[6] Leavitt kommentierte in derselben Veröffentlichung: »Es ist zu hoffen, dass auch die Parallaxen einiger solcher Veränderlichen gemessen werden können.«

Die Sensation verbarg sich also in diesen beiden kleinen Diagrammen ihrer Arbeit: Da man guten Gewissens annehmen konnte, dass alle Cepheiden in der Kleinen Magellanschen Wolke mehr oder weni-

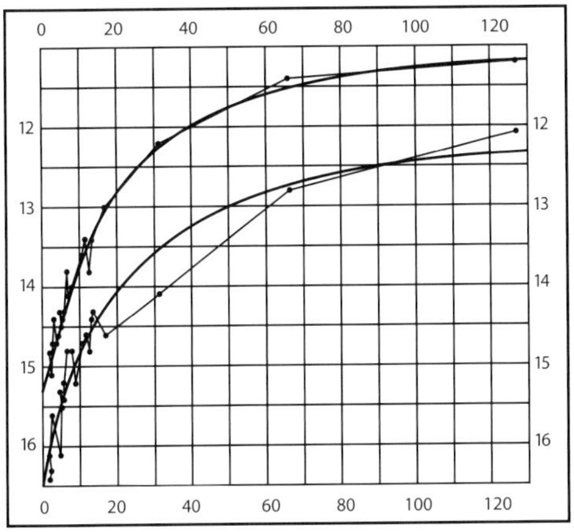

Fig. 1

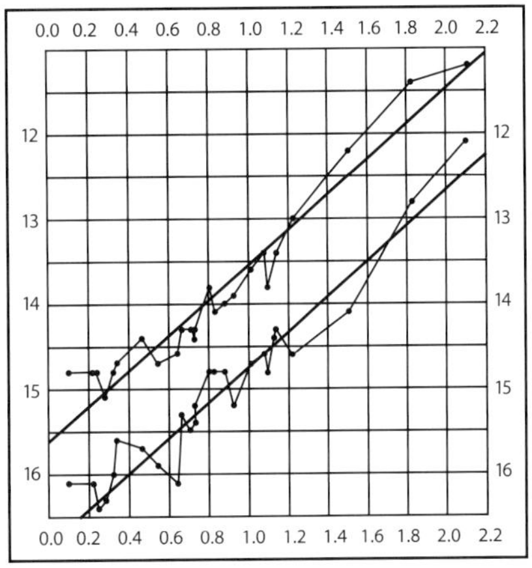

Fig. 2

Abb. 25: Diagramme der Perioden-Leuchtkraft-Beziehung, gezeichnet von Henrietta Leavitt.
Fig. 1: Auf der x-Achse (Abszisse) sind die Perioden der Cepheiden in Tagen eingetragen, auf der y-Achse (Ordinate) die entsprechenden Helligkeitswerte bei Maxima und Minima. Je größer die Helligkeit des Sterns (kleinere Zahlen), desto länger ist seine Periode.
Fig. 2 zeigt dieselben Daten, jedoch logarithmisch auf der x-Achse.

ger gleich weit von uns entfernt sind, ist ein beobachteter Helligkeitsunterschied zwischen zwei Sternen auch in Wirklichkeit ein – physikalischer – Helligkeitsunterschied! Dies bedeutete: Konnte man für einen Cepheiden die Periodendauer seines Lichtwechsels messen, so konnte man nun im Umkehrschluss damit direkt und unmittelbar auf seine wahre Leuchtkraft schließen. Die Konsequenzen all dieser neuen Entdeckungen waren epochal.

Was steckte dahinter? Zunächst einmal war da die Tatsache, dass man Cepheiden offenbar noch in großen Entfernungen beobachten kann (wir erinnern uns: Wenn man auch noch nichts Genaues wusste, so ging man doch davon aus, dass die Magellanschen Wolken eigene Sternsysteme sein müssen, die sicherlich viele Tausend Lichtjahre entfernt sind). Weiterhin wusste man jetzt: Wann immer man irgendwo im Universum zwei Cepheiden fand, die dieselbe Dauer ihrer Lichtwechselperioden haben, müssen sie auch dieselbe Leuchtkraft aufweisen. Das führte bald zu folgender Überlegung:

Wenn man zwei Cepheiden beobachtet, die dieselbe Lichtwechselperiode aufweisen, und trotzdem erscheint uns von der Erde aus gesehen einer heller als der andere – na, dann muss dieser hellere Stern schlicht und einfach näher stehen als der andere. An der Leuchtkraft kann der beobachtete Helligkeitsunterschied jedenfalls nicht liegen, der ist ja in beiden Fällen gleich. Dazu ein bisschen Physik: Das ausgestrahlte Licht eines Sterns breitet sich durch den Raum aus und nimmt gemäß dem inversen quadratischen Gesetz ab: $L \sim \frac{1}{r^2}$.

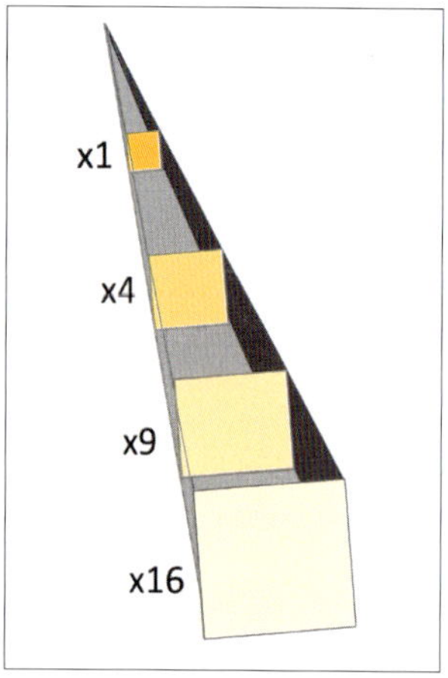

Abb. 26

Ein paar Beispiele: Beobachten wir zwei ansonsten völlig identische Lichtquellen (also zum Beispiel unsere Cepheiden mit gleicher Lichtwechselperiode), von denen uns eine viermal so hell erscheint wie die andere, dann muss die scheinbar schwächere Lichtquelle doppelt so weit von uns entfernt sein wie die hellere. Ein Licht, das neunmal schwächer ist als eine andere ähnliche Lichtquelle, muss dann dreimal weiter entfernt von uns sein! Und so weiter.

Haben Sie es gemerkt? Mit der Entdeckung der Beziehung zwischen Periode und physikalischer Leuchtkraft der Cepheiden hatte man mit einem Mal ein Werkzeug in der Hand, mit dem man Entfernungen messen konnte – und wegen der offenbar großen wahren Helligkeiten der Cepheiden über ziemlich gewaltige Entfernungen hinweg! Was für ein fantastischer Ausblick ergab sich da plötzlich! Wenn man nur wüsste, wie weit wenigstens ein paar der bekannten Cepheiden denn wirklich entfernt sind! Denn zur Zeit der Entdeckung des mittlerweile »Perioden-Leuchtkraft-Beziehung« genannten Zusammenhangs konnte Henrietta Leavitt den Cepheiden zunächst nur relative Entfernungen zuordnen, da sie ihre wahre Leuchtkraft noch nicht kannte: Man konnte lediglich mit Zuversicht sagen, dass ein Stern doppelt oder dreimal so weit entfernt war wie ein anderer. Aber waren sie nun genau zwei oder drei Lichtjahre von der Erde entfernt? Leavitts neuer Maßstab war vorerst einer ohne Zahlen.

Der nächste Schritt war die Eichung oder Kalibrierung der Daten anhand der absoluten Helligkeiten. Leavitt dachte also an die Möglichkeit, für einige nahe stehende Cepheiden die Entfernungen über die mittlerweile gut beherrschte geometrische Methode zu bestimmen – nämlich über die Messung ihrer Parallaxen. Damit könnte man die Perioden-Leuchtkraft-Beziehung dann kalibrieren. Diese Kalibrierung sollte sie zwar nicht selbst vornehmen, aber das Potenzial der Anwendung der Perioden-Leuchtkraft-Beziehung wurde in kürzester Zeit als zu verlockend erkannt, als dass es noch lange dauern sollte, bis eine erste Kalibrierung vorlag.

Ein Jahr nach Henrietta Leavitts Veröffentlichung nahm Ejnar Hertzsprung (der Schwiegersohn von Jacobus Kapteyn) am Astrophysikalischen Observatorium in Potsdam eine erste Eichung von Delta-Cephei-Sternen aus der Umgebung der Sonne vor. Sie kamen wegen ihrer unvergleichlich geringeren Entfernung als die Cepheiden der Magellanschen Wolken natürlich überhaupt erst für eine Parallaxenbestimmung infrage. Hertzsprung konnte in kurzer Zeit zu immerhin 13 galaktischen Cepheiden die Entfernung bestimmen – damit konnte er endlich die gesuchte Kalibrierung der Perioden-Leuchtkraft-Beziehung vornehmen. Die Anwendung auf die bislang ja noch unkalibrierten Cepheiden der Kleinen Magellanschen Wolke war jetzt ein Klacks: Mit den nun berechneten wahren Helligkeitswerten (Astronomen sprechen von »absoluten Helligkeiten«) erhielt Hertzsprung für die kleine Magellansche Wolke im Handumdrehen eine Entfernung von 37 000 Lichtjahren (in seiner Veröffentlichung war die Rede von 3000 Lichtjahren, was bestimmt ein Druckfehler war). Auch wenn die Entfernung in Wirklichkeit noch deutlich größer ist (sie beträgt tatsächlich knapp 200 000 Lichtjahre), war damit sofort klar: Alle Annahmen waren richtig – die Große und die Kleine Magellansche Wolke sind wirklich eigene Sternsysteme, weitab des Raumvolumens der Milchstraße. Das Weltall wuchs damit beträchtlich.

Auch andere Astronomen waren an Henrietta Leavitts Ergebnissen sehr interessiert, insbesondere der Astronom Harlow Shapley, der vorhatte, mit ihrer Methode die ganze Milchstraße zu vermessen. 1918 fragte er sie mehrmals nach den Cepheiden, ohne eine Antwort zu bekommen. Wochen später antwortete ihm Pickering und teilte ihm mit, dass Miss Leavitt neue Fotoplatten mit noch helleren Veränderlichen erhalten hatte, doch auf die ersten Ergebnisse musste man geduldig warten. Das war das letzte Mal, dass Pickering ihm antwortete, denn er starb mit 72 Jahren an einer Lungenentzündung.

Wie wir im nächsten Kapitel sehen werden, erstellte Shapley in den folgenden fünf Jahren eine neue Karte der Milchstraße. Zuvor wurde er 1921 Nachfolger von Pickering am Harvard College. Inzwischen war Henrietta Leavitt die Leiterin der Stellarastronomie, was nichts an der maschinellen Arbeit, die sie leisten musste, änderte. Vielleicht hätte sich ihre Situation unter Shapleys Leitung verbessert. Mehr als jeder andere hatte er Leavitts Sterne erforscht, um die Tiefen des Weltraums auszuloten. Jene Chance, die die beiden für eine Zusammenarbeit vielleicht gehabt hätten, war jedoch zeitlich sehr begrenzt: Henrietta erkrankte erneut, diesmal an Krebs.

Am 8. Dezember 1921 besuchte Shapley die kranke Henrietta Leavitt und brachte ihr einen Blumenstrauß. »Eines der wenigen anständigen Dinge, die ich getan habe, war, sie auf ihrem Sterbebett zu besuchen. Es machte das Leben so viel anders«, schrieb er, »dass der Direktor zu ihr kam.«[7]

Vier Tage später, am regnerischen 12. Dezember 1921 um 10:30 Uhr starb Henrietta Leavitt. Hinter dem Vorhang der Bescheidenheit, in der sie immer lebte, verbarg sich jahrzehntelang ein nobles und begeisterungsfähiges Wesen: »Sie hatte die glückliche Fähigkeit, alles zu schätzen, was in anderen würdig und liebenswert war, und war von einer Natur besessen, die so voller Sonnenschein war, dass für sie das ganze Leben schön und voller Sinn wurde«, schrieb Solon Baile, ein älterer Kollege in Harvard, über sie.

Kurz nach ihrem Tod wurde Henrietta Swan Leavitt in Form der Ehrenmitgliedschaft in der American Association of Variable Star Observers nur eine bescheidene Anerkennung zuteil. Für eine größere internationale Anerkennung zu Lebzeiten war es zu spät. Als ihr 1925 der schwedische Mathematiker Gösta Mittag-Leffler schrieb, er wolle sie für den Physik-Nobelpreis des Jahres 1926 vorschlagen, lebte sie schon lange nicht mehr. Jahre später nannte Shapley sie »eine der wichtigsten Frauen, die je die Astronomie berührt haben«. Ihre Entdeckung der Perioden-Helligkeits-Beziehung ist weiterhin eines der wichtigsten Werkzeuge der kosmischen Entfernungsbestimmung. Es war das erste Maßband, das weit ins Universum hinausreichte, weit genug, um die ganze Milchstraße zu durchmessen – und darüber hinaus.

Kapitel 5

Heber Doust Curtis und Harlow Shapley – ein Lateinlehrer und ein Journalist in der *Great Debate* um die Galaxis

Heber Doust Curtis, geboren 1872, war es eigentlich in die Wiege gelegt, sich mit Sprachen, Literatur und Musik seinen Lebensunterhalt zu verdienen. Zumindest sorgte seine Mutter dafür, dass der aufgeweckte Junge die besten Bücher kannte und vorlesen konnte. Im Gymnasium entfaltete sich dann Hebers Begabung für Sprachen. Zwar war er auch »gut« in Mathematik, zeigte aber keinerlei Interesse an den Naturwissenschaften. Nach dem Schulabschluss entschied er sich, Sprachlehrer zu werden, und wählte an der University of Michigan Latein- und Altgriechisch-Kurse, dazu zwei Jahre Hebräisch, zwei Jahre Sanskrit und ein Jahr Assyrisch. Alles sprach dafür, dass er sein ganzes Leben zwischen Büchern und Sprachunterricht verbringen würde. Zumal Curtis nach seinem Universitätsstudium als Lehrer für Latein und Altgriechisch am Napa College in Kalifornien unterrichtete. So weit eine völlig normale Karriere eines humanistisch gebildeten Nordamerikaners.

Abb. 27: Heber Doust Curtis, Porträt von 1914.

Doch dann entdeckte er in der Schulbibliothek, versteckt in einer staubigen Ecke, ein auf den ersten Blick nutzloses kleines Refraktorteleskop. Von nun an widmete er sich abends und am Wochenende nur noch dem Studium der Astronomie. Tagsüber Altgriechisch und Latein, in der Nacht die Sterne. Als das Napa Kollege Teil der Pacific

University wurde, stand Curtis die dortige kleine Sternwarte mit einem 6-Zoll-Refraktor zur Verfügung. Sie wurde zur zweiten Heimat des jungen Lehrers. Und als ein Jahr danach eine Lehrerstelle für Mathematik und Astronomie an der Pacific University frei wurde, bewarb sich Curtis und setzte sich tatsächlich gegen seine Konkurrenten durch.

Dieses Umschalten (»switch«, wie Curtis es selbst nannte) von klassischer Literatur auf Astronomie war etwas, das nur vor 100 Jahren innerhalb eines Colleges passieren konnte. Es stellt den eher sehr seltenen Fall dar, dass jemand eine vielversprechende, sichere Karriere, für die er jahrelang ausgebildet worden war, für eine andere aufgab, für die er gar keine Vorkenntnisse hatte. Heber Curtis hatte bis dahin nur Astronomiebücher gelesen und sich den Rat der professionellen Astronomen des Lick Observatory geholt. So einfach war das offenbar damals. Und als sich der frischgebackene Astronomielehrer um eine Stelle als Assistent am Observatorium bewarb, ermöglichten es ihm die Profis vom Lick Observatory, dort in den Sommerferien als freiwilliger Assistent zu arbeiten.

Nach dieser Erfahrung gab es für ihn nur noch ein Ziel: ein richtiger professioneller Astronom zu werden. Und er wurde es, nach einem zweijährigen Studium samt Stipendium an der University of Virginia in Charlotteville schloss er sein Studium erfolgreich mit einer Dissertation zum Thema »Über die wahre Bahn des Kometen C/1898 F1« ab. Seine große Begabung und Begeisterung für die Astronomie zeigte Curtis während der Beobachtung der Sonnenfinsternis von 1900, der ersten von insgesamt elf Expeditionen, an denen er teilnahm.

Während Heber Curtis von den klassischen Sprachen Latein und Griechisch auf die Astronomie »umschaltete«, spielte ein 13-jähriger Junge namens Harlow Shapley mit seinem Zwillingsbruder mitten in den Maisfeldern von Missouri. Ganz landwirtschaftlich geprägt, interessierten ihn wilde Pflanzen und Ameisenhaufen. Beim Melken der Kühe rezitierte er Gedichte, um den Melkrhythmus zu halten. Anders als Curtis durfte Shapley als Farmerkind und mangels finanzieller Mittel nur die ersten fünf Schulklassen besuchen. Trotzdem wurde er mit

15 Jahren dank seiner begnadeten Fantasie Kriminalreporter der Zeitung *Daily Sun* in Kansas. Dort entdeckte er die Carnegie-Bibliothek, und er begann dort tagelang zu lesen. Und offenbar hat er sehr viel von dem verstanden, was er las, denn Harlow meldete sich am Carthage College an, wo er innerhalb von nur anderthalb Jahren das Äquivalent von sechs Jahren Schule nachholte und die Abschlussprüfung mit Auszeichnung bestand.

Abb. 28: Harlow Shapley, Porträt um 1920.

Nach seinem Schulabschluss mit 22 Jahren meldete er sich an der University of Missouri an, wo er eigentlich Journalismus studieren wollte. Da aber die Journalistenschule noch nicht eröffnet war und er keine Zeit vertrödeln wollte, schnappte Harlow Shapley sich das Studienverzeichnis, suchte nach Studiengängen in alphabetischer Ordnung und entschied sich für das Astronomiestudium. Später wird er lakonisch sagen, er habe Astronomie gewählt, weil er das Wort davor, »Archäologie«, schlicht nicht aussprechen konnte! Man lernt, die Wege zu den Sternen sind manchmal sehr überraschend.

Zur gleichen Zeit, als Harlow Shapley in die Astronomie einstieg, reiste Heber Curtis mit seiner Familie nach Santiago de Chile, um mit einem 37-Zoll-Teleskop auf dem San-Cristóbal-Hügel die Geschwindigkeiten von Sternen des südlichen Himmels zu messen. Ohne Probleme lernte er in kurzer Zeit Spanisch, und auf einer Panamerikanischen Tagung, die ein Jahr nach seiner Ankunft 1908 in Santiago stattfand, präsentierte er bereits drei Beiträge auf Spanisch. Er konnte sich so gut in Chile integrieren, dass er dort lebenslang geblieben wäre, wenn er nicht wieder zurück ins Lick-Observatorium gemusst hätte, um dort die Arbeit eines Kollegen zu vollenden: die Erforschung der Nebel, derselben »Nebelflecken« am Himmel, die William und Caroline Herschel Anfang des 19. Jahrhunderts entdeckt hatten.

100 Jahre nach den Herschels hatte William Huggins für diese Objekte eine neue Klassifizierung geschaffen, denn die mittlerweile auch

in der Astronomie etablierte Fotografie hatte die immer recht subjektiven Eindrücke der früheren Beobachter, die sich nur darauf verlassen konnten, was sie mit dem Auge zu sehen vermochten, abgelöst. Nun konnte man wesentlich besser erkennen, wie die Nebelflecken eigentlich wirklich aussahen. Huggins teilte so diese diffusen Objekte in planetarische Nebel und Spiralnebel ein – eine damals noch vor allem von ihrem Aussehen und der Art ihrer Spektren bestimmte Einteilung. Man hatte um 1910 noch keine genaue Vorstellung davon, woraus beispielsweise Spiralnebel bestehen. Diesen widmete Heber Curtis nun seine volle Aufmerksamkeit. Als weißliche, längliche diffuse Objekte, mit Spektren, die auf sehr viele Sterne hindeuteten, konnten sie durchaus als Welteninseln gelten, wie Kant sie genannt hatte, und waren damit vergleichbar mit unserer Milchstraße. Aber es war eben überhaupt nicht klar, ob sie tatsächlich eigene Galaxien waren. Und damit war leider auch nicht klar, ob unsere Milchstraße in irgendeiner besonderen Beziehung zu ihnen steht oder nicht.

Curtis' Daten zeigten, dass diese Spiralnebel gleichmäßig überall am Himmel zu beobachten sind. Viele betrachtete man als Nebel mit Spiralstruktur, manche scheinbar von der Seite, sie zeigen dunkle Streifen und ähneln dem Bild unserer Milchstraße am Himmel. Denn dort waren ja auch dunkle Nebel zu erkennen, die quer über den Himmel verteilt sind. Seine Beobachtungen machten Curtis zu einem Anhänger der Welteninsel-Theorie. Mit anderen Worten: Alle weißen Nebel sind Galaxien wie unsere Milchstraße!

Das war allerdings damals nicht der allgemeine Wissensstandard. Viele Astronomen waren eher der Meinung, dass es außerhalb der Milchstraße keine anderen Sterneninseln geben könnte. Sie dachten, dass all das, was die immer größeren Teleskope der Welt am Himmel offenbarten, zum riesigen System unserer Galaxis gehört. Für sie war die Milchstraße das ganze Universum.

Und so dachte auch der junge einstige Journalist Harlow Shapley, der inzwischen sein Studium der Astronomie in Missouri abgeschlossen hatte und 1911 in Princeton mit einem Promotionsstipendium astronomisch forschte. Er arbeitete dort mit dem damals bereits sehr bekannten Astronomen Henry Norris Russell zusammen. Gemeinsam untersuchten sie Sterne, deren Helligkeit sich zeitlich regelmäßig und unregelmäßig änderte. Dazu gehören die sich gegenseitig bedeckenden Doppelsterne genauso wie die Cepheiden. Shapley und Russell entwickelten theoretische Modelle, die die Veränderungen in Helligkeit, Farbe und Radialgeschwindigkeit dieser Sterne erklären sollten.

Nach erfolgreicher Promotion lernte Shapley den Direktor des Mount-Wilson-Observatoriums, George Ellery Hale, kennen. Hale hatte mit Jacobus Kapteyn zusammengearbeitet und war ein Vertreter der These, dass die weißen Nebel alle zur Milchstraße gehörten. Er bot Shapley eine Juniorprofessur an, und dieser begann 1913 dort mit der Entfernungsmessung von Kugelsternhaufen anhand der Perioden-Leuchtkraft-Beziehung der Cepheiden, die zuvor von Henrietta Leavitt entdeckt worden war.

Anhand seiner Bestimmung der Entfernung zu einigen Cepheiden schlussfolgerte Shapley 1915, dass die Milchstraße einen Durchmesser von 300 000 Lichtjahren hat und damit rund zehnmal größer war als Kapteyns Milchstraße! Für ihn der klare Hinweis darauf, dass alle Spiralnebel, woraus auch immer sie bestehen mochten, sich innerhalb der Galaxis befanden und keine eigenen Welteninseln waren. Zudem fand ein Kollege Shapleys, Adriaan van Maanen, weitere Hinweise, die Shapleys Vermutung unterstützten. Van Maanen meinte herausgefunden zu haben, dass einige Spiralnebel, darunter M51, der sogenannte Whirlpool-Nebel, und M101, der Pinwheel-Nebel, sich sehr schnell drehten. Beim Vergleich zweier Fotoplatten dieser Nebel, deren Aufnahmedaten Monate beziehungsweise Jahre auseinanderlagen, meinte er »eine leichte Rotation« bemerkt zu haben. Eine solche Rotation überhaupt messen zu können war für sich bereits eine große Überraschung und überhaupt nur möglich, wenn diese Objekte klein waren und sich innerhalb der Milchstraße befinden würden.

Shapley wusste damals allerdings nicht, dass van Maanens Messungen schlicht falsch waren (wir werden darauf noch zurückkommen).

Van Maanen hatte die Verzerrung der Objekte am Rand der Fotoplatten nicht berücksichtigt und so die falschen Schlüsse gezogen. Man kann auf den Fotoplatten natürlich nicht die Drehung der Nebel innerhalb von Monaten oder Jahren unterscheiden. Aber wir wollen nicht vorgreifen.

Genauso überraschend wie die riesigen Dimensionen der Milchstraße war Shapleys Schlussfolgerung, dass wir uns in der Scheibe der Galaxis befinden. Andere Astronomen hatten bereits festgestellt, dass die Kugelsternhaufen nicht willkürlich am Himmel verteilt waren, sondern sich in Richtung des Sternbildes Schütze konzentrierten. Nach Shapleys Beobachtungen bildeten sie einen sphärischen Haufen um die Milchstraße. Dort und nicht bei uns musste das Zentrum der Galaxis lokalisiert sein! Würden wir in der Mitte dieser Region leben, würden wir die Kugelsternhaufen symmetrisch um uns verteilt sehen. Stattdessen schien sich das Sonnensystem Zehntausende Lichtjahre weit entfernt vom galaktischen Zentrum zu befinden. Laut Shapley war das Zentrum der Milchstraße und somit das Zentrum des Universums im Sternbild Schütze.

So war der Stand der Dinge im Jahr 1920. Zwei Hypothesen standen im Wettstreit um die Deutungshoheit in der Astronomie: die Welteninsel-These mit der behaupteten Existenz von mehreren Galaxien von Heber Curtis gegen die These Harlow Shapleys, dass die Milchstraße die einzige Galaxis im Universum sei.

Zur Klärung dieses Sachverhaltes wurden die beiden Männer, die so unterschiedliche Visionen über die Größe und Natur der Galaxis vertraten, 1920 nach Washington eingeladen, um vor Wissenschaftlern unterschiedlichster Fachrichtungen ihre divergierenden Weltbilder vorzustellen. Und so kam es, dass sie Ende April 1920 gemeinsam einen Zug von Kalifornien Richtung Washington bestiegen. Sie hatten sich nie vorher getroffen, und während der Fahrt haben sie kein einziges Wort über Astronomie gesprochen!

Die Veranstaltung in der National Academy of Sciences in Washington wurde von Shapleys Chef George Hale organisiert und sollte die Fragen beantworten, wie groß das Universum ist und ob es aus einer einzigen Galaxie oder aus mehreren bestand. Notizen über die beiden Vorträge sind so gut wie nicht erhalten, weshalb es sehr schwierig ist, den genauen Verlauf der Sitzung zu rekonstruieren. Sicher ist, dass jeder Beitrag auf 40 Minuten beschränkt war.

Shapley sprach als Erster, und für ihn ging es um sehr viel, denn er hatte sich um die Nachfolge des berühmten Edward Pickering in Harvard beworben, der 1919 verstorben war. Shapley musste diese Debatte gewinnen. Um dem Vorwurf von Curtis zu entgehen, dass Shapleys Messungen mit viel zu wenigen Daten untermauert waren – Shapley selbst nannte seine Messungen die »11 armen Cepheiden« –, entschied er sich für eine andere Strategie.

Unter den Zuhörern waren zahlreiche Wissenschaftler anderer Bereiche, vor allem auch Biologen und Geologen. Und so präsentierte Shapley ihnen zunächst einmal eine Einführung in die Astronomie. Er erklärte ihnen sogar, wie das Lichtjahr definiert wird, und versprach ihnen, sie nicht mit »unnötigen und lästigen Einzelheiten der Messtechniken für die Bestimmung der Entfernung der Kugelsternhaufen« zu belästigen. Seine Argumentation, die zu der von ihm angenommenen Größe der Milchstraße führte, war für die Anwesenden bestechend klar. Er machte zunächst ein paar grundlegende Annahmen, die allesamt plausibel waren:

- Man darf annehmen, dass Kugelsternhaufen Mitglieder unserer Milchstraße sind.
- Aufgrund der allgemeinen Lichtschwäche aller Sterne in allen bekannten Kugelsternhaufen darf man weiterhin annehmen, dass die Kugelsternhaufen sehr weit entfernt sind. Deshalb ist die Bestimmung der Entfernung zu ihnen ein gutes Mittel, die Grenzen der Milchstraße abzustecken.
- Aufgrund der großen Entfernungen kommt für die Entfernungsbestimmung das klassische Verfahren der trigonometrischen Parallaxenbestimmung nicht infrage. Man muss auf andere – indirekte – Entfernungsindikatoren zurückgreifen.

- Die Sterne, die man in Kugelsternhaufen findet, unterscheiden sich grundsätzlich nicht von den Sternen, die man an anderen Stellen der Milchstraße findet: Sie sind weder systematisch heller oder schwächer, noch haben sie bei einer bestimmten Temperatur andere Farben oder andere Zusammensetzungen als die Sterne der Sonnenumgebung. Das gilt insbesondere für die in den Kugelsternhaufen gefundenen Cepheiden und einen bestimmten Typ heller blauer Sterne wie auch für den völlig durchschnittlichen Sterntyp, den man in der Milchstraße sozusagen »an jeder Ecke« findet.

Von diesen Vorannahmen ausgehend, legte Shapley anhand des Kugelsternhaufens M13 im Sternbild Herkules nun dar, dass jegliche indirekte Methode der Entfernungsbestimmung – der Vergleich der Helligkeiten der blauen Sterne in den Kugelsternhaufen mit ihren wahren Leuchtkräften, ein entsprechender Vergleich der Helligkeiten der durchschnittlichen Sterne und die Anwendung der Perioden-Leuchtkraft-Beziehung der Cepheiden – zu ähnlichen Ergebnissen führte, denen zufolge M13 ungefähr 36 000 Lichtjahre von uns entfernt sei. Und das war nicht einmal etwas Besonderes.

Angenommen, dass die kleineren und leuchtschwächeren Kugelsternhaufen dieselbe Leuchtkraft wie der Herkules-Sternhaufen hatten, dann mussten sie im Randgebiet der Galaxis mit einem Durchmesser von 300 000 Lichtjahren existieren. 300 000! Die Milchstraße hat demnach solche gewaltigen Ausmaße, dass darin problemlos alle Spiralnebel, Nebelflecken und was sonst so im Universum unterwegs ist, Platz haben. Mögen die Spiralnebel auch von der Milchstraße getrennte Systeme sein – eigene Milchstraßen wären sie bestimmt nicht, eher eine Art Untersysteme. Die Milchstraße wäre somit das alles dominierende Sternsystem im beobachtbaren Universum. Shapley schrieb dazu:

»Ich werde die Beschreibung und Diskussion dieser strittigen Frage Professor Curtis überlassen. Wir sind uns, glaube ich, einig, dass, wenn das galaktische System so groß ist, wie ich behaupte, die Spiralnebel kaum vergleichbare galaktische Systeme sein können; wenn es nur ein Zehntel so groß ist, könnte es eine gute Möglichkeit für die Hypothese geben, dass unser galaktisches System ein Spiralnebel ist, der in seiner Größe mit den anderen Spiralnebeln vergleichbar ist, die dann alle ›Inseluniversen‹ von Sternen wären. In einem anderen Punkt sind wir uns, glaube ich, ebenfalls einig, oder sollten es zumindest sein: Wir wissen relativ wenig über die Spiralnebel und werden aufgrund der zunehmenden Aktivitäten auf dem Gebiet der Spiralnebel bald relativ viel wissen, sodass es aus professioneller und wissenschaftlicher Sicht unklug ist, in dieser Angelegenheit zum jetzigen Zeitpunkt eine sehr positive Haltung einzunehmen.«

Nun war Curtis dran, als erfahrener Lehrer hatte er sich von Shapleys Präsentation nicht einschüchtern lassen. Er begann seine Verteidigung der Welteninseln mit folgenden Argumenten: Wie erwartet, stellte er die Zuverlässigkeit von Shapleys Kalibration der Cepheiden als mögliche Entfernungsmessgeräte infrage. Sie seien eben keine Standardkerzen mit wohldefinierter Leuchtkraft, aus der sich anhand von Helligkeitsmessungen am Himmel die Entfernung ganz einfach ablesen ließe. Wie viele andere Kollegen vermutete er, dass die sich schnell verändernden Cepheiden der Sternhaufen, die Shapley benutzt hatte, von anderer Natur waren als die langsam variierenden Cepheiden, die Henrietta Leavitt in der Magellanschen Wolke entdeckt hatte. Warum dann eine Perioden-Helligkeits-Beziehung bei diesen Sternen annehmen? Wenn Shapleys Cepheiden intrinsisch schwächer wären, dann würden die Entfernungen zu den Sternhaufen, die er daraus ableitete, viel kleiner sein. Entsprechend wäre der Durchmesser der Galaxis kleiner und würde sie zur Welteninsel unter anderen Welteninseln machen.

Was die hellen blauen Sterne betrifft, reagierte Curtis ebenfalls unbeeindruckt, denn von diesen Sternen war zu wenig bekannt, um sie als Standardkerzen zu benutzen. Anstatt die wenigen relativ unbekannten blauen Sterne zu verwenden, schlug Curtis vor, es eher mit den gelben Sternen wie der Sonne zu versuchen. Schließlich seien sie die häufigsten Sterne in der Milchstraße. Wenn sie genauso hell wie die Sonne wären und als Standardkerzen verwendbar, dann könnte angesichts von deren scheinbarer Helligkeit die Milchstraße einen Durchmesser von höchstens 30 000 Lichtjahren haben. Darüber hinaus müssten, wenn die Sternhaufen tatsächlich so weit weg wären wie von Shapley behauptet, die durchschnittlichen Sterne in allen Kugelsternhaufen systematisch viel heller sein als die in unserer nahen kosmischen Umgebung. Bei ihnen müsste eine völlige andere Physik gelten.

Damit war für Curtis das Thema riesige Milchstraße à la Shapley erledigt, und er wandte sich dem Thema Nebel als extragalaktische Welteninseln zu. Curtis erinnerte daran, dass die von den Spiralnebeln aufgenommenen Spektren nicht von denen des Sternenlichts unterschieden werden können. »Es ist ein solches Spektrum, wie man es von riesigen Sternenkonglomeraten erwarten würde.« Und die Novae, die in den Nebeln entdeckt wurden, »scheinen eine natürliche Folge ihrer Natur als Galaxien, Inkubatoren neuer Sterne zu sein«.

Würde man diese Novae als Standardkerzen und damit als Entfernungsindikatoren verwenden, wäre der Andromedanebel mindestens eine halbe Million Lichtjahre von der Erde entfernt, für andere Spiralnebel würden sich laut Curtis Entfernungen von mehreren Millionen Lichtjahren ergeben. Für Curtis waren das eindeutige Hinweise auf die extragalaktische Natur dieser Nebel.

Last, but not least verwies Curtis auf das merkwürdige Beobachtungsphänomen, dass die Spiralnebel sich an den beiden Polen der Milchstraße zu konzentrieren schienen, dass sich die Nebel also nur in den Regionen direkt über und unter der Zentralregion der Milchstraße finden ließen. In der galaktischen Ebene, also der Scheibe, wo sich die meisten Sterne befinden, wurden gar keine weißen Nebel entdeckt. Ein verwirrendes Ergebnis im Rahmen der Vorstellung, die Nebel gehörten zur Milchstraße.

Viel plausibler sei es hingegen, so Curtis, dass diese »Zone des Ausweichens« (im Original: *zone of avoidance*) eine Illusion sei – dass die Spiralnebel vielmehr weit entfernt von der Milchstraße existieren, und zwar gleichmäßig in allen Richtungen, wobei die Nebel entlang der galaktischen Ebene der Milchstraße für uns nicht sichtbar sind. Die Ursache dafür sei der interstellare Staub, der, in Form dunkler Wolken in der galaktischen Scheibe verteilt, das Licht der weit entfernten Spiralgalaxien verschlucke. Von den Millionen von Spiralen könnten wir nur die sehen, die zufällig oben und unten lagen. Damit war Curtis' Plädoyer zu Ende. Sein Fazit: Die weißen Spiralnebel, ob von vorn oder der Seite beobachtet, sind alle Galaxien, so wie unsere Milchstraße. Jetzt müsste man es nur noch beweisen, indem man endlich direkt die Entfernung zu den Spiralnebeln messen könnte.

Diese Tagung der Nationalen Akademie der Wissenschaften in Washington, auf der Harlow Shapley und Heber D. Curtis jeweils einen Vortrag mit dem Titel »Die Skala des Universums« hielten, ging in die Fachwelt als »Die große Debatte« ein. Eine Debatte, die jedoch offen blieb.

Kapitel 6

Der erste Blick jenseits der Galaxis – Edwin Hubble

Ist unsere Milchstraße das einzige große Sternsystem, die einzige und wahre »Große Galaxis« im Universum, oder gibt es da draußen Gebilde, die es an schierer Größe und Sternenzahl mit unserer Galaxis aufnehmen können? Das war die Frage nach der »Großen Debatte« zwischen Shapley und Curtis am 26. April 1920.

Das Pendel hatte bis zum Jahr 1920 schon ein ganzes Stück in Richtung »Welteninsel-Hypothese« ausgeschlagen. An Hinweisen für ihre Richtigkeit mangelte es zum Zeitpunkt der *Great Debate* nicht – aber ein zweifelsfreier, allgemein akzeptierter Nachweis für ihre Richtigkeit war trotzdem noch nicht in Sicht. Indizien sind nun mal keine Beweise. Es fehlte vor allem weiterhin schlicht ein genaues Maßband, mit dem man die Entfernungen zu den Spiralen zweifelsfrei hätte nachmessen können. Das war auch das Hauptproblem der *Great Debate*, die letztlich ein Indizienprozess sein musste. Auf diese Weise konnte Shapley trotz eigentlich deutlich schlechterer Ausgangsposition in der Debatte noch punkten, doch einen echten Gewinner – Shapley oder Curtis – konnte sie noch gar nicht hervorbringen.

Die *Great Debate* steckte von nun an den argumentativen Rahmen ab, in dem sich in der Folgezeit die fachliche Debatte bewegte. Hätte man doch nur ein zuverlässiges Maßband zur Hand gehabt! Einige provisorische Maßbänder immerhin hatte man schon zur Verfügung, aber es war unklar, ob sie was taugten. Zwischen 1907 und 1919 wurde mit verschiedensten Verfahren, die allesamt auf dem Vergleich von Objektdurchmessern oder von Helligkeiten innerhalb der Spiralnebel basierten, beispielsweise die Entfernung des Andromedanebels, den man allgemein als den nächsten aller Spiralnebel ansah, bestimmt – das Spektrum lag zwischen 19 (!) Lichtjahren und 1,5 Millionen Lichtjahren. Zuverlässigkeit geht anders …

Besonders vielversprechend erschien ein Verfahren, das schon von einigen Astronomen eifrig genutzt worden war – es war nur eben eines, von dem man noch nicht genau wusste, ob man sich darauf wirklich verlassen konnte. Im Mittelpunkt standen dabei die Novae, die »neuen Sterne«, die mittlerweile in immer mehr Spiralnebeln entdeckt und sogar nachträglich noch auf älteren Fotografien nachgewiesen werden konnten. Nachdem im Jahr 1917 George Willis Ritchey im Andromedanebel die erste Nova entdeckt hatte, schossen solcherlei Entdeckungen dort und in anderen Spiralen bald wie Pilze aus dem (kosmischen) Boden.

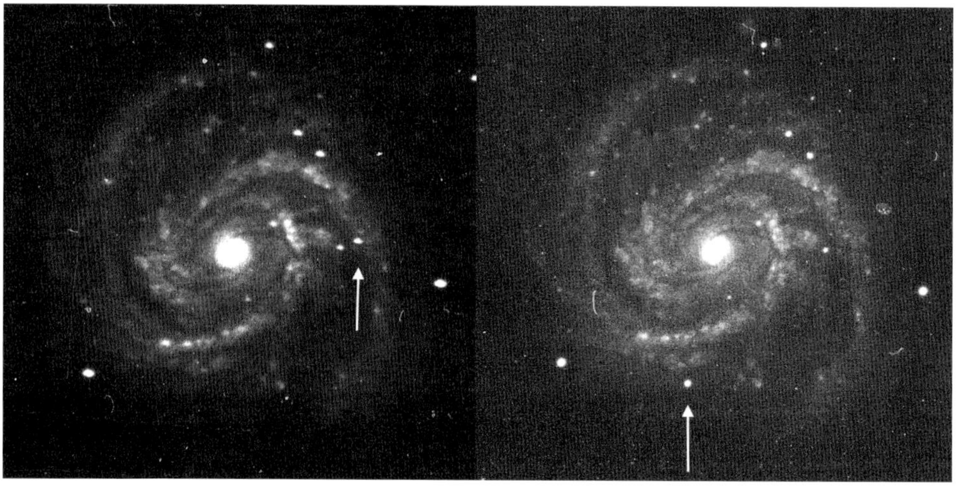

Abb. 29: Historische Aufnahme von NGC 4321 durch Curtis.

Novae waren ja aus unserer eigenen Milchstraße wohlbekannte Phänomene, und man hatte sogar bereits eine mittlere physikalische Leuchtkraft (Astronomen sprechen von »absoluter Helligkeit«) dieser Sterne ermittelt: Durchschnittlich leuchten galaktische Novae etwa 10 000-mal heller als die Sonne. Wenn man nun annahm, dass die in den Nebelflecken entdeckten Novae denen unserer eigenen Milchstraße ähnlich waren, so konnte man leicht die Entfernungen dorthin berechnen. Und die waren erstaunlich groß. Curtis berechnete unter dieser Annahme, dass der Andromedanebel 500 000 Lichtjahre entfernt sein musste – weit, weit außerhalb aller Grenzen, die selbst Shapley dem Milchstraßensystem gesetzt hatte (gar nicht zu reden vom »Kapteyn-Universum«, bei dem ja schon nach 5000 Lichtjahren Schluss sein sollte). Aber auch das war zunächst nur ein zwar sehr schönes, aber aufgrund seiner bescheidenen Datenbasis wackliges Ergebnis.

In diese Zeit der Unsicherheit, als die Frage über den Platz der Milchstraße im Universum noch längst nicht entschieden war, platzte ein junger, aufstrebender Newcomer hinein. Sein Name: Edwin Powell Hubble. Der im Jahr 1889 in Marshfield/Missouri (USA) geborene und aufgewachsene Edwin hatte, wie es so typisch für viele große Karrieren in der Astronomie ist, schon früh begonnen, sich für das Weltall zu interessieren. Offenbar war er ein recht guter Schüler mit Stärken vor allem in den naturwissenschaftlichen Fächern, allerdings mit keiner ausgeprägt akribischen Arbeitshaltung. Und so kam es, dass bei der Abschlussfeier im Jahr 1906 es sich sein Schulleiter nicht verkneifen konnte, ihm bei der Überreichung seines Abschlusszeugnisses einen kleinen Seitenhieb mitzugeben, als er ihn mit den Worten ansprach: »Edwin Hubble, während vier Jahren habe ich dich nun beobachten können, und nie habe ich dich auch nur für zehn Minuten ernsthaft arbeiten sehen« – um nach einer Pause, die lang genug war, um das eben Gesagte angemessen wirken lassen zu können, fortzufahren: »Hier ist ein Stipendium für die Universität von Chicago.« Hubble sprach später selbst darüber, dass ihn die Schulzeit eher unterfordert hatte, und offenbar hatte er nicht viel dazu beigetragen, dies zu verstecken …

Abb. 30: Edwin Hubble, Porträt von 1931.

So machte sich Edwin im Herbst 1906 im Alter von 16 Jahren nach Chicago zu einer der besten Universitäten des Landes auf, um Vorlesungen in Astronomie, Mathematik, Chemie, Physik sowie mehreren Fremdsprachen zu belegen. Als er nach knapp vier Jahren Studium ein Stipendium für die Universität Oxford in England erhielt – unter anderem wegen seiner überragenden Sportlichkeit (Hubble war ein hervorragender Boxer, eine Zeit lang dachte er sogar darüber nach, Profiboxer zu werden), aber natürlich auch aufgrund seiner hervorragenden Studienergebnisse –, geriet seine naturwissenschaftliche Karriere erst einmal ins Stocken: Hubble schrieb sich im September 1910 in Oxford für ein Jurastudium ein, aus Gründen, die nicht wirklich geklärt sind. Wahrscheinlich hatte aber der Wunsch seines Vaters nach einer juristischen Laufbahn eine Rolle bei der Entscheidung gespielt. Wie dem auch sei – im Jahr 1913 erreichte Hubble tatsächlich seinen Abschluss in Jura, woraufhin er England verließ und in die USA zurückkehrte. Dort angekommen, startete er allerdings nicht etwa eine Berufskarriere als Jurist, sondern er nahm zunächst eine Stelle als Lehrer an einer Schule in Louisville/Kentucky an, nahe dem Ort, an den seine Familie mittlerweile gezogen war. Er unterrichtete für ein Jahr Spanisch, Physik und Mathematik und trainierte auch das Basketballteam.

Hubble hatte sich ganz bewusst das Auftreten eines englischen Gentlemans antrainiert – wie übrigens auch einen eindeutigen Oxford-Akzent, den er mittlerweile perfekt beherrschte und der ihm offenbar viel besser stand als der breite amerikanische Dialekt seiner Heimat Missouri. Übrigens hatte er in Oxford auch eine Marotte entwickelt, die sein äußeres Erscheinungsbild für den Rest seines Lebens prägen sollte: das Pfeiferauchen. Selten sah man seitdem Bilder von ihm, auf denen er ohne seine Pfeife abgebildet war – sie gehörte ab jetzt wie sein Akzent einfach zu ihm dazu.

Wie sollte es nun weitergehen in Hubbles Leben? Edwin Hubble begann im Herbst 1914 am Yerkes-Observatorium mit seiner Promotion in Astronomie, die letztlich den Titel »Photographic Investigations of Faint Nebulae« erhalten sollte. Hubble hatte also gleich zu Beginn seiner astronomischen Karriere intensiv Kontakt mit den damals rund 17 000 bekannten Nebeln – insbesondere den Nebelflecken und Spiralnebeln – aufgenommen.

Ganze 17 Seiten umfasste die Arbeit, Tabellen und zwei Tafeln eingeschlossen, und doch zeigte sie bereits Hubbles systematische Arbeitsweise als Beobachter (Hubble hatte für seine Dissertation Dutzende Fotoplatten mit dem 60″-Reflektor am Mount Wilson Observatory selbst aufgenommen) wie auch als Analytiker. Unter anderem fasste Hubble das Wissen der Zeit zusammen – ein noch ziemlich lückenhaftes und unscharfes Wissen, aber er gab sich alle Mühe. Es existierte damals noch kein wirklich akzeptiertes Klassifikationsschema für Nebel, doch machte sich Hubble bereits Gedanken über eine passende Kategorisierung der Nebel, was Jahre später in sein »Stimmgabel-Diagramm« der Galaxienklassifikation münden sollte. Während planetarische Nebel und diffuse Nebel, so Hubble, offenbar innerhalb unserer Milchstraße liegen mussten, sei davon auszugehen, dass die Spiralnebel aufgrund ihrer enormen Radialgeschwindigkeiten und Eigenbewegungen extragalaktischer Natur sind. Interessant ist auch sein Hinweis auf Messungen, dass das Sonnensystem eine nachweisbare hohe Eigenbewegung gegenüber den Spiralnebeln habe, was die Vermutung stärkte, sie seien von der Milchstraße unabhängige Gebilde. Keine Aussage wagte er hingegen über die extrem zahlreichen kleinen und lichtschwachen Bilder von Nebelflecken mit unbestimmten Formen, die sich auf den Fotoplatten zeigten. Bei ihnen war er sich noch völlig im Unklaren darüber, ob es sich um Gasnebel, planetarische Nebel oder vielleicht auch Spiralen handelte – oder vielleicht sogar »nur« um Sternhaufen und gar keine Nebel.

So äußerte sich Hubble letztlich zu beiden Hypothesen, die einige Jahre später in der *Great Debate* verhandelt werden sollten. Denn er wusste auch um die auffällige Beziehung sowohl der Spiralen als auch der kleinen Nebelflecken zur Milchstraße (nämlich dass sie sie *meiden*) und führte diesen Umstand – noch ergänzt um die Vermutung, diese Nebel würden aufgrund der ähnlichen Positionierung auch alle ungefähr gleich weit entfernt sein – wiederum als Argument dafür ins Feld, sie alle könnten doch Teile unserer Milchstraße sein. Also gab es von Hubbles Seite zu Beginn seiner Karriere zur Frage der Natur der Spiralnebel und Nebelflecken ein klares »Unentschieden«. Damit war Hubble in seiner Zeit in bester Gesellschaft – entschieden werden konnte die Frage sowieso noch nicht. In gewisser Weise diskutierte Hubble in seiner Dissertation quasi mit sich selbst bereits eine private *Great Debate* aus, weil er eine ganze Menge derjenigen Argumente abwog, die 1920 zwischen Curtis und Shapley auf den Tisch kommen sollten.

Eigentlich hätte mit seiner Promotion nun der Weg zu einer Karriere als aufstrebender Astronom in den Vereinigten Staaten geebnet sein können – aber weit gefehlt: Nur Tage nach seinem Schlussexamen meldete er sich am 12. Mai 1917 kurz nach dem Kriegseintritt der USA bei der Armee, um seiner zweiten Studienheimat England im Ersten Weltkrieg beizustehen. Aber noch bevor seine Einheit in Gefechte verwickelt werden konnte, endete der Krieg, sodass Hubble unversehrt wieder aus Europa in die USA zurückkehrte.

Hubble setzte seine astronomischen Arbeiten erst im Jahr 1919 fort, allerdings nicht mehr am Yerkes-Observatorium, sondern an der Mount-Wilson-Sternwarte in Kalifornien, die ihn mittlerweile abgeworben hatte. Und war Yerkes schon eine sehr renommierte astronomische Forschungsstätte, so hatte Hubble mit seinem Ruf nach Mount Wilson nun regelrecht den Jackpot gewonnen: Dies war *der* Ort, an dem man sein musste! Die größte, am besten ausgestattete Sternwarte der Welt, modern, mit dem frisch (buchstäblich – nur wenige Tage vor seiner Ankunft) eingeweihten 100″-Spiegelteleskop als größtem Teleskop der Welt und bevölkert von einigen der besten und einflussreichsten Astronomen weltweit! Unter anderem waren dort Harlow Shapley und Adriaan van Maanen beschäftigt, mit denen Hubble bald eine besondere – freundlich gesprochen: wechselhafte – Beziehung verbinden sollte.

Auf Mount Wilson schloss sich Hubble der Gruppe der Astronomen an, die Nebel fotografierten. Er war tatkräftig und voller Pläne. Und so ließen erste Ergebnisse nicht lange auf sich warten. Dabei konzentrierte er sich zunächst auf die galaktischen Nebel. Innerhalb kurzer Zeit hatte er auf Weitwinkelaufnahmen der Milchstraße einen neuen Dunkelnebel entdeckt und bald danach im Sternbild Einhorn einen außergewöhnlichen Nebel, der seine Form und Helligkeit in unregelmäßigen Abständen verändert – ihm zu Ehren später »Hubbles Veränderlicher Nebel« getauft.

Blieben diese ersten Ergebnisse noch unveröffentlicht, so erregte Hubbles erste große Publikation nach seiner Dissertation im Mai 1922 gleich größere Aufmerksamkeit. In seiner Studie über »diffuse galaktische Nebel« legte er – dafür ist diese Arbeit vor allem bekannt – als Erster dar, dass unterschiedliche Sterntypen mit bestimmten Klassen diffuser Nebel physikalisch eng verbunden sein müssen, sie wahrscheinlich sogar durch ihre Strahlung unmittelbar erzeugen. Der Analyse vorangestellt war der Ansatz einer Systematik aller Nebelklassen – planetarische, blaue und rote diffuse Nebel sowie Spiralnebel und Nebelflecken. Aufhorchen lässt dabei Hubbles Grundeinteilung aller Nebel in »galaktische« und »extragalaktische« Nebel. Aber Vorsicht – nicht überinterpretieren: Mit diesen Begriffen umschrieb er nicht etwa andere Galaxien, sondern er nutzte sie lediglich dafür, die Lage der Nebel relativ zum Milchstraßenband zu beschreiben: Galaktische Nebel befanden sich demnach innerhalb, extragalaktische Nebel außerhalb des Milchstraßenbandes.

Man kann jedoch festhalten: Die Klassifizierung der Nebel hatte Hubble auch 1922 nicht losgelassen, und diese Arbeit war ein weiterer Schritt auf dem Weg zu einer endgültigen Einteilung. Aber sein Meinungsbild über die Natur der Spiralen? Nun, es war und blieb unentschieden. Tatsächlich war er sich zu jener Zeit noch sehr unsicher, nannte beispielsweise Curtis' Vermutung, die Spiralnebel seien Objekte, vergleichbar mit dem Andromedanebel, nur viel weiter entfernt, »gewagt«.

Es fehlte – das hören wir ja nicht zum ersten Mal – immer noch ein wirklich zuverlässiges Maßband, um zweifelsfrei die Entfernung zu den Spiralen bestimmen zu können. Immerhin waren seit Ritcheys

Erstentdeckung im Jahr 1917 (als er, wie bereits erwähnt, eine Nova im Andromedanebel gefunden hatte) in immer mehr Spiralnebeln – auch kleineren und schwächeren – Novae entdeckt und vermessen worden. Die vertrauenswürdigsten Schätzungen der Entfernungsdaten stammten immerhin von Ritchey und von Curtis persönlich (1917) sowie vom schwedischen Astronomen Knut Lundmark (1919). Alle hatten jeweils mit der Methode der mittleren Helligkeiten der Novae Entfernungen von Hunderttausenden Lichtjahren und mehr zu den Spiralnebeln berechnet. Aber dann war da immer noch Shapleys Hypothese der »Großen Galaxis«, die alle beobachtbaren Objekte beinhaltete, auch die Spiralnebel – mochten sie nun kleine Sternsysteme oder Gaswolken oder was auch immer sein.

Gut möglich, dass es Curtis persönlich war, der Hubble im Herbst 1923 die Aufgabe übertrug, die Statistik über die Novae, die man speziell im Andromedanebel beobachten konnte, etwas zu verbessern, um das »Nova-Maßband« ein wenig genauer zu machen. Die Idee dahinter war einfach: Wenn man das Nova-Maßband schon genauer kalibrieren wollte, dann doch am besten anhand des nächstgelegenen Spiralnebels, dessen Sterne – wenn auch schwach – immer noch scheinbar heller leuchten als die in allen anderen Spiralnebeln. Jedenfalls hatte man Hubble nun beauftragt, mit dem großen 100″-Teleskop nach neuen Novae zu suchen, was man angesichts des gewaltigen Lichtsammelvermögens des Instruments berechtigterweise für erfolgversprechend hielt. Mit ähnlichen Beobachtungen hatte Hubble schon seit einiger Zeit am Mount Wilson Erfahrungen sammeln können, aber eine solch systematische Aufgabe war natürlich herausfordernd. Hier konnte der jetzt Dreiunddreißigjährige einen weiteren wertvollen Beitrag zur Klärung der Frage nach der Natur der Spiralnebel leisten. Also machte er sich an die Arbeit.

Es gibt immer wieder Momente in der Geschichte, die ihren Verlauf schlagartig und entscheidend verändern. In diesem Fall war es die Nacht vom 5. auf den 6. Oktober 1923, als Hubble seine überhaupt erst zweite Fotoplatte vom Andromedanebel aufnahm – und seine erste wirklich gelungene; seine allererste Aufnahme vom 4. Oktober war durch zu große Luftunruhe leicht unscharf und hatte deshalb zu wenige schwache Sterne gezeigt. Gleich am Morgen des 6. Oktober ging er daran, nachzusehen, ob sich irgendwo auf der Fotografie von letzter Nacht vielleicht Sterne versteckten, die vorher noch nicht zu sehen gewesen waren. Der Vergleich mit »vorher« war Hubble dabei ein Leichtes, denn er hatte ja freien Zugriff auf über 70 Platten des Mount-Wilson-Archivs aus den vergangenen Jahren – da würde sich doch sicherlich passendes Material finden lassen

Abb. 31: Edwin Hubble am Blinkkomparator.

Also legte er los. Ah ja, dort war an einer Stelle auf der neuen Fotoplatte tatsächlich ein Lichtpunkt, der auf älteren Platten nicht zu sehen gewesen war. Das musste eine Nova sein! Gleich ein Erfolg im ersten Versuch – Hubble war begeistert. Und da – noch ein weiterer Lichtpunkt offenbarte sich, wieder nur auf der aktuellen Fotografie zu sehen, aber bis dahin unsichtbar geblieben. Also noch ein Treffer! Gleich zwei Novae – die Sache ließ sich wirklich gut an. Und dann fand Hubble sogar noch einen dritten Stern. Drei Novae auf einen Schlag – was für ein Erfolg! Wobei – nein, irgendetwas stimmte mit diesem dritten Stern nicht.

Der war zwar auf der Fotografie von letzter Nacht deutlich zu erkennen, aber bei einem genauen Vergleich mit älteren Fotoplatten zeigte sich etwas Seltsames: Der Stern war dort auch schon drauf – nur viel schwächer als auf seinem Foto. Oder vielleicht doch nicht? Also ging es schnell wieder ins Archiv, mal sehen, was dort an Aufnahmen noch zu finden war. Und tatsächlich: Die Fotoplatten zeigten alle diesen Stern. Drauf war der Lichtpunkt eigentlich immer, jedoch unterschiedlich hell: Auf einigen Platten schien dieser Stern heller zu sein, auf anderen wieder schwächer.

Da dämmerte es Hubble: Das war gar keine Nova, das war ein ganz herkömmlicher veränderlicher Stern! Hubble hatte einen veränderlichen Stern im Andromedanebel entdeckt! Wenn man Hubbles Markierungen und Notizen auf der Fotoplatte jener Nacht, die immer noch erhalten ist, genauer ansieht, kann man förmlich nacherleben, wie es ihm plötzlich wie Schuppen von den Augen fiel. »VAR!« steht dort in aufgeregten Großbuchstaben am eben gefundenen Stern neben einem durchgestrichenen förmlichen »N«.

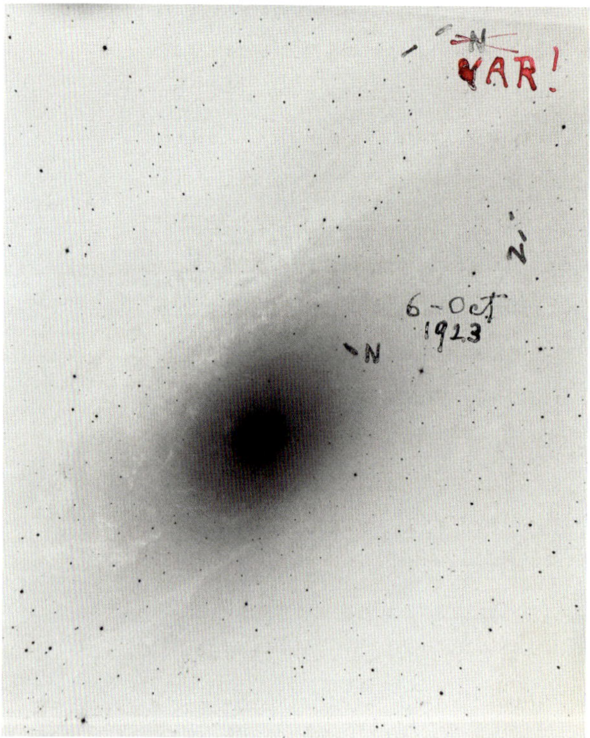

Abb. 32: Bild von M31 mit der Markierung der Erstentdeckung eines Veränderlichen (»VAR!«) und dem Datum der Analyse, dem 6. Oktober 1923.

Das war schon etwas Besonderes. Tatsächlich war es erst zum zweiten Mal überhaupt gelungen, einen veränderlichen Stern in einem Spiralnebel zu entdecken. Allerdings konnte Hubble im Oktober 1923 noch nicht wissen, dass schon einige Monate zuvor John Charles Duncan (und ebenso Max Wolf unabhängig davon) drei Veränderliche im Spiralnebel M33 entdeckt hatte: Die Entdeckung wurde nämlich erst im Jahr 1926 veröffentlicht.

Vielleicht war Hubble nicht der Erste, der so einen Veränderlichen entdeckt hatte, aber er war der Erste, der nun nicht mehr lockerließ, denn Datenmaterial hatte er ja genug. Jetzt galt es, die genaue Art und Form des Lichtwechsels dieses Sterns im Andromedanebel herauszufinden. Hubble vermaß all die alten Fotoplatten, die ihm in die Finger kamen, und konnte so schon Ende Oktober 1923 eine vorläufige Periodendauer des Lichtwechsels bestimmen: Sie betrug 31,415 Tage.

Sollte das etwa die Lichtkurve eines Cepheiden sein? Konnte das wirklich sein? Das wäre ja quasi der Stein von Rosetta, das fehlende Puzzleteil, der Durchbruch: Ein Cepheid im Andromedanebel wäre nichts weniger als das lang gesuchte Entfernungsmaß für diesen Nebel. Hubble war sich unsicher, denn so richtig eindeutig war die Lichtkurve noch nicht. Die alten Fotoplatten konnten nicht so exakt vermessen werden, dass man daraus die Sternhelligkeiten so genau hätte ableiten können, wie er es brauchte, um nachzusehen, ob wirklich der für Cepheiden typische Lichtwechsel – schnell ansteigende Helligkeit, kein Plateau, langsam abfallende Helligkeit – auch bei diesem Stern vorlag oder ob es sich um eine ganz andere Art handelte. Aber falls er hier tatsächlich einen Cepheiden vor sich hatte – nicht auszudenken! Dann hätte er mit einem Schlag das zuverlässige, erprobte Maßband gefunden, das man sich so lange gewünscht hatte, um die Frage nach der Entfernung und dem Wesen der Spiralnebel endgültig zu klären. Was für aufregende Aussichten!

Aber es nützte nichts – die Daten waren noch nicht gut genug. Also musste Hubble zunächst selbst neue Daten besorgen. Bis Anfang Februar 1924 hatte er genügend Helligkeitswerte zusammengetragen, um die Lichtkurve aufs Neue zu zeichnen. Es gab keinen Zweifel: Der Veränderliche war ein Cepheid!

Hier offenbarte sich der Schlüssel zur Erforschung des Universums auf großen Skalen – und die waren, das zeigte schon eine erste Rechnung, gewaltig: Über eine Million Lichtjahre musste dieser veränderliche Stern entfernt sein, wenn man mittels der inzwischen etablierten (und zum Beispiel auch von Harlow Shapley für seine Entfernungsbestimmung der Kugelsternhaufen benutzten) Perioden-Leuchtkraft-Beziehung für Cepheiden seine Distanz berechnete. Eine Million

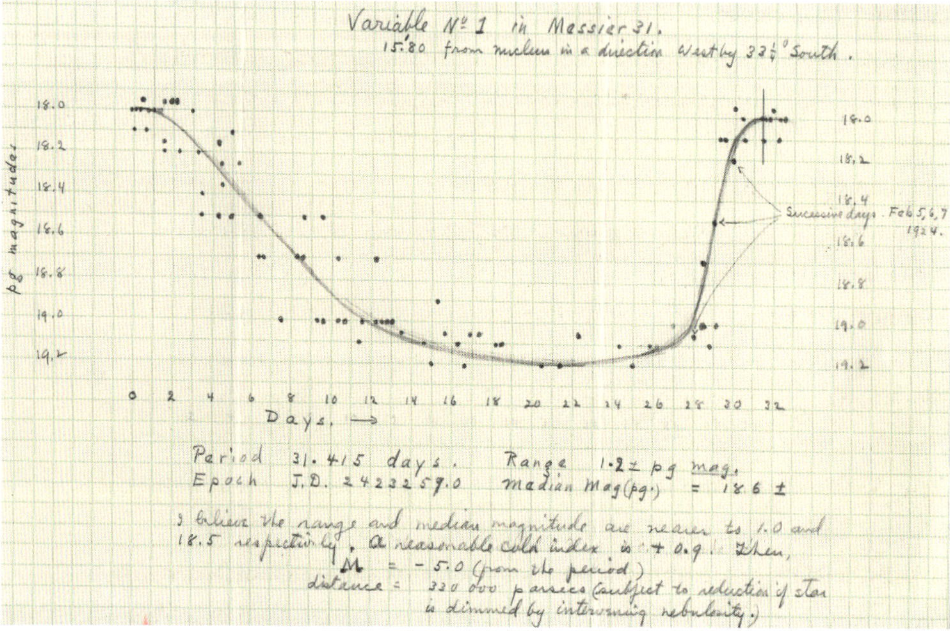

Abb. 33: Originalaufzeichnungen aus Hubbles Beobachtungsbuch zur Lichtkurve des ersten entdeckten Veränderlichen in M31. Es handelt sich eindeutig um einen Cepheiden, mit dessen Hilfe Hubble die Entfernung zu M31 bestimmen konnte.

Lichtjahre! Das Rätsel war gelöst: Die Spiralnebel sind eigene Sternsysteme. Schon der Andromedanebel als nächstgelegener Spiralnebel lag weit außerhalb der Grenzen des Milchstraßensystems, und sei es noch so groß – selbst Shapleys »Große Galaxis« war klein gegen diese Entfernung. Damit war auch klar, dass der Andromedanebel ein ziemlich gewaltiges Sternsystem sein musste, mit einem Durchmesser und einer Masse, die es vielleicht nicht ganz mit der Milchstraße aufnehmen konnte, die aber zumindest in derselben Liga spielten. Eine Million Lichtjahre!

Am 19. Februar 1924 brach Hubble sein Schweigen über seine Entdeckung, und er tat es nicht gegenüber irgendwem, sondern – in einem Brief – ausgerechnet gegenüber dem mittlerweile als Direktor der Harvard-Sternwarte fungierenden Harlow Shapley, der doch nicht an die milchstraßengleichen Spiralnebel glauben wollte. Aber da stand er nun – mit Beobachtungsergebnissen, die er erst einmal verdauen musste. Hubbles Entdeckung war, wenn sie sich denn bestätigen sollte, das Ende von Shapleys Theorie von der »Großen Galaxis«. Shapley musste seine Niederlage eingestehen – oder? Ganz und gar nicht! Shapley schrieb doch glatt zurück: »Ihr Brief über die … veränderlichen Sterne in Richtung des Andromedanebels ist das unterhaltsamste Stück Literatur, das ich seit Langem gelesen habe.«[8] Hatte Shapley tatsächlich »in Richtung des Andromedanebels« geschrieben? Ganz offensichtlich zweifelte er daran, dass der entdeckte Cepheid tatsächlich zum Nebel dazugehörte; vielleicht stand er ja nur zufällig in derselben Richtung, nur weiter entfernt. Oder es handelte sich um eine ganz andere Art von Stern und überhaupt nicht um einen Cepheiden. Oder Hubble hatte sich einfach geirrt. Es ist halt nicht ganz einfach, in Jahren mühevoller Forschungsarbeit aufgebaute Meinungen aufzugeben, mochten die neuen Fakten auch noch so überzeugend sein. Aber letztlich würde Shapley es doch einsehen: »Er hat mein Universum zerstört«, klagte er schließlich gegenüber einem Kollegen. Ja, man kann es wohl so nennen. Shapley hatte auf das falsche Pferd gesetzt. Das Universum war anders aufgebaut, als er es sich vorgestellt hatte. Auch wenn Shapley es noch jahrelang nicht akzeptieren wollte.

Keine zwei Jahre nach Hubbles Entdeckung war die *Great Debate* definitiv entschieden, und weite Teile der astronomischen Fachwelt hatten die Richtigkeit der Welteninsel-Hypothese akzeptiert, zumal nun immer mehr Cepheiden im Andromedanebel, in M33 und anderen Galaxien entdeckt wurden – vor allem von Hubble selbst. Nur wenige Astronomen waren noch nicht überzeugt. Hubble war einer von ihnen.

Hubble hegte nämlich Zweifel, ob er seinen eigenen Forschungen trauen konnte. Und diese Zweifel kamen nicht einfach von allein, sie flatterten sozusagen direkt aus der Nachbarschaft auf Hubbles Schreibtisch. Konnte Hubble Kritik, die sich an der Gültigkeit der Bedingungen entzündete, die er voraussetzen musste, um seine Messungen der Cepheiden-Entfernung interpretieren zu können – etwa eine übersehene Abschwächung des Lichts im Weltraum, dass Cepheiden vielleicht gar nicht zum Andromedanebel gehören oder dass Cepheiden »da draußen« anderen Gesetzmäßigkeiten unterliegen als in der Milchstraße –, noch guten Gewissens zurückweisen, so bereiteten ihm ausgerechnet die Forschungen seines langjährigen Kollegen am Mount-Wilson-Observatorium, Adriaan van Maanen, wirkliche Kopfschmerzen. Der war nämlich überzeugt, dass Hubble irgendwo einen ganz fürchterlichen Fehler gemacht haben musste, denn er selbst hatte schon seit Jahren Messungen an den Spiralnebeln durchgeführt, die im absoluten, radikalen Widerspruch zu Hubbles Entfernungsmessungen standen. Nach van Maanens Erkenntnissen rotierten die Spiralnebel nämlich – und zwar nicht nur gemächlich vor sich hin, sondern mit Winkelgeschwindigkeiten, die, wären die Spiralnebel tatsächlich Millionen von Lichtjahren entfernt, geradezu irrwitzige Rotationsgeschwindigkeiten bedeuten würden, die sogar über der Lichtgeschwindigkeit liegen – was natürlich völlig undenkbar und physikalisch unmöglich war.

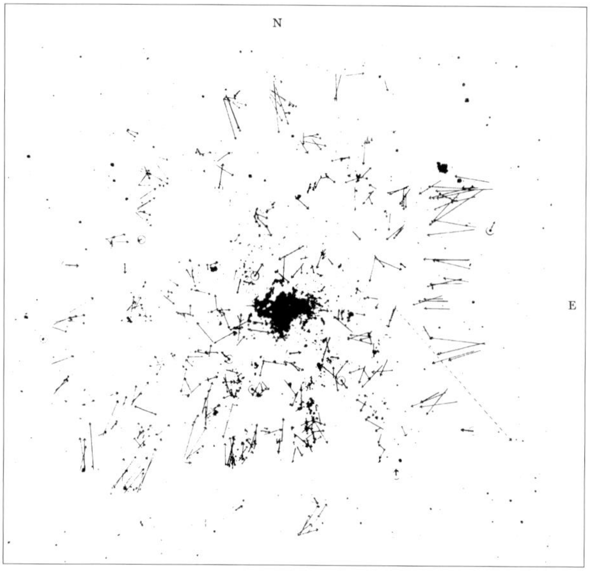

Abb. 34: Messungen der scheinbaren Rotation des Spiralnebels M33 von van Maanen aus dem Jahr 1926.

Hubble kannte van Maanens Forschungen natürlich, und er hätte sie angesichts seiner überzeugenden neuen Entdeckung einfach ignorieren können. Allerdings war er grundsätzlich vorsichtig, wenn es darum ging, die Existenz eines außergalaktischen Cepheiden vorschnell zu publizieren. Denn abgesehen davon, dass van Maanen schon wesentlich länger am Mount-Wilson-Observatorium arbeitete als er selbst, waren einige von dessen Ergebnissen schon seit Jahren in der Welt, und die Messungen waren ziemlich sorgfältig durchgeführt worden. Und er erhielt durchaus Unterstützung von anderen angesehenen Astronomen, zum Beispiel vom Schweden Knut Lundmark, der ähnliche Messergebnisse zur angeblichen Rotation der Spiralnebel lieferte. Und nicht zuletzt Harlow Shapley, der auch nach 1920 noch auf die Rettung seiner Vorstellung von der »Großen Galaxis« hoffte, sah van Maanens Credo, seine gemessenen Rotationen schlössen die »Welteninsel-Hypothese« aus, immer noch sehr gern. Hubble hatte also auch noch nach seiner Entdeckung der ersten außergalaktischen Cepheiden recht einflussreiche Gegner. Dazu kamen persönliche Animositäten – Hubble verstand sich weder mit van Maanen noch mit Lundmark sehr gut.

Also wählte Hubble im Frühjahr 1924 den Weg, der ihm am sichersten erschien: Von seiner Entdeckung erfuhr die Öffentlichkeit zunächst – gar nichts. Statt seine Karriere möglicherweise durch eine voreilige Publikation zu beschädigen, sammelte er weiter Daten, um noch bessere Argumente gegenüber van Maanen zu haben. Bis zum Ende des Jahres 1924 konnten er und seine Mitarbeiter auf dem Mount Wilson noch weitere 36 Veränderliche im Andromedanebel und 47 in der Spiralgalaxie M33 entdecken, und alle ihre Lichtkurven bewiesen ganz eindeutig, dass die Entfernungen zu beiden Spiralnebeln so gewaltig waren wie zunächst vermutet, nämlich in der Größenordnung von einer Million Lichtjahren.

Doch eine so bedeutende Entdeckung ließ sich nicht wirklich geheim halten. Die Zahl der Berufsastronomen war in den 1920er-Jahren noch recht überschaubar, und ein Astronom an einem der besten Forschungsstandorte weltweit konnte sich nicht lange verstecken. Hubble stand in intensivem Briefwechsel mit seinen Kollegen, und seine Ergebnisse gab er zumindest auf privatem Wege im Laufe des Jahres 1924 recht zügig weiter. Aber so konnte es auf Dauer nicht bleiben, auch wenn Hubble weiterhin Zweifel plagten.

Der letztlich überfällige Schritt an die Öffentlichkeit erfolgte am 23. November 1924, auf allerdings höchst kuriose Weise. Denn Hubbles Arbeit über die Entfernungsbestimmung des Andromedanebels erschien nicht etwa als selbst verfasste gefeierte Publikation in einem der renommierten astronomischen Journale, sondern in Form eines bescheidenen Zeitungsartikels über seine Entdeckung in der *New York Times*!

Glücklicherweise war der Autor des Zeitungsartikels ein zwar anonymer, aber offenbar sehr fachkundiger Mensch. Auf gerade einmal 60 Zeilen unter der Überschrift »Finds Spiral Nebulae are Stellar Systems: Dr. Hubbell Confirms View That They Are ›Island Universes‹ Similar to Our Own« (Entdeckung: Spiralnebel sind Sternsysteme. Dr. Hubbell bestätigt, dass sie »Welteninseln« ähnlich der unseren sind) fasste der Autor fast vollkommen (bis auf Hubbles Namen) zutreffend die bis dahin vorliegenden Erkenntnisse über den Andromedanebel und M33 zusammen: Beides seien Sternsysteme in Entfernungen von größenordnungsmäßig einer Million Lichtjahren, beide seien von vergleichbarer Größe wie die Milchstraße, wenn auch etwas kleiner. (Wir erinnern uns, dass die von Hubble zu Beginn genutzte Perioden-Leuchtkraft-Beziehung der Cepheiden noch ungenau war und erst im Jahr 1929 so modifiziert wurde, dass sich die berechneten Entfernungen zu beiden Galaxien dadurch mehr als verdoppelten, was bedeutete, dass auch die linearen Durchmesser beider Objekte tatsächlich nicht kleiner, sondern praktisch genauso groß wie unsere Milchstraße sind.)

Es ist nicht ganz klar, welch unmittelbaren Einfluss dieser Zeitungsartikel auf die Öffentlichkeitswahrnehmung dieser Entdeckung hatte, aber das spielte auch keine große Rolle. Denn der Tag, an dem Hubbles Entdeckungen das Licht auch der wissenschaftlichen Fachöffentlichkeit erblicken würden, stand nun bevor. Zum Jahreswechsel 1924/1925 sollte die American Association for the Advancement of Science (Amerikanische Gesellschaft zur Förderung der Wissenschaften, AAAS) in Washington tagen. Die Nachricht von Hubbles Entdeckung war natürlich längst bis zu den Veranstaltern der Tagung vorgedrungen, und man hatte gehofft, dort vor Ort erstmals vom Autor persönlich darüber zu erfahren. Aber Hubble war verhindert. Mehrere

Forscher (unter ihnen Shapley) drängten ihn daraufhin, das entscheidende Paper wenigstens als Tagungsbeitrag einzureichen und *in absentia* lesen zu lassen. Zusätzlich winkte Hubble für seine Entdeckung der Preis der AAAS in Höhe von 1000 Dollar für die beste auf der Versammlung vorgetragene Arbeit. Doch Hubble hatte zunächst nichts abgegeben, und erst in quasi letzter Sekunde erschien ein Bote mit einem Paket, das Hubbles Artikel enthielt. Das war gerade noch einmal gut gegangen.

So wurde am 1. Januar 1925 schließlich Hubbles Referat in seiner Abwesenheit von Henry Norris Russell vorgetragen. Die Reaktion des Auditoriums war laut Augenzeugen »dramatisch«: Kaum war sein Referat beendet, war der versammelten Gesellschaft sofort klar, dass die *Great Debate* zu einem Ende gekommen und ein neues Zeitalter angebrochen war, das der »kosmologischen Forschung«. Allan Sandage, Hubbles Nachfolger auf Mount Wilson, nannte die Tagung später einen »Meilenstein in der Geschichte der beobachtenden Astronomie«. Hubble war überglücklich und bedankte sich in einem ausführlichen Brief bei Russell. Und er legte auch ausdrücklich seine Gründe dar, weshalb er seine Entdeckung bislang noch nicht publiziert hatte: wegen des schon beschriebenen vollkommenen Widerspruchs zu van Maanens Rotationsmessungen. Doch Hubble konnte sich bald entspannen, denn seine Sicht setzte sich mehr und mehr durch, wenn auch, das muss man ehrlicherweise sagen, die scheinbar hohe Qualität von van Maanens Messungen immer mal wieder Zweifel aufkommen ließ. Die Diskussion, ob nun wirklich Hubble oder doch van Maanen recht hat, verflachte aber zusehends, zumal sich van Maanen nun in der Fachöffentlichkeit mit dem Thema ziemlich zurückhielt.

Nach dem Ende der Tagung folgten in kurzer Zeit Berichte über Hubbles Arbeit in verschiedenen internationalen populärwissenschaftlichen Journalen. Jetzt wurde er berühmt: Er war nun der Mann, der das Universum erkannt hatte – wenn es auch seinen wenigen Kritikern nicht gefallen mochte. Und es ging weiter: Im Laufe des Jahres 1925 publizierte Hubble endlich »offiziell« seine erste große Arbeit zur Entfernungsbestimmung des Nebels NGC 6822, gefolgt von zwei weiteren Arbeiten 1926 (M33) und 1929 (Andromedanebel). Alle drei Arbeiten enthielten eine Unmenge an neuen Beobachtungsdaten (vor allem zu den in den Systemen entdeckten Cepheiden), und alle drei kamen zu ähnlichen Schlüssen: Die Nebel befinden sich alle in Entfernungen von etwa einer Million Lichtjahren oder sogar mehr. Grundsätzliche Kritik an seiner Methodik oder den Ergebnissen gab es praktisch nicht mehr. Ende 1929 hatte Hubble bereits die Entfernungen zu 25 Galaxien bestimmt, und das waren nur die hellsten. Er erkannte bald, dass es umso mehr Spiralnebel gibt, je lichtschwächer und kleiner sie sind. Unter der plausiblen Annahme, dass sie alle in etwa ähnliche wahre Durchmesser haben, schlussfolgerte er, dass man hier einen Blick in das ganz tiefe Universum werfen konnte: Die Anzahl der Galaxien stieg mit zunehmender Entfernung offenbar über alle bis dahin bekannten Grenzen an.

Im Winter 1932 schloss Hubble seine letzte ausführliche Untersuchung des Andromedanebels ab. Es war sein Abschied von den nächsten Nachbarn unserer Milchstraße, von nun an widmete er sich weiter entfernten Sternsystemen. Damit eröffnete sich ein ganz neues Forschungsgebiet: das der Kosmologie. Aber das ist eine andere Geschichte (der Hubble bekanntermaßen auch nachhaltig seinen Stempel aufdrückte).

War Hubble »der größte Astronom des 20. Jahrhunderts«? Oder einfach nur ein sehr guter, methodisch vorgehender Forscher? Auf jeden Fall war er ein guter Selbstvermarkter. Zwei große Entdeckungen prägten seine Karriere: Neben derjenigen der Cepheiden im Andromedanebel M31 und der Bestätigung der »Welteninsel-Hypothese« geht auch die Entdeckung der Galaxienflucht, der Expansion der Raumzeit, auf sein Konto. Beide Forschungsgebiete machten ihn weltberühmt und seinen Namen unsterblich. Dazu entwickelte er das später nach ihm benannte morphologische Schema der Nebel, von dem vor allem das »Stimmgabel-Diagramm« der Galaxien (was Hubble übrigens nie so genannt hatte, er blieb zeitlebens beim Begriff »extra-galaktische

Nebel«) bekannt sein dürfte. Oft vergessen werden übrigens Hubbles Forschungen zum Zusammenhang zwischen Spektraltyp der Sterne und der Nebelart, in der sie stehen.

Ob Hubble wirklich »der Größte« seiner Zeit war, ist eigentlich nicht zufriedenstellend zu beantworten. Natürlich war Hubble zur richtigen Zeit am richtigen Ort, hatte mit den großen Teleskopen auf Mount Wilson das damals beste Instrumentarium weitgehend zur freien Verfügung. Und er zog aus seinen Beobachtungen sehr schnell die richtigen Schlussfolgerungen, war zudem vorsichtig in deren Interpretation und stets auf Absicherung seiner Ergebnisse bedacht. Aber das sollte eigentlich das Handwerkszeug eines jeden Forschers sein. Zur Frage der Natur der Spiralnebel haben ja gerade zu Beginn des 20. Jahrhunderts viele Menschen wichtige Beiträge geleistet, deren Namen (vielleicht mit Ausnahme von Curtis und Shapley) aber nur wenigen in Erinnerung geblieben sind. Die Galaxienflucht wurde, das ist inzwischen ja auch allgemein bekannt, zuerst vom Astronomen Georges Lemaître entdeckt und nicht von Hubble. Und wer kennt in diesem Zusammenhang noch die Namen Carl Wirtz oder Vesto Slipher? Am Ende gilt aber wohl das Diktum von John Herschel, dass derjenige, der beweist, auch entdeckt. In diesem Sinne ist Hubble zweifellos zumindest einer der größten Entdecker des 20. Jahrhunderts.

1923 beginnt also die extragalaktische Astronomie, die Wissenschaft von jenseits der Milchstraße. Ähnlich dem kopernikanischen Sprung vom geozentrischen zum heliozentrischen Weltbild sprang man jetzt vom galaktozentrischen Weltbild in ein Universum ohne Zentrum. Und dank Hubbles Entdeckung vergrößerte sich das Universum aufs scheinbar Unermessliche. Die Entfernungen werden von nun an nicht mehr in Hunderttausend Lichtjahren gemessen, sondern in Millionen und Abermillionen Lichtjahren. Viele der zuvor noch unserer Milchstraße zugesprochenen Nebel entpuppten sich als eigene Sterneninseln, deren Licht seit halben Ewigkeiten durch die nachgerade absurde Leere des Universums zieht. Das schwache Licht der direkt benachbarten Andromedagalaxie stammt aus einer Zeit, als sich noch

Australopithecus in Afrika herumtrieb. Durch Edwin Hubble wurde das Universum ein gewaltiger Abgrund an Raum, ein Ozean der Leere, in dem sich hier und da Sterne zu Galaxien versammelt haben. Und Edwin Hubble wird innerhalb von nur zwei Jahrzehnten ein Schema für Galaxien entwickeln.

Grob eingeteilt gibt es elliptische Galaxien, Scheibengalaxien und andere Galaxien. Interessanterweise war 1923, als Hubble den Andro-

Abb. 35: Die »Hubble-Sequenz«, das Schema der Galaxienklassifikation nach Hubble.

medanebel als Nachbargalaxie identifizierte, die einige Millionen Lichtjahre von der Milchstraße entfernt ist, schon lange klar, wie unsere Nachbarin aussieht. Schließlich stammte die erste lang belichtete Aufnahme von Andromeda bereits aus dem Jahr 1887, zu sehen war eine von Spiralarmen durchzogene Scheibe mit einer zentralen Verdichtung. Leider wurde das fälschlicherweise als Nebel interpretiert, der zu einem Planetensystem wird. Aber 1923 hätte man ja schon mal auf den Gedanken kommen können, unsere Milchstraße mit der Andromedagalaxie zu vergleichen – einzig Heber Curtis hat das getan. Das heißt, eigentlich war es Immanuel Kant, der in seiner Schrift *Allgemeine Naturgeschichte und Theorie des Himmels* bereits 1755 nicht nur die Theorie vertrat, dass das am Himmel sichtbare Band der Milchstraße eine rotierende Scheibe von Sternen darstelle. Kant folgerte darüber hinaus, dass eine solche Welteninsel aus hinreichend großer Entfernung einer kreisförmigen oder je nach Betrachtungswinkel elliptisch geformten Nebelwolke gleichen würde. Und Kant spekulierte über die schon damals bekannten Beobachtungen von bestimmten Nebelwolken völlig korrekt, dass das Universum sehr viele Welteninseln umfassen und damit wesentlich größer sein müsse, als es der Vorstellungswelt seiner Zeitgenossen entsprach. Und offenbar blieb das so, bis 1923!

Kapitel 7

Die Milchstraße wird dynamisch – Jan Oort

Ausgerechnet ein Student Kapteyns, Jan Hendrik Oort, wird die ersten eindeutigen Hinweise dafür liefern, dass das Weltbild seines Doktorvaters falsch ist. Oort wird uns in den 1940er- und 50er-Jahren als astronomischer Visionär und Pionier wieder begegnen. Jetzt in den 20er-Jahren stand der junge Mann am Anfang seiner Laufbahn, denn das Thema seiner Doktorarbeit bestand aus der Analyse höchst merkwürdiger Beobachtungen: Man hatte nämlich herausgefunden, dass sich einige Sterne im Vergleich zur Sonne doppelt so schnell bewegten wie andere Sterne in der solaren Umgebung. Oort konnte zeigen, dass diese sogenannten Schnellläufer (mit Radialgeschwindigkeiten relativ zur Sonne von über 65 km/s) sich auf einen bestimmten Himmelsquadranten zubewegten. Alle langsameren Sterne waren gleichmäßig verteilt. Woher die schnellen Sterne allerdings kamen, war völlig unklar. Und irgendwoher mussten sie gekommen sein, die stellaren Eindringlinge, denn so schnell, wie sie waren, hätten sie das Kapteyn'sche Universum schon längst verlassen haben müssen. Kapteyn schlug seinem Doktoranden die mögliche Erklärung vor, dass 65 km/s möglicherweise etwas mit der Entweichgeschwindigkeit zu tun haben könnte. Oort allerdings hielt diese Erklärung für wenig stichhaltig.

Es gab bereits einige Hinweise zur Lösung des Rätsels, so etwa den von Shapley 1918, wonach seine Beobachtungen die Interpretation zuließen, dass sich die Kugelsternhaufen in Richtung auf das Sternbild Sagittarius zu konzentrieren schienen. Shapleys Modell von der Bewegung der Kugelsternhaufen rückte das Zentrum aller Bahnen in eine Region, die einige Zehntausend Lichtjahre von der Erde entfernt lag. Shapley setzte diese Region mit dem tatsächlichen Zentrum der Milchstraße gleich. Vorläufig gab es zwar keinen direkten Zusammenhang zwischen Shapleys System der Kugelsternhaufen und dem Kapteyn'schen Universum, aber Oort war sich sicher, dass Shapley recht hatte mit seiner Vorstellung vom Milchstraßenzentrum in einigen Zehntausend Lichtjahren Entfernung. Außerdem war er davon überzeugt, dass die Milchstraße viel schwerer sein musste, als es seinem Doktorvater lieb war. Denn nur dann, wenn sie schwer genug ist, kann ihre Gravitation Schnellläufer und die Kugelsternhaufen über lange Zeit am Entweichen hindern.

1925, als Hubble die Debatte zwischen Shapley und Curtis entschieden hatte, versuchte sich ein junger schwedischer Astrophysiker, Bertil Lindblad, an einer Synthese der Modelle von Kapteyn und Shapley. Er untersuchte ebenfalls die schnellen Sterne und wagte eine Interpretation mit einem höchst bemerkenswerten Modell: Er nahm an, die Milchstraße rotiere, und zwar um den Punkt, den Shapley als Zentrum vermutete. Es war damals schon klar, dass es eine Art Zentrum geben musste, das hatten allein schon die vielen visuellen Beobachtungen der Spiralnebel an den großen Teleskopen und noch mehr die Fotografien dieser Objekte gezeigt. Außerdem spekulierte Lindblad, dass schnellere Sterne die Tendenz hatten, auf nahezu kreisförmigen Bahnen in der Milchstraßenebene dieses Zentrum zu umkreisen. Die langsameren Sterne zögen dagegen auf mehr elliptischen Bahnen mit teilweise deutlichen Bahnneigungen zur Milchstraßenebene dahin. Daraus würde dann ein kugelförmiges Aussehen, ähnlich den Kugelsternhaufen in Shapleys Modell. Lindblad zog aus seinen Annahmen den überraschenden Schluss, dass die Oort'schen Schnellläufer tatsächlich zu dieser Gruppe der langsamen Sterne gehörten, die sich auf sehr stark geneigten elliptischen Bahnen mehr oder weniger senkrecht zur galaktischen Ebene bewegten. Ihre große Geschwindigkeit sei nur scheinbar, so Lindblad, weil sie in Wirklichkeit von der

Sonne, die zu den schnellen Kreisläufern in der Scheibe gehört, überholt würden. Die Sternströme von Jacobus Kapteyn erhielten in Lindblads Modell die einfache Erklärung, dass ihre Bahnen eben leicht geneigt seien und die Sonnenbahn kreuzten. Die eine Hälfte befände sich auf dem inneren Teil und die andere Hälfte auf dem äußeren Teil ihrer elliptischen Bahnen. Kurz und gut, laut Bertil Lindblad bestünde unsere Milchstraße aus einer symmetrischen Wolke von Sternen im Zentrum, die umgeben ist von einer stellaren Scheibe, die sich ebenfalls um dieses Zentrum dreht. Beide Sternpopulationen befänden sich in einer Art dynamischem Gleichgewicht, das heißt, die Geschwindigkeiten der entsprechenden Sterne ergeben sich aus der Balance von zwei Kräften: der Trägheitskraft, die mit der Bewegung und damit der kinetischen Energie zusammenhängt, und der Gravitation, die mit der Masse der Sterne verbunden ist.

Jan Hendrik Oort »kämpfte« sich durch die Gleichungen von Lindblads kompliziertem mathematischen Modell und schuf zusammen mit ihm die Grundlagen für die galaktische Dynamik, die Lehre von den Bewegungen und Kräften in der Milchstraße. Da die Gravitation die bei Weitem dominierende Kraft in Galaxien darstellt, ist galaktische Dynamik gleichbedeutend mit der Mechanik von Galaxien. Die große Bedeutung der Ansätze beider Forscher liegt darin, dass sich aus den beobachteten Bewegungsmustern der Sterne eindeutige Rückschlüsse für die räumliche Verteilung und Größe der beteiligten Massen berechnen lassen. Diese Erkenntnis sollte noch große Bedeutung gewinnen bei der Interpretation der gemessenen Rotationskurve der Milchstraße. Oort und Lindblad sind übrigens auch die Pioniere der Erforschung von Materie, die zwar durch ihre Masse auf die Sterne und das Gas einwirkt, aber selbst völlig unsichtbar ist, die Dunkle Materie. Aber noch ist es nicht so weit.

Oort hatte für seine Rotationsmodelle mehrere Bewegungsmuster einer galaktischen Massenverteilung zur Verfügung, denn seit Johannes Kepler und Isaac Newton kannte man die Balance zwischen Trägheit beziehungsweise Rotation und Gravitation. Die Planeten bewegen sich auf Bahnen um die Sonne, die ihrem jeweiligen Kräftegleichgewicht entsprechen. Etwas eleganter kann man es ausdrücken mithilfe der Balance zwischen der kinetischen Energie, die in der Rotation der Planeten um die Sonne steckt, und der Gravitationsenergie, die in der Sonne steckt: Aus diesem Gleichgewicht ergibt sich eine zur Sonne hin ansteigende Geschwindigkeitskurve, die proportional zur Wurzel aus der Sonnenmasse und umgekehrt proportional zur Wurzel aus der Entfernung zur Sonne ist. Mit anderen Worten: Die Geschwindigkeit steigt nach innen hin an. Merkur umkreist die Sonne schneller als Venus, diese sie wiederum schneller als die Erde, die sie wiederum schneller als der Mars und so weiter. Dies gilt für alle Planetensysteme, bei denen die dominante Quelle der Schwerkraft aus einem Stern besteht. Diese Rotation, bei der die Rotationsgeschwindigkeit nach außen abnimmt, nennt man differentielle Rotation. Befände man sich in einem homogenen rotierenden Körper, wie zum Beispiel einer Schallplatte, dann würde dieser Körper starr rotieren – man spricht deshalb von starrer Rotation –, die Rotationsgeschwindigkeit nimmt dabei mit der Entfernung linear zu. Ähnlich wäre auch die Rotation innerhalb einer kugelsymmetrischen Massenverteilung, die sich um ein Zentrum bewegt.

Eine Rotationskurve stellt den radialen Verlauf der Rotationsgeschwindigkeit in Abhängigkeit von der Entfernung zum Zentrum dar. 1927 veröffentlichte Oort eine Arbeit, in der er nachwies, dass die Sterne in der Milchstraße um ein fernes Zentrum kreisen, das im Sternbild Sagittarius liegt, und dass das Bewegungsmuster der Sterne, das sich aus den Doppler-Verschiebungen ihrer Spektrallinien ergibt, genau jenem Muster entspricht, das er für eine differentielle Rotation mit einer fast konstanten Rotationsgeschwindigkeit vorausgesagt hatte. Sterne in kleineren Distanzen zum vermuteten galaktischen Zentrum überholen die Sonne, während die, die sich außerhalb der Sonnenbahn befinden, aufgrund ihrer größeren Entfernung zum Zentrum sich in der entgegengesetzten Richtung zu bewegen scheinen, weil die Sonne sie überholt – ähnlich wie im Sonnensystem die inneren Planeten die äußeren überholen. Oorts Lokalisierung des galaktischen Zentrums war dabei um weniger als zwei Grad von Shapleys Zentrum der Kugelsternhaufen entfernt. Aber er ermittelte eine viel geringere Entfernung der Sonne zu diesem Zentrum, nämlich nur 19 000 Lichtjahre, etwas mehr als ein Drittel von Shapleys Wert. Laut Oort hatte Shapley also recht mit seiner Annahme, dass das Sonnensystem eher am Rand der Milchstraße liegt, jedoch unrecht mit der Annahme einer Milchstraße, die mehrere Hunderttausend Lichtjahre groß sein soll.

Das Modell von Kapteyn wurde durch die Berechnungen von Oort und Lindblad praktisch ausgeschlossen. Denn nach Kapteyns Ansicht befand sich die Sonne ja in der Nähe des Zentrums der Milchstraße, die einen Durchmesser von höchstens 30 000 Lichtjahren haben sollte und 6000 Lichtjahre dick war. Es gab allerdings ein nach wie vor wichtiges Beobachtungsergebnis von Kapteyns Sternzählungen, das in keinem dynamischen Modell erklärt wurde: nämlich dass die Dichte der Sterne im Raum in jeder Richtung mit wachsender Entfernung zur Sonne abnimmt. Wenn die Milchstraße aber nun so groß war, wie Shapley, Lindblad und Oort vermuteten, und wenn die Sonne sich nicht im Zentrum, sondern in der Scheibe der Milchstraße befindet, etwa 20 000 Lichtjahre vom eigentlichen galaktischen Zentrum entfernt, dann musste irgendetwas Kapteyn daran gehindert haben, das Licht entfernterer Sterne beobachten zu können. Schließlich würde man doch vermuten, dass zum Zentrum der Milchstraße hin die Dichte der Sterne zunimmt.

Es stellte sich also die Frage: Ist die Milchstraße vollständig durchsichtig für das Licht der Sterne, oder gibt es etwas zwischen den Sternen, das die Strahlung der Sterne ganz oder teilweise verschluckt? Und wenn die bis in die 20er-Jahre geltende Annahme der völligen Transparenz der Milchstraße falsch war, dann wären auch die Entfernungsbestimmungen ganz sicher falsch, denn die Helligkeit der Sterne ändert sich umgekehrt proportional mit dem Quadrat ihres Abstandes nur dann, wenn nichts ihr Licht verschluckt.

Gäbe es allerdings Material, das das Licht der Sterne verschluckt, dann würde sich die beobachtete Helligkeit der Sterne völlig anders verhalten. Sie wären unter Umständen so lichtschwach, dass man sie durch den Dunst eines eventuellen interstellaren Mediums gar nicht oder nur sehr schwach leuchten sehen würde.

Kapitel 8

Von der Dunkelkammer zu den Dunkelwolken – Edward Barnard

Bevor wir wieder in die Tiefen der Astronomiegeschichte hinabsteigen, hier ein paar kleine Denkanstöße. Wir wissen ja nicht, wann Sie unser Buch lesen. Nehmen wir an, Sie tun dies am Tag, wenn es also taghell ist. Sie haben auch kein elektrisches Licht, sondern lesen diese Zeilen nur im Licht der Sonne. Und hoffentlich scheint sie auch. Fein! Der einfache Tatbestand, dass es so etwas wie Tag – im Unterschied zur Nacht – gibt, bedeutet, dass das Licht der Sonne zu uns, zur Erdoberfläche durchkommt. Ihre Strahlung erwärmt uns und unseren Planeten und macht den Tag hell. Das bedeutet, dass zwischen der strahlenden Gaskugel, die wir Sonne nennen, und unserem Planeten fast keine Materie sein darf, denn sonst würde diese Materie das Sonnenlicht verschlucken, absorbieren. Die Sonne strahlt, und diese emittierte Strahlung kommt bei uns auf der Erde ohne Absorption an. Der interplanetare Weltraum zwischen Erde und Sonne muss also leer sein, und zwar sehr leer. Er *muss* auch sehr leer sein, sonst würde es uns nicht geben. Und mit »uns« meinen wir Sie und uns Autoren und die ganze Erde mit allem Drum und Dran. Denn wenn es da draußen irgendwas gäbe, dann riebe sich unsere Erde daran. Die Reibung würde dazu führen, dass unser Heimatplanet Bahnenergie verlöre und er samt seiner Besatzung in Richtung Sonne triebe, bis er in sie hineinfiele. Sie merken schon, wir lieben den Konjunktiv, die Möglichkeitsform, die, was die Dichte und Gestalt des interplanetaren Mediums betrifft, eher eine Unmöglichkeitsform ist. Die fast vollständige Leere des Weltraums ist eine der Voraussetzungen für unsere Existenz.

Entsprechendes gilt auch für die Sterne in der Milchstraße. Wenn es ein Medium zwischen den Sternen geben sollte, dann muss es fast nichts sein, seine Dichte muss also extrem gering sein. Sonst würden wir die Sterne nachts nicht sehen können. Und da die Sterne wirklich sehr viel weiter von uns entfernt sind als die Sonne, kann es zwischen den Sternen nicht viel Gas geben. Wir werden sehen, wie man sich täuschen kann, und am Ende der ganzen Geschichte werden Sie verstehen, dass diese fast völlige Leere des interstellaren Raums nicht nur eine Voraussetzung für unsere Existenz ist, sondern dass wir sogar auch aus diesem Fast-nicht-Material bestehen, allerdings erst nach einer etwas längeren Transformation durch einige stellare Brutöfen. Aber wir wollen nicht vorgreifen – bis es so weit ist, müssen wir noch einiges erzählen. Zum Beispiel die Geschichte eines jungen Amerikaners, der sich gern ein Bild von den Vorgängen am Himmel machen wollte. Das heißt eigentlich kein Bild, sondern eher ein Foto.

Der Erste, der überzeugende Hinweise für eine mögliche Existenz von Materie zwischen den Sternen lieferte, war kein Astronom, sondern wie Herschel ein begeisterter Amateur: Edward Emerson Barnard. Als er im Dezember 1857 das Licht der Welt erblickte, war ihm sicher nicht in die Wiege gelegt, dass er vier Jahrzehnte später ein berühmter Astronom sein würde. Er wuchs in ärmlichsten Verhältnissen als Halbwaise in Nashville, Tennessee, auf und verdiente sich bereits als Neunjähriger ein paar Cent, indem er in einem Fotoladen eine riesige Vergrößerungskamera bediente. Dieses Gerät, einem Fernrohr nicht unähnlich, musste mechanisch per Zahnraddrehung immer der Sonne nachgeführt werden, damit auf dem damals eher unempfindlichen Fotopapier Abzüge hergestellt werden konnten. Zudem war er auch in der Dunkelkammer bei der Entwicklung der Fotografien dabei. Neben seinem Job im Fotoladen faszinierte ihn vor allem der Himmel. Er war ein begeisterter Beobachter des Himmels, der sich im Alter von 19 Jahren seinen Traum vom eigenen Fernrohr erfüllte und seine gesamten Ersparnisse von knapp 400 Dollar in ein Instrument mit einer Öffnung von 12,5 cm investierte.

In den folgenden Jahren eignete er sich nicht nur mehr und mehr astronomische Kenntnisse an, sondern erwarb sich auch große Anerkennung in Fachkreisen als Kometenjäger. Im Jahr 1887 bekam er schließlich eine erste Anstellung als Astronomie-Assistent am frisch gegründeten Lick-Observatorium in Kalifornien, wo er an einem eher kleinen Teleskop zum ersten Mal die Fotografie als ernst zu nehmendes Hilfsmittel in die astronomische Forschung einführte. Für ihn, den seit Kindesbeinen an erfahrenen Fotografen, lagen die Vorteile von Fotoemulsionen auf der Hand: Sie summieren das über mehrere Stunden hinweg einfallende Licht auf und verschaffen dem Astronomen so die Möglichkeit, das Licht auch schwach leuchtender Sterne und Nebel einzufangen. Die Fotografie kann auf diese Weise Objekte sichtbar machen, die für das bloße Auge unsichtbar sind. Bereits in seinen ersten fotografischen Aufnahmen rund um den Stern Theta Ophiuchi befanden sich neben sehr schwach leuchtenden Objekten auch dunkle Flächen. Es erschienen »dunkle und schwarze Flecken, mit dünnen Stellen, wenn nicht gar Löchern«, schrieb Barnard. Sein Gedanke, dass es Löcher im Himmel geben könnte, ging auf Herschel zurück, den Barnard sehr verehrte. Seine Ehrfurcht vor Herschel ging so weit, dass er die Theorien seines großen Vorgängers nie direkt anzweifelte. Herschel war rund 100 Jahre vor Barnard auch schon auf Stellen am Himmel gestoßen, die vollkommen leer erschienen. Und für den Meister der Sternzählungen war klar, was er dabei sah beziehungsweise eben nicht sah: Es sei doch völlig natürlich, dass sich Sterne zu verschiedenen Anziehungszentren zusammengezogen hätten, schließlich würde ja ihre gegenseitige Schwerkraftwirkung dazu führen müssen. Und wo Sterne sind, ist auch Licht. Wo sie einmal waren, da haben sich eben Hohl- und Leerräume gebildet. Wo kein Licht ist, befindet sich eben nichts – ein Loch!

Und so kam auch für Barnard nur eine Erklärung für die dunklen Stellen am Himmel infrage: Löcher. Es gab allerdings auch durchaus Zweifel an der Herschel-Barnard'schen Lochtheorie. Falls es sich nämlich bei den dunklen Flecken wirklich um Löcher handeln sollte, dann müssten sie den hellen Nebel um Theta Ophiuchi wie Tunnel genau entgegengesetzt zur Erdrichtung durchbohren. Es gab durchaus die Ansicht einiger Astronomen, dass eine solche radiale Anordnung in Bezug auf die Position der Erde doch außerordentlich unwahrscheinlich sei. Man formulierte vorsichtig die Möglichkeit einer Art lichtabsorbierender Materie zwischen den Sternen. Solchen Argumenten wurde allerdings keine Beachtung geschenkt. Für Barnard blieb es vorerst bei den Löchern. Immerhin wurde er berühmt, als er den fünften Mond des Jupiters, Amalthea, entdeckte. 1894 wurde Barnard ans Yerkes-Observatorium berufen. Von nun an und spätestens seit Inbetriebnahme des 1-Meter-Yerkes-Refraktors intensivierte er seine Beobachtungen auf die dunklen Flecken am Himmel, und seit 1897 mehren sich auch bei seinen Publikationen die Hinweise, dass es sich bei den dunklen Zonen um leere Räume handeln könnte, die zum Teil von einer Art Medium verhüllt seien, das selbst Löcher aufwies. Ein vorsichtiger Hinweis auf einen eventuellen Fehler in der Vorstellung Herschels, immerhin.

Barnard war nicht der einzige Astronom, der sich der dunklen Seite der Milchstraße verschrieb. An der Landessternwarte auf dem Königstuhl in Heidelberg widmete sich seit 1904 Max Wolf mit großer Ausdauer Aufnahmen von Sternen aller Helligkeitsklassen, die sich auf bestimmten Feldern am Himmel befanden. Er hatte im Sternbild Schwan bereits eine Dunkelregion ausgemacht, die seiner Meinung nach mit nichtleuchtender Materie gefüllt sein könnte, die der Bahn des Nebels folgte und das Licht der schwächeren Sterne verschluckte. Aus seinen groß angelegten Fotosafaris schloss er durch den Vergleich von dunklen und hellen Sternen, dass ausgerechnet in den Dunkelzonen die schwach leuchtenden Sterne verschwunden waren. Und zwar so, als habe sich ein Vorhang herabgesenkt. Wolf untersuchte dieses faszinierende Phänomen noch zwei Jahrzehnte lang.

Weitere Hinweise auf etwas Absorbierendes zwischen den Sternen kamen aus der Spektroskopie, der Kunst der Lichtanalyse. Ein halbes Jahrhundert zuvor hatten Astronomen entdeckt, dass Sonnen- oder

Sternlicht, das durch einen schmalen Spalt auf ein Prisma gelenkt wurde, ein Muster aus dunklen Linien in einem ansonsten kontinuierlichen Farbspektrum erzeugte – anscheinend absorbierte irgendetwas in den Sternen Licht ganz bestimmter Wellenlängen. Seit der Mitte des 19. Jahrhunderts war zudem bekannt, dass jedes chemische Element, das erhitzt und als Gas verbrannt wurde, ein charakteristisches Muster heller Linien, ein sogenanntes Emissionsspektrum, aufwies. Mit anderen Worten: Die dunklen Absorptionslinien in den Strahlungsspektren der Sonne und der Sterne waren nichts anderes als die negative Version der Emissionslinien. Da jedes chemische Element ein typisches Spektrum hat, konnte man durch einen Vergleich der Absorptionslinien in einem Sternspektrum mit den Emissionslinien von Elementen, die auf der Erde vorkamen, die chemische Zusammensetzung der Sterne bestimmen.

Außer über die Zusammensetzung konnte man aus der Verschiebung der Absorptionslinien auch etwas über die Bewegung der Strahlungsquelle beziehungsweise des absorbierenden Mediums lernen. Bereits 1842 hatte Christian Doppler entdeckt, dass die Bewegung einer Schallquelle für einen ruhenden Hörer den Effekt hat, dass er einen wahrnehmbar veränderten Ton hört. Die Wellenlängen des Schalls werden durch die Bewegung der sich nähernden Schallquelle verkürzt, der Ton wird höher. Entsprechend wird der Ton der Schallquelle tiefer, wenn sie sich entfernt. Doppler schlussfolgerte messerscharf, dass es bei Licht genauso sein müsse. Und wirklich: Strahlungsquellen, die sich von uns wegbewegen, sind zum roten Ende des Spektrums hin verschoben, diejenigen, die sich auf uns zubewegen, ins Blaue. Das erste Objekt, das mithilfe des Doppler-Effekts in seinen Bewegungen als Mehrfachsternsystem, bei dem sich mindestens zwei Sterne umkreisen, identifiziert wurde, war Mizar, im Jahr 1889. Aus Rot- und Blauverschiebungen der Spektrallinien lassen sich also bereits seit dem 19. Jahrhundert Bewegungen von Sternen und absorbierenden Hüllen sehr genau vermessen und darstellen. Man weiß seit Christian Dopplers Entdeckung endlich, was sich am Himmel in Sachen Bewegung tut, wenn man Spektrallinien genau vermessen kann. Und wenn die Absorptionslinien nicht verschoben sind, dann bewegt sich da eben nichts. Und genau diese Nichtbewegung hat im Jahr 1904 zu einer weiteren Entdeckung geführt, die man nur so interpretieren konnte: Es gibt lichtundurchlässiges Material zwischen den Sternen.

Aber von Anfang an: Der deutsche Astronom und Instrumentenbauer Johannes Hartmann vom Astrophysikalischen Institut in Potsdam hatte eine merkwürdige Besonderheit an den Absorptionslinien im Spektrum des Doppelsterns Delta Orionis, eines der prominenten Wintersterne, nämlich als Gürtelstern des Orion, festgestellt: Die Absorptionslinien des Calciums waren zwar schwach, aber von einer nahezu perfekten Schärfe. Doch diese scharfen dunklen Linien machten die durch die Bahnbewegung des Sterns verursachten periodischen Verschiebungen anderer Spektrallinien nicht mit. Sie zeigten ganz offensichtlich keinerlei Doppler-Effekt. Nochmals: Die Calcium-Absorptionslinien eines ausgewiesenen Doppelsternsystems waren scharf, das heißt ohne verwaschene Ränder. Dabei müsste man doch eher verwaschene, breitere Linien beobachten, denn schließlich überlagern sich doch sowohl Emissionslinien als auch Absorptionslinien bei einem Doppelsternsystem. Und außerdem bewegen sich die Sterne umeinander, also müssten die Absorptionslinien auch die Doppler-Verschiebung zeigen.

Hartmann schlussfolgerte aus seinen Beobachtungen: Das Material, das die Calcium-Linien absorbiert, gehört nicht zum Doppelsternsystem und wird nicht von ihm erzeugt. Und da diese Linien auch nicht in jedem Sternspektrum vorkommen, schied seiner Ansicht nach auch eine Absorption durch die Erdatmosphäre aus. Es blieb dann nur noch eine Erklärungsmöglichkeit: Irgendwo im Raum zwischen den Sternen, entlang der Sichtlinie zwischen Hartmanns Teleskop, dem großen Refraktor auf dem Potsdamer Telegrafenberg, und dem gut 900 Lichtjahre entfernten Delta Orionis gab es eine Wolke, die diese Absorption erzeugte. Und er fand in seinen älteren Beobachtungen sehr deutliche Hinweise, die seine Folgerung erhärteten. Die Nova Persei, im Jahr

1901 entdeckt und eine der hellsten neuzeitlich beobachteten Novae, wies ebenfalls stationäre (also scharfe, sich nicht bewegende) Linien auf, und zwar von Calcium und Natrium, und das, obwohl der Stern nach seinem Nova-Ausbruch noch expandieren müsste.

Immer mehr Indizien tauchten auf, die auf lichtabsorbierendes Material zwischen den Sternen schließen ließen. Aber die Gemeinde der Astronomen hörte die Botschaft der Beobachter stationärer Absorptionslinien zunächst nicht. Wahrscheinlich war es schon schwierig genug, sich irgendwie ein Bild von der Milchstraße als Sterneninsel zu machen. Wenn jetzt auch noch Material zwischen den Sternen hinzukam, dann verlöre man ja völlig den Überblick. Zumal: Was war dann der Zusammenhang von Sternen und dem Gas dazwischen? Nun, die Spektroskopiker spektroskopierten einfach weiter, immer mehr stellare Objekte wurden identifiziert, deren Absorptionslinien sich teilweise als stationär erwiesen, wo also jeder Hinweis auf Bewegung fehlte. Und zwar nicht nur in einer Himmelsregion – dann wäre man ja vielleicht noch mit der Vorstellung ausgekommen, nur eine Wolke verdüstere den Blick. Nein, wo immer die Spektroskopiker ihre Instrumente hinhielten, ergaben sich »Hartmann-Phänomene«, also stationäre Linien dort, wo man sie nicht erwartete. Überall das gleiche Phänomen.

1912 entdeckte Vesto Slipher, dass das Spektrum eines diffus leuchtenden Nebelflecks in den Plejaden, dem sogenannten Siebengestirn, genau mit dem Spektrum eines nahen Sterns übereinstimmt. Weil die Wahrscheinlichkeit, dass zwei Objekte identische Spektren besitzen, praktisch gleich null ist, folgerte er, dass der Nebel das Licht reflektiert. Und das tat er exakt. Slipher entdeckte keine neuen Absorptionslinien im Reflektor. Er zog aus seinen Beobachtungen den Schluss, dass der Nebel aus »pulverartiger Materie«, also aus Staub, bestehen musste. Aber auch Sliphers Entdeckung wurde nicht als besonders »merkwürdig« wahrgenommen.

Man muss sich wundern: Gut zehn Jahre vor der Shapley-Curtis-Debatte und der Etablierung des Kapteyn-Universums mit schon relativ genauen Vorstellungen von Größe und Form der Milchstraße und der Lage der Sonne in ihr gab es nun wirklich genügend Informationen, um die dunklen Regionen am Himmel zu erklären. Barnard formulierte 1913, dass er sich des Eindrucks nicht erwehren könne, die schwarzen Flecken auf den Fotografien der Milchstraße, die er im Moment gerade anfertige, seien auf mehr oder weniger undurchsichtige Massen zwischen uns und der Milchstraße zurückzuführen. Es sollte noch 13 Jahre dauern, bis die Ergebnisse von Barnard, Hartmann, Wolf und Slipher endlich wahrnehmbar in der galaktischen Gemeinde Resonanz fanden.

Kapitel 9

Ein Brite hat den Überblick, auch im Dunkeln – Arthur Eddington

Im Jahr 1926 fasste der überragende englische Astrophysiker Arthur Stanley Eddington in einem Vortrag, der auf Einladung der Royal Society in London stattfand, die Ergebnisse von drei Jahrzehnten Forschung über das Dunkle im Dunkeln zusammen. Eddingtons Worte wurden sehr ernst genommen, schließlich war er der Erste, der die volle Bedeutung der Allgemeinen Relativitätstheorie erfasste und sie durch Beobachtungen während einer Sonnenfinsternis auch in ihren Vorhersagen bestätigen konnte. Als Eddington in seinem Vortrag von diffuser Materie im All sprach, horchte man auf. Ihn faszinierte die Idee aus mehreren Gründen. Zunächst war ihm natürlich klar, dass die Anwesenheit von dieser diffusen Materie eine Revision sämtlicher Entfernungsbestimmungen nötig machen würde, deren Schätzwerte man bis dahin ermittelt hatte, ohne eine Abschwächung des Sternlichts in Betracht zu ziehen. Aber bei Eddington kam vor allem das Interesse an der Sternentwicklung dazu. Die interstellare Materie konnte seiner Meinung nach auch eine Rolle im Leben der Sterne spielen. Er war nämlich zu diesem Zeitpunkt noch fälschlicherweise der Meinung, die Sterne verlören aufgrund ihrer inneren Verbrennungsvorgänge so viel Masse, dass sie ständigen Nachschubs an Gas bedürften, damit sie nicht erlöschen. Der Brennstoffnachschub durch die interstellare Materie wäre dann eine quasi unerschöpfliche Energiequelle für die Sterne. Einige Jahre später wird er ganz anders denken und die Kernfusion als die ultimative Energiequelle der Sterne in der Astronomengemeinde salonfähig machen.

Aber noch sind wir im Jahr 1926. Eddington präsentierte damals den ersten Überblick über die Eigenschaften der interstellaren Materie und forderte die Astronomen auf, endlich zu akzeptieren, dass es diese Materie gebe, und daraus die entsprechenden Schlussfolgerungen zu ziehen. Er spekulierte über Temperatur, Dichte und räumliche Verteilung und kam dann auch zum Punkt der starken Verfinsterung durch Dunkelnebel. Da diese Nebel das Licht der dahinterliegenden Sterne beträchtlich abschwächten, müsse man davon ausgehen, dass sie aus »feinverteilten, festen Partikeln« bestanden.

Abb. 36: Arthur Stanley Eddington, Porträt von 1931.

Endlich fand der interstellare Staub einen einflussreichen Anwalt, obwohl Eddington die Idee interstellarer Staubwolken, die er als »meteorische Materie« bezeichnete, im Grunde gar nicht gefiel. Aber er hatte keine andere Erklärung als Max Wolf, der drei Jahre zuvor auch schon auf die Staub-Idee gekommen war, denn die von ihm beobachtete Lichtabschwächung konnte seiner Ansicht nach nicht durch viel dünneres Gas zustande kommen. Dafür wäre nämlich so viel Gas nötig, dass die Sterne, deren Licht abgeschwächt wurde, durch die Gasmassen in ihren Bewegungen beeinflusst würden. Und erinnern wir uns an die Slipher-Daten: Auch dort musste es Staub sein, der das Licht der Sterne reflektierte. Eddington zog ein wenig resigniert das Fazit: »Wenn wir meteorische Materie als Erklärung für die Dunkelnebel zulassen, ist nicht auszuschließen, dass auch andere Himmelsregionen weniger transparent sind, als allgemein angenommen wird.«

Auf jeden Fall sorgte Eddingtons Plädoyer für das Vorhandensein von Gas- und Staubwolken im Raum zwischen den Sternen für großes Aufsehen. Kurz darauf wurde entdeckt, dass die Intensität der stationären Calcium- und Natrium-Absorptionslinien mit der Entfernung von der Sonne zunahm, ein Hinweis darauf, dass das lichtabsorbierende Gas in der Tat gleichmäßig in der gesamten Milchstraße verteilt war, denn dann addierten sich die Beiträge der Atome mit zunehmender Entfernung. Außerdem entdeckte man durch Spektraluntersuchungen an jungen, blauen Sternen, die die Astronomen als O- bzw. B-Sterne bezeichnen, dass sich die Mehrzahl der Gaswolken etwa auf halbem Wege zwischen der Erde und den jeweils beobachteten Sternen befand. 1930 war man sich sicher, dass die gesamte Milchstraße von interstellarem Gas durchsetzt war, und man konnte nicht mehr davon ausgehen, dass es sich nur auf die direkte Umgebung von Sternen konzentrierte. Immer noch unklar war hingegen die räumliche Verteilung der Staubwolken.

Zwar hatten inzwischen die Beobachtungen Max Wolfs die meisten Astronomen von der Existenz einzelner lichtabschirmender Staubwolken in manchen Bereichen der Milchstraße überzeugt, und die ruhenden Absorptionslinien galten als unwiderlegbares Indiz für die selektive Absorption durch diffuse Gaswolken, aber immer noch gingen die meisten Forscher von einer weitestgehend transparenten Milchstraße aus. Man glaubte einfach nicht an eine allgemein verbreitete Absorption oder Schwächung des Sternlichts. Wie sollte man aber die wahre Größe und Form der Milchstraße bestimmen können, wenn man sich über die Verteilung von eventuell lichtabsorbierendem Material nicht im Klaren war?

Kapitel 10

Ein Schweizer löst eine Lawine aus – Robert Trümpler

Die Lage und die Natur des unsichtbaren Materials, das das Licht verschluckte, blieben im Dunkeln, bis durch Zufall ein Astronom am kalifornischen Lick-Observatorium eine Methode entwickelte, die erheblich zur Klärung des Sachverhalts »Staub im interstellaren Raum« beitrug und die eine ganze Lawine an Konsequenzen für die Erforschung der Milchstraße auslösen sollte.

Abb. 37: Robert Julius Trümpler, undatiertes Porträt.

Robert J. Trümpler, der in seiner Schweizer Heimat die Profession des Astronomen erlernt und seine Ausbildung abgeschlossen hatte, ging 1915 in die USA. Eigentlich hätte er als Sohn eines erfolgreichen Schweizer Geschäftsmannes die Firma seines Vaters übernehmen sollen. Seine beruflichen Erfahrungen in der Wirtschaftswelt waren allerdings für ihn nicht besonders motivierend. Seine Familie willigte ein, sodass er nach kurzer Beschäftigungsdauer seiner tatsächlichen Neigung folgte und als Astronom in den Vereinigten Staaten zu arbeiten begann, zunächst noch als Assistent am Pittsburgh-Observatorium und seit 1919 am Lick-Observatorium. Dort machte er eine erfolgreiche Karriere. Trümpler, ein Anhänger des Kapteyn'schen Modells der Milchstraße, begann in den 1920er-Jahren die Entfernungen von locker zusammenhängenden Gruppen relativ junger Sterne, den sogenannten offenen Sternhaufen, zu bestimmen, deren Verteilung sich vor allem auf die zentrale galaktische Ebene konzentrierte. Sein Ziel waren möglichst genaue Entfernungs- und Durchmesserbestimmungen. Dabei ging er wie die meisten seiner Kollegen zunächst einmal davon aus, dass die Milchstraße im Wesentlichen komplett durchsichtig für das Licht der Sterne war. Das hieß für ihn, dass sich Licht, je weiter es von seiner Quelle entfernt ist, umso diffuser ausbreitet und dass die Lichtmenge, die an einem Teleskop ankommt, umso geringer ist. Im Juni 1929 berichtete er in einem Artikel, er habe jetzt genügend Daten über offene Haufen gesammelt, um ein heliozentrisches System mit einem Durchmesser von 35 000 Lichtjahren beschreiben zu können. Eine etwas vergrößerte Version des Kapteyn'schen Universums! Um mögliche Fehler in der Interpretation auszuschließen, stellte er noch eine Beziehung zwischen den abgeleiteten Entfernungen und den beobachteten Durchmessern der Haufen her. Und damit gab er dem Kapteyn'schen Universum den Todesstoß. Denn er stieß auf ein verwirrendes Phänomen: Je weiter die Haufen entfernt waren, umso größer erschienen sie.

Was war daran so verwirrend? Wir rufen uns in Erinnerung: Die Helligkeit eines Sterns nimmt mit dem Quadrat der Entfernung ab, sodass ein Objekt, dessen Entfernung sich verdreifacht hat, nur noch ein Neuntel der ursprünglichen Helligkeit aufweist. Anhand eines Vergleichs der scheinbaren Helligkeit eines Sterns mit seiner absoluten Helligkeit – das ist definitionsgemäß seine Helligkeit in einem Normabstand von 32,6 Lichtjahren (oder 10 Parsec) – lässt sich seine Entfernung berechnen. Dazu muss man den Spektraltyp des Sterns kennen, woraus sich seine absolute Helligkeit ableiten lässt. Deshalb konnten die Astronomen einem Stern aufgrund seines Spektrums eine mittlere absolute Helligkeit zuordnen.

Trümplers erste Aufgabe war die Bestimmung des Spektraltyps und der entsprechenden absoluten Größenklasse der jeweils hellsten Sterne nahe gelegener offener Sternhaufen. Hieraus leitete er durch Vergleich mit den beobachteten Helligkeiten die Entfernungen zur Erde ab. Mit Schweizer Präzision stellte er, um jeden Irrtum auszuschließen, zusätzlich eine Beziehung zwischen den von ihm abgeleiteten Entfernungen und den auf Fotoplatten festgehaltenen linearen Durchmessern her.

Dabei ergab sich eine interessante Beziehung: Der Raumwinkel, den ein Haufen einnimmt, ist proportional zu seinem Durchmesser und umgekehrt proportional zum Quadrat seines Abstandes. Also die gleiche Entfernungsabhängigkeit wie bei der scheinbaren Helligkeit. Trägt man nun die scheinbare Helligkeit gegen den Durchmesser auf, kürzt sich die Entfernung raus, und es sollte eine einfache Proportionalität zu sehen sein, auf der alle Haufen liegen. Die Streuung um diese proportionale Beziehung ist die Streuung der Haufenhelligkeit und -größe um die Mittelwerte. Es zeigte sich aber, dass kleine Haufen dunkler sind als erwartet. Und die weiter entfernten Haufen waren alle größer. Wieso sollten weiter entfernte Sternhaufen größer sein als die näheren? Dafür gab es nur eine einsichtige Erklärung: Eine dünne Schicht lichtabsorbierender Materie in der galaktischen Ebene schwächt das Sternlicht mit zunehmender Entfernung immer stärker ab.

Die Konsequenzen formulierte Trümpler so: »Wenn der interstellare Raum keine absolute Transparenz besitzt, dann gilt kein quadratisches Abstandsgesetz mehr. Die scheinbare Helligkeit nimmt schneller ab, unsere Entfernungswerte sind zu groß, und der Fehler wächst mit dem Abstand zum Sternhaufen. Die anhand dieser Werte berechneten linearen Durchmesser sind dann ebenfalls zu groß, und auch hier wächst der Fehler mit der Entfernung.«

Nach weiteren Berechnungen kam Trümpler zu dem Ergebnis, dass sich die rätselhafte Beziehung zwischen Entfernung und Ausdehnung der offenen Sternhaufen erklären ließ, wenn das lichtabsorbierende Medium über eine Strecke von jeweils 5000 Lichtjahren die Sternhelligkeiten jeweils um eine Größenklasse schwächte. Er vermutete, dass dieses interstellare Medium, das sich später als fein verteilter Staub erweisen sollte, stark auf die galaktische Ebene beschränkt ist und Objekte außerhalb dieser Ebene, wie Kugelsternhaufen und ferne Galaxien, nur unwesentlich dunkler erscheinen. Und er spekulierte außerdem darüber, dass es einen Zusammenhang geben musste zwischen den stationären Calcium-Linien oder den diffusen Nebeln, die ebenfalls stark in der galaktischen Ebene konzentriert sind, und dem lichtabsorbierenden Material. Ferner stellte er die Theorie auf, dass sich aufgrund der Absorption auch die Lichtwellenlänge und damit die Farbe eines Sterns verändern müsste. Damals wusste man bereits, dass die Farbe eines Sterns von seiner Temperatur und diese wiederum von seinem Spektraltyp abhängt. Und so war seit einiger Zeit eine Diskrepanz zwischen den erwarteten und den tatsächlich beobachteten Farben von offenen Sternhaufen aufgefallen. Trümpler konnte zeigen, dass sich das Rätsel lösen ließ, wenn man die Absorption zu einem bestimmten Prozentsatz in die Helligkeitsschätzungen miteinbezog.

Trümpler hielt trotzdem am kleinen, heliozentrischen Kosmos fest. Doch seine Arbeit beeinflusste die weitere Diskussion über die Größe der Milchstraße nachhaltig. Shapley hatte die Lichtabsorption unberücksichtigt gelassen und daher die Entfernung zu den Kugelsternhaufen zu groß angesetzt. Shapleys Milchstraßenmodell lieferte 300 000 Lichtjahre als Durchmesser, aber immerhin war bei ihm das Sonnensystem eher am Rande der Milchstraße, irgendwo in der Scheibe. Kapteyn hingegen hatte die durch die Lichtabsorption gezogenen Grenzen der Beobachtung für den Rand des Universums gehalten. Kapteyns Milchstraße war nur 30 000 Lichtjahre im Durchmesser groß und die Sonne nahe am Zentrum lokalisiert.

Beide hatten sich verrechnet. Der Streit war vorbei, jetzt ging es richtig an die Arbeit, denn Trümplers Entdeckungen hatten ja weitreichende Konsequenzen. Jetzt mussten nicht nur die Entfernungen zu den wichtigsten Himmelskörpern, sondern darüber hinaus die Dimensionen unserer Milchstraße und die Position des Sonnensystems in diesem Sternverband völlig neu abgeschätzt werden.

Jahrelang hatten fast alle Astronomen die sich immer mehr zuspitzenden Hinweise ignoriert, dass der interstellare Raum nicht so durchsichtig war, wie man geglaubt hatte. Jetzt, 1930, nach Trümplers Bericht über die Lichtschwächung offener Sternhaufen in der galaktischen Zentralebene, schien es, als wollten auch die letzten Zweifler die verlorene Zeit wieder aufholen. Trümplers Entdeckungen waren der Beginn einer ganzen Lawine an astronomischer Forschung über die nur scheinbare Leere des Alls, das in Wirklichkeit von Gas und Staub durchsetzt war. Außerdem, da nun ohne Wenn und Aber die Existenz des interstellaren Mediums nachgewiesen war, standen die Astronomen vor einer Reihe neuer Rätsel: Woher kam diese Materie, woraus bestand sie, und welche Rolle spielte sie in den verborgenen Mechanismen des Kosmos? Und es galt zu erforschen, welche Auswirkungen das interstellare Medium eben auf die Ausbreitung von Licht haben kann, damit man in Zukunft nicht die gleichen Fehler bei Entfernungsbestimmungen machen würde wie in der Vergangenheit.

Mit der Entdeckung der Materie zwischen den Sternen wurde leider alles noch komplizierter. Bei Herschel bestand die Milchstraße aus Sternen und Löchern. Wo nichts war, da war auch nichts. Deshalb waren seine Nachfolger auch davon überzeugt, dass die Milchstraße ganz transparent für das Licht der Sterne ist. Das war ja nun alles Schnee von gestern. Zwischen den Sternen ist etwas. Es besteht aus Gas und Staub, dem interstellaren Medium.

Immerhin hatten die Astronomen verstanden, dass es da draußen etwas gibt, was das Licht der Sterne verschluckt. Manche Sterne werden nur weniger hell durch das interstellare Material, ihr Licht wird gedimmt. Man konnte sich auch schon vorstellen, dass man manche Sterne gar nicht mehr sieht, wenn der interstellare Staub sehr dicht ist. Und da tat sich schon der neue Problemkreis auf: Wie ist der Staub verteilt? Ist er überall gleichmäßig in der Milchstraße »verstreut«, oder gibt es dichten und dünnen Staub? Und wo kommt er überhaupt her? Wenn man diese Fragen beantworten könnte, dann wüsste man wahrscheinlich auch eine Antwort bezüglich der räumlichen Verteilung. Was macht denn der Staub da draußen sonst noch so, außer das Licht der Sterne zu absorbieren? Die Wirkung der Gravitation müsste ihn doch klumpen lassen. Wir wollen den Staub jetzt nicht aus den Augen verlieren, lassen ihn aber jetzt erst einmal links liegen, denn sein Ursprung und sein Schicksal, seine Rolle und seine Zusammensetzung werden erst in den 1960er- und 1970er-Jahren verstanden. Das dauert noch.

Jetzt, 1930, stellen sich noch ganz andere Fragen, deren Antworten bald erfolgen. Es geht um die Anordnung von Sternen und Sternhaufen, denn die Struktur der Milchstraße ist ja noch längst nicht entschlüsselt. Aber neuerdings stellen sich auch mehr und mehr Fragen über die räumliche Verteilung des interstellaren Gases und seine Zusammensetzung. Welche Rolle spielt die interstellare Materie eigentlich in der Milchstraße?

Eines war natürlich klar. Nur mit ruhenden Calcium- und Natrium-Absorptionslinien allein lassen sich die Natur und Struktur des interstellaren Gases nicht offenlegen. Eine Schlüsselrolle, und da waren sich alle einig, muss das häufigste Element im Universum spielen, der Wasserstoff. Aber man musste ganz neue Mittel und Wege finden, um ihn in seiner häufigsten – der neutralen – Erscheinungsform aufzuspüren. Anfang der 1930er-Jahre begann die Astronomie der langen Wellen – die Radioastronomie. Bevor wir aber dazu kommen, machen wir wieder eine kurze Rast und ordnen die neuen Erkenntnisse erst mal ein.

Kapitel 11

Die komplizierte Welt der Gase

Mit der Entdeckung des interstellaren Mediums, des Materials zwischen den Sternen, wird die Astronomie immer mehr zur Astrophysik. Es geht jetzt nicht mehr nur um die Bewegung der Sterne in einem ausgedehnten Schwerkraftfeld. Das wäre Mechanik von Punktmassen in einem Wirkungsfeld, das von den Teilchen selbst gebildet wird. Ist zwar kompliziert, aber aufgrund der großen Abstände zwischen den Sternen sind sie ja stoßfrei. Das heißt, ihre freie Weglänge für direkte Stöße ist so groß, dass sie praktisch nie einander direkt beeinflussen. Immer ist es die weitreichende Schwerkraft, die ihre Bahnen und die Dynamik der Sterne bestimmt.

Mit dem Gas des interstellaren Mediums aber tauchen ganz neue Eigenschaften auf, die nicht mehr von der einfachen Mechanik mit ihren klaren Bewegungsgleichungen beschrieben werden können. Gasteilchen können aufeinanderstoßen, sie reiben sich aneinander. Sie spüren die anderen Gasteilchen direkt. Gas kann sich aufheizen und dann wieder abkühlen, Gas kann strömen, sogar mit Überschallgeschwindigkeit. Turbulenzen und andere äußerst komplizierte und komplexe Wechselwirkungen, die nur mithilfe nichtlinearer partieller Differentialgleichungen mathematisch darstellbar sind, können im Gas stattfinden. Wenn sich Gas aufgrund seiner elektromagnetischen Strahlung abkühlt, also kinetische Energie verliert, dann kann es aufgrund seiner eigenen Schwerkraftwirkung klumpen. Es können sich Gaswolken bilden, in denen sich wiederum Gasverdichtungen bilden, die sich dann weiter zusammenballen. Und all diese Prozesse können andauern, bis Sterne entstehen. Und die Sterne können dann wiederum das Medium um sie herum beeinflussen, mit ihrer Strahlung und mit Winden, die von den stellaren Gasbällen abströmen. Sterne deponieren also Impuls und Energie im interstellaren Medium. Dieses wird aufgeheizt, ionisiert und zusammengepresst. Ist das interstellare Gas sehr heiß, beginnt es zu expandieren und kühlt sich wieder ab. Bis dann wieder ein neuer Zyklus der Sternentstehung beginnt.

Solche grundlegenden physikalischen Überlegungen zur Dynamik des interstellaren Mediums unter dem Einfluss der sich bildenden und entwickelnden Sterne werden das Gesamtbild der Milchstraße von nun an immer mehr beeinflussen. Gerade die hydrodynamischen Erscheinungen von Reibung, Strömung und Turbulenz werden, wie wir noch sehen werden, immer wichtiger, um die Erscheinung und Stabilität der galaktischen Scheibe insgesamt verstehen zu können. Denken wir also von nun an immer daran, dass die Sterne lediglich ein Teil der Milchstraße sind, ein ganz wichtiger, aber sie sind dort nicht allein. Sie kommen aus dem interstellaren Medium und werden durch ihre Winde und vor allem durch Supernova-Explosionen wieder zu neuem Baumaterial, aus dem sich neue Generationen von Sternen bilden werden. Dieser große Materiekreislauf, der Stoffwechsel der Milchstraße, wird die Milchstraße im Laufe ihrer Entwicklung über die Jahrmilliarden verändern. Ihr Gasanteil wird kleiner werden, denn die meisten Sterne sterben ohne große Explosionen. Damit bleibt das in ihnen verdichtete ehemals interstellare Medium gefangen. Dafür wird der Anteil an schweren Elementen mit zunehmender Lebensdauer der Milchstraße ansteigen. Denn es gibt die Novae und Supernovae, die durch Überschallströmungen die in ihnen erbrüteten schweren Elemente jenseits von Helium ins interstellare Medium hineinpressen und es damit anreichern.

Die optische Astronomie benutzt elektromagnetische Strahlung eines bestimmten Wellenlängenbereiches von Blau (380 Nanometer) bis Rot (780 Nanometer). Die ersten Generationen von Astronomen konnten nur in diesem Wellenlängenbereich beobachten, denn nur dafür hatten sie Teleskope. Die Geschichte der Entdeckung des interstellaren Staubes verweist auf die begrenzten Erkenntnismöglichkeiten, ja sogar die Irrtümer, die sich aus einer erzwungenen Beschränkung der Beobachtungsmöglichkeiten auf das sichtbare Licht ergaben. Leider sind Astronomen immer nur schauende Beobachter, sie können die Objekte am Himmel nicht direkt messen. Einzig die Strahlung, die Sterne oder Gase abgeben oder verschlucken, ist die Informationsquelle über die Zustände am Himmel. Eigentlich sind die Himmelsforscher Lichtarchäologen. Sie untersuchen uralte elektromagnetische Strahlung und zerlegen sie. Aber was ist, wenn die Strahlung gar nicht zu ihnen durchdringen kann? Wenn sie von etwas Undurchdringlichem verschluckt wird? Dann müssen andere Informationskanäle erschlossen werden.

Die Geschichte der Erforschung der Milchstraße ist das Paradebeispiel für die Kombination von Wissenschaft und Technik. Während die Astronomen immer wieder neue Hindernisse bei der Untersuchung der Milchstraße entdeckten, stellten technische Neuerungen in der Detektortechnik und Spektroskopie immer wieder neue und empfindlichere Geräte zur Verfügung, mit denen sich neue Bereiche des elektromagnetischen Spektrums nutzen ließen. Und so war es auch 1930, als Trümpler das weitverzweigte, sich auf die galaktische Ebene konzentrierende staubige interstellare Material entdeckt hatte, das den optischen Astronomen schlicht die Sicht auf das große Ganze der Milchstraße verstellte. Die nur etwa ein Drittel Mikrometer großen Staubteilchen verschlucken ganz oder teilweise die sichtbare Strahlung, sie stellten sich – das werden wir uns im Folgenden näher ansehen – der Beantwortung einer großen Frage buchstäblich in den Weg: Wie sieht die Milchstraße im Detail aus? Doch größere Wellenlängen, also Strahlung niedrigerer Frequenz, werden vom Staub gar nicht beeinflusst. Mittels Radiowellen und Infrarotstrahlung sollte sich diese Frage lösen.

Kapitel 12

Auf dem Weg zum modernen Bild unserer Milchstraße

Ohne Zweifel wäre ein Buch über die Milchstraße ziemlich unvollständig, gäben wir uns mit den generellen Aussagen über Größe, Objektklassen und Massen zufrieden, die seit Mitte des dritten Jahrzehnts des 20. Jahrhunderts weitgehend feststanden. Eine weitere interessante Frage ist: Wie sieht die Milchstraße eigentlich von außen aus? Gibt es eine innere Struktur? Machen wir doch mal eine kurze Bestandsaufnahme: Seit Mitte der 1920er-Jahre war nun klar, dass unsere Milchstraße eine eigene Welteninsel ist. Aber nicht nur das: Der Vergleich der zahlreichen Fotografien, die mittlerweile von den großen Sternwarten der Welt eintrudelten, ließ Folgendes erkennen: leuchtkräftige, blaue Sterne, leuchtende Wasserstoffwolken, Massen von offenen Sternhaufen, große Komplexe von dunklen Wolken, dazu eine ganz deutlich sichtbare abgeplattete Form. Ja, die Übereinstimmung der Objektklassen, die man im Band der Milchstraße am Himmel entdeckt hatte, mit den Objekten, die man auf Fotos von Spiralnebeln innerhalb dieser Nebelflecken fand, waren einfach unübersehbar und so überzeugend, dass bald schon kein Zweifel mehr über die Natur der Milchstraße herrschte: Wir leben in einer Spiralgalaxie.

So weit, so gut, aber so richtig wohl konnte man sich als wissensdurstiger Astronom mit dieser Erkenntnis nun auch nicht fühlen. Gibt es nicht vielleicht noch ein paar aufschlussreiche Details zu verkünden für neugierige Gemüter, etwa darüber, wie die Milchstraße im Einzelnen aufgebaut ist? Die Frage nach der inneren Struktur der Milchstraße war Mitte der 1920er-Jahre vollkommen offen, und mit der zweifelsfreien Entdeckung des allgemeinen absorbierenden Mediums im Jahr 1930 wurde die Sache kein Stück leichter. Kapteyns einfaches Modell war ja unter anderem deshalb nicht zutreffend, weil die Milchstraße eben kein Ellipsoid mit vom Zentrum zu seinen Grenzen gemütlich abfallender Sterndichte, ansonsten aber von recht langweiligem Aufbau ist. Aber wenn sie doch so viel komplexer aufgebaut ist, wo sind sie denn, die Spiralarme? Am Himmel sieht man jedenfalls nichts davon. Aber irgendwie muss man das alles doch herausfinden können! Nur wie?

Es war genau diese Frage, die Cornelis Easton schon in den letzten Jahren des 19. Jahrhunderts veranlasst hatte, die bis dahin verfügbaren Beobachtungsdaten zusammenzufassen und zu versuchen, sie mit einem Bild von einer Spiralgalaxie in Übereinstimmung zu bringen. Easton, ein niederländischer Journalist und Amateurastronom, hatte sich bereits einen Namen mit einer wunderbar exakten Zeichnung und Beschreibung des Milchstraßenbandes gemacht, wie es sich dem bloßen Auge zeigt, als er mit folgender Idee an die Öffentlichkeit ging: Schauen wir doch mal, an welchen Stellen das Milchstraßenband am hellsten leuchtet. Wenn wir annehmen, dass die Milchstraße so aufgebaut ist wie andere Spiralnebel (also umso heller, je näher man dem Zentralbereich kommt), so müssten wir einfach nur nach der hellsten Stelle im Band der Milchstraße suchen und hätten dann die Richtung zu ihrem Zentrum gefunden! Eine bestechend einfache und einleuchtende Idee, die Easton da hatte. Auch wenn die vielen dunklen Stellen das Bild etwas verkomplizieren, so war es nicht weiter schwer, nachzusehen, wo das Helligkeitsmaximum liegt. Easton wusste von seinen eigenen Beobachtungen längst: Es liegt im Sternbild Schwan. Ganz eindeutig sind die Milchstraßenwolken in Richtung auf das »Kreuz des Nordens« die hellsten im weiten Rund, und so stellte er im Jahr 1900 fest: Das Zentrum der Milchstraße liegt im Schwan.

Aber damit nicht genug: Easton versuchte sogar, aus der Helligkeitsverteilung der übrigen Milchstraße bereits eine Art Spiralstruktur abzuleiten. Seine Zeichnungen des Anblicks »von außen« auf die Milchstraße erregten denn auch ein gewisses Aufsehen. Vielleicht war es ja wirklich ganz einfach, die Spiralstruktur und das Zentrum der Milchstraße zu erkennen? Zu Eastons (von ihm selbst übrigens zugegebenen) Leidwesen war es das nicht – denn so einfach, wie er es sich erhoffte, ist die Sache leider nicht. Nicht mal annähernd!

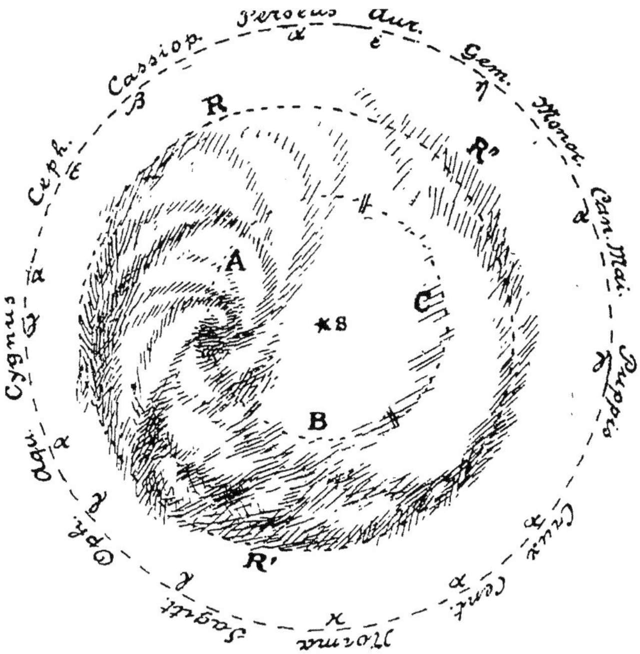

Abb. 38: Eastons erster Versuch einer »Spiral«-Milchstraße von 1900, abgeleitet aus der Zuordnung von Helligkeitsmaxima des Milchstraßenbandes zu imaginären Spiralarmen.

Das ging schon mit der vermuteten Lage der Spiralarme der Milchstraße los: Easton hatte sich gedacht, dass überall dort, wo wir im Milchstraßenband hellere Stellen sehen können, wir entlang eines Spiralarms schauen, wodurch wegen der Perspektive die Sterndichte dort höher sein müsste als in anderen Regionen, und voilà – hätte man in null Komma nichts aus der Helligkeitsverteilung die Struktur der Milchstraße entschlüsselt. Da hatte er allerdings die Rechnung ohne die Dunkelwolken gemacht, die einem unbedarften Beobachter völlig problemlos Helligkeitsmaxima (und vor allem: Minima!) in der Milchstraße vorgaukeln konnten, wo eigentlich gar keine sind. Also war der Ansatz für die Erkennung der Spiralstruktur schon mal schlicht falsch.

Viel weiter daneben lag Easton aber noch bei der Richtung zum Zentrum: Bereits wenige Jahre nach der Veröffentlichung seiner Milchstraßenkarten hatten Harlow Shapleys Untersuchungen über das Kugelsternhaufensystem der Milchstraße ja einen klaren Hinweis auf eine ganz andere Richtung zum Zentrum gegeben, als man allein durch eine einfache Untersuchung der Helligkeitsverteilung des Milchstraßenbandes am Himmel hätte vermuten können. (Wir erinnern uns: Shapley verortete das Zentrum seines Kugelsternhaufensystems irgendwo im Schützen.) Und spätestens Jan Hendrik Oort zog Easton schließlich den Zahn, als er eindeutig nachweisen konnte, dass es zum dynamischen Zentrum tatsächlich in eine ganz andere Richtung geht, nämlich ebenfalls zum Sternbild Schütze.

Aus heutiger Sicht mutet es sowieso ein wenig kurios an, dass Easton nicht selbst schon darauf gekommen war, das Milchstraßenzentrum eher im Sagittarius (so der offiziell verwendete lateinische Name des Schützen) zu verorten. Denn so wunderbar seine detaillierten und hübsch gestalteten Milchstraßenzeichnungen auch anzusehen sind, sie zeigten doch immer nur die nördliche Milchstraße. Der Schütze ist aber ein südliches Sternbild und steht in Europa bestenfalls wenige Grad hoch über dem Horizont, sodass das Licht seiner eigentlich extrem hellen Milchstraßenwolken (tatsächlich sind es die hellsten im gesamten Milchstraßenband!) von der Erdatmosphäre weitgehend absorbiert wird. Natürlich erscheint die Milchstraße einem europäischen Beobachter dort deshalb nicht so eindrucksvoll wie die Gegend im Schwan, der problemlos den Zenit erreicht. Aber gehen Sie mal auf die Südhalbkugel und schauen unter einem wirklich dunklen Himmel zur Milchstraße! Da bleiben innerhalb von Sekunden kaum Fragen offen, in welcher Richtung denn das Milchstraßenzentrum liegen könnte – eine andere Richtung als der Schütze kommt ja gar nicht infrage! Aber für diese Erkenntnis hätte Easton nun mal auf die Südhalbkugel der Erde reisen müssen, um sich ein vollständiges Bild vom Helligkeitsverlauf der *kompletten* Milchstraße zu machen. Ist er aber nicht. Eigentlich ein schwerer Fehler, das nicht zu tun, und man sieht ja auch, wo Eastons Forschungen letztlich gelandet sind: im Ordner »hübsch, aber falsch«.

Und dennoch gelten Eastons Arbeiten bis heute als erster ernst zu nehmender Ansatz, die innere Struktur der Milchstraße zu entschlüsseln (seinen Zeitgenossen waren sie sogar so wichtig, dass er dafür von Jacobus Kapteyn, dem Grandseigneur der Milchstraßenastronomie persönlich, die Ehrendoktorwürde der Universität Groningen verliehen bekam – keine schlechte Karriere für einen Journalisten und Amateurastronomen!). Aber die Zeit sollte neue Beobachtungsmethoden – und vor allem neue schlaue Köpfe! – hervorbringen, die schließlich Licht ins buchstäbliche Dunkel der Milchstraßenstruktur, ihres spiralförmigen Aufbaus und ihres Zentrums, bringen sollten. »Dunkel« deshalb, weil sich die Milchstraße nun mal leider in ein dunkles Gewand aus dichten Staubwolken hüllt, was es unmöglich macht, ihren Aufbau allein durch genaues Hinsehen bestimmen zu können. Mit Sternzählungen kam man also nicht weiter, und der Versuch, sich durch Messungen vieler Sternentfernungen ein Bild zu machen, musste in den 1930er-Jahren schon daran scheitern, dass die wenigen verfügbaren Methoden zur Entfernungsmessung entweder (im Fall der trigonometrischen Parallaxe) nur wenige Dutzend Lichtjahre weit in den Weltraum reichten – was für die angenommene Größe der Milchstraße von irgendwas um die 100 000 Lichtjahre natürlich ein Witz war. Oder sie waren schlicht zu ungenau: Stichworte sind hier die spektroskopische Parallaxe oder die Cepheiden-Methode, die mit Ungenauigkeiten im zweistelligen Prozentbereich zu kämpfen hatten, was für die Entdeckung auch nur großräumiger Strukturen innerhalb der Milchstraße natürlich bei Weitem zu ungenau war. Und dann kam auch noch die interstellare Materie dazu, die irgendwie alles nur noch viel schlimmer machte.

Um 1930 schien die Astronomie der Milchstraße in eine Sackgasse geraten zu sein, eingeklemmt zwischen Dunkelwolken und Messfehlern, zwischen undurchdringlicher interstellarer Materie und unüberbrückbar großen Entfernungen. Und neue Beobachtungsmethoden waren zunächst noch nicht in Sicht (was sich aber bald schon ändern sollte – mehr dazu später). Aber keine Bange – noch hatte die gute, alte optische Astronomie noch einige Pfeile im Köcher, die erst mal verschossen werden wollten, bevor man sich endgültig nach anderen

Methoden umsehen musste. Dabei ist es eine Ironie des Schicksals, dass zwei dieser Pfeile schließlich sogar das Werk so eminenter Astronomen wie Jan Hendrik Oort und Bart Bok zur Strecke bringen sollten, die beide in den 1930er-Jahren führende Rollen in der galaktischen Astronomie einnahmen. Man sieht schon: An den niederländischen Astronomen führte in der ersten Hälfte des 20. Jahrhunderts kein Weg vorbei, wenn es um die Astronomie der Milchstraße ging: Kapteyn, Oort, Bok, van de Hulst und so weiter – ohne sie wären wir mit unserem Wissen in der heutigen Zeit nicht annähernd so weit, wie wir es sind.

Da haben wir sie nun also, die nächste Aufgabe: Wie entschlüsselten die Astronomen eigentlich die Struktur der Milchstraße im Detail? Dazu machen wir uns auf zu einer weiteren Zeitreise, ins Jahr 1942, mitten im Zweiten Weltkrieg, aber diesmal zunächst in die USA, wo ein deutscher Astronom durchblickt.

Der Wissenschaftler, von dem die Rede sein wird, ist Walter Baade. Er lernt 1925 bei einem Aufenthalt in den USA anlässlich einer Sonnenfinsternis Harlow Shapley kennen, der ihm zu einem Stipendium verhilft. In den folgenden beiden Jahren arbeitet Baade an den großen amerikanischen Observatorien (Yerkes, Lick und Mount Wilson). Sein Interesse gilt hauptsächlich den Sternhaufen und ein wenig den Spiralgalaxien. Viel wichtiger ist, dass Baade mit vielen amerikanischen Astronomen zusammentrifft, die ihn persönlich und als Forscher bewundern. Zurück in Deutschland, habilitiert er sich an der Universität Hamburg und prägt in seiner Antrittsvorlesung im Januar 1929 den Begriff »Hauptnova« für die später »Supernova« genannte Erscheinung. 1931 wird er an das Mount-Wilson-Observatorium berufen, später wird er auch am Mount-Palomar-Observatorium arbeiten. Es sei erwähnt – weil es später wichtig sein wird –, dass man Walter Baade geraten hat, Deutscher zu bleiben, um dem Institut einen internationalen Anstrich zu verleihen. Nach Kriegsausbruch wurde er als »feindlicher Ausländer« klassifiziert. Er war damit ausgeschlossen von Programmen für die Waffenentwicklung, an denen fast alle Mount-Wilson-Astronomen arbeiteten. Zudem erhielt er Hausarrest, seine Bewegungsfreiheit wurde auf die unmittelbare Umgebung von Pasadena und die Sternwarte auf Mount Wilson beschränkt. Tja, und diese Umstände, die Abwesenheit anderer Astronomen, der Hausarrest und die Angst der Amerikaner vor drohenden japanischen Luftangriffen, die zur totalen Verdunkelung des nahen Los Angeles führte, verhalfen Baade zu optimalen, nahezu unbegrenzten Beobachtungsmöglichkeiten mit dem 2,50-Meter-Teleskop auf dem Mount Wilson.

Abb. 39: Walter Baade, Porträt um 1935.

Und Baade nutzte die Chance ausgiebig. Ungestört vom Streulicht der kalifornischen Metropole konnte das Teleskop Licht aus großen Entfernungen empfangen. Baade konnte deshalb Beobachtungen durchführen, die bis dahin für unmöglich gehalten worden waren. Es ging um den Zentralbereich der Andromedagalaxie, auch M31 genannt, das 31. Objekt im Messier-Katalog. Hubble war es zwar 1925 gelungen, bei der Beobachtung einzelne Sterne in den Spiralarmen aufzulösen, aber die zentrale Region von Andromeda war nur als heller, unscharfer Fleck erkennbar. Baade konnte im Herbst 1942 »unverkennbare Spuren einer sich abzeichnenden Auflösung in der zuvor stets strukturlos erschienenen Zentralregion« feststellen. Er verbesserte seine Beobachtungstechnik hinsichtlich des instrumentellen Auflösungsvermögens dahingehend, dass sie »eine Vielzahl heller Einzelsterne zutage fördern würde«.

Insbesondere weil Hubble blaue Sterne in den Spiralarmen von Andromeda entdeckt hatte, startete Baade seine Beobachtungen mit Fotografien mittels blauempfindlicher Platten. Er nahm an, »dass die hellsten Sterne im Zentralbereich ebenfalls blau« seien, wurde allerdings enttäuscht: Nicht ein blauer Stern war auf den Fotoplatten zu erkennen. Also versuchte er es mit rotempfindlichen Platten, und zwar mit neu entwickelten Platten mit einer hohen Rotempfindlichkeit, die deutlich längere Belichtungszeiten ermöglichten. Zusammen mit einem Rotfilter hoffte Baade die Belichtungszeit auf neun Stunden verlängern zu können. Dabei stand er vor einem großen Problem, denn so lange Belichtungszeiten erfordern eine bis dahin nicht gekannte Präzision. Die kleinste Verlagerung der Brennebene des Teleskops hätte die Abbildung der Sterne verwischt. Baade rechnete aus, dass höchstens ein Zehntel Millimeter an Verschiebung gestattet wäre, und das, obwohl Temperaturschwankungen in der unbeheizten Kuppel den Hauptspiegel verformen und zu einer Verschiebung der Brennebene um einige Millimeter führen konnten.

Baade löste dieses Problem, indem er im Herbst beobachtete, denn die Nachttemperaturen blieben auf Mount Wilson während dieser Jahreszeit ziemlich konstant. Außerdem öffnete er die Kuppel der Sternwarte bereits gegen Mittag, damit sich der Spiegel möglichst lange an die Umgebungstemperatur anpassen konnte. Außerdem überprüfte er die Abbildungsqualität seines Teleskops mithilfe unscharfer Leitsterne, die viel empfindlicher auf Lageveränderungen des Spiegels reagieren als Punktquellen. Baade stellte sein Kontroll-Okular – ja, so etwas gab es damals noch – so ein, dass bereits kleine Verlagerungen der Brennebene das Abbild des Leitsterns deutlich veränderten.

Dieser Perfektionismus zahlte sich aus. Baade gelangen Aufnahmen mit »Hunderten Sternen dort, wo man zuvor keine Einzelsterne hatte

Abb. 40: William Morgan bei der Inspektion einer Fotografie Baades von M31 im Jahr 1944.

unterscheiden können. Es handelte sich um rote Riesensterne.« Er schrieb weiter: »Als ich das Teleskop auf andere Bereiche des Andromedanebels richtete, weiter zum Rand hin, veränderte sich auch das Aussehen der hellen Sterne: Dort fand ich die roten Riesen zwischen den Spiralarmen, innerhalb der Spiralarme dagegen blaue Überriesen. Es sah so aus, als herrschte im Zentralbereich und den Gebieten zwischen den Spiralarmen eine bestimmte Sternensorte vor, während in den Spiralarmen eine andere Sorte dominierte.«

Baade hatte damit die beiden »Sternpopulationen« von Andromeda entdeckt. Durch solche sind auch die Sterne der Milchstraße charakterisiert. Sterne der Population I bilden die Spiralarme, Sterne der Population II findet man hingegen zwischen den Spiralarmen, im Bulge (dem Zentralbereich des Andromedanebels), in Kugelsternhaufen und überhaupt in dem riesengroßen Raumvolumen zwischen den Kugelsternhaufen, dem sogenannten Halo. Nur eben gerade nicht *in* den Spiralarmen von Andromeda. Übrigens fand Baade bei der Gelegenheit gleich noch quasi nebenbei heraus, dass die auch aus unserer eigenen Milchstraße bereits gut bekannten leuchtenden Wasserstoffwolken – HII-Regionen – ebenfalls sehr gut die Spiralstruktur von M31 nachzeichnen. Die rotempfindlichen Fotoplatten hatten es möglich gemacht: Ionisierter – und damit im sichtbaren Licht leuchtender – Wasserstoff strahlt am stärksten im tiefroten Licht bei 656,28 Nanometern Wellenlänge. Und selbst die Dunkelwolken, leicht zu sehen auf den tief belichteten Aufnahmen des Andromedanebels, definierten sehr schön den spiralförmigen Verlauf der Arme. Es ergab sich ein eindeutiges Bild mit weitreichenden Konsequenzen. Baades Resultate bestätigten sich in vielen anderen Spiralgalaxien: blaue Sterne und HII-Regionen in den Spiralarmen der flachen, runden Scheibe, rote Sterne im aufgewölbten Zentralbereich, zwischen den Spiralarmen und im voluminösen, eher kugelförmigen Halo drum herum. Dazu HII-Regionen und Dunkelnebel in spiraligem Verlauf in der Scheibe. Es schien, als hätte Baade ein Naturgesetz entdeckt: das Gesetz vom Aufbau der Spiralgalaxien. Und so war es auch.

Haben Sie es bemerkt? Indem er aus den kriegsbedingten Umständen an der kalifornischen Küste das Beste machte, hatte Baade in kürzester Zeit praktisch sämtliche wesentlichen Strukturkomponenten einer typischen Spiralgalaxie definiert und gleich auch noch physikalisch nachgewiesen: Scheibe mit Spiralstruktur und Zwischenarm-Population – Zentralbereich (»Bulge«) – Halo. Damit war auch klar: Die Spiralarme sind überhaupt keine Regionen erhöhter Sterndichte in einer Spiralgalaxie! Die Sterne stehen dort so dicht wie an irgendeiner beliebigen anderen Stelle der Scheibe. Es ist lediglich die erhöhte Dichte an *besonderen* Objekten, die die Spiralarme so deutlich hervortreten lässt – Baade selbst sprach von »Kerzen auf einer Geburtstagstorte«, die zwar hübsch aussehen, aber nichts über die Verteilung der Creme und des Tortenbodens darunter verraten. Denken Sie also bei der nächsten Geburtstagsfeier mal daran: Sie essen vielleicht gerade ein Modell einer Spiralgalaxie (aber passen Sie bei den Kerzen auf)!

Kapitel 13

Die Milchstraße bekommt den Spiegel vorgehalten – William Morgan und Barton Bok

Es war, als hätte Walter Baade mit dem Andromedanebel M31 einen riesigen Spiegel im Weltall entdeckt, Millionen Lichtjahre von uns entfernt, aber groß genug, um unsere eigene Milchstraße darin zu erkennen: Helle, blaue Sterne und HII-Regionen, also Nebel aus ionisiertem Wasserstoff – diese Objektklassen kannte man aus unserer Heimatgalaxie ja schon längst! Und wenn sie schon in M31 so wunderbar die Spiralstruktur nachzeichneten – warum sollte das in der Milchstraße nicht auch funktionieren?

Abb. 41: William Morgan, undatiertes Porträt.

Genau das dachte sich ein amerikanischer Astronom: Es war William Morgan, Astronomie-Professor des Yerkes-Observatoriums und vom oben schon erwähnten Bart Bok inspiriert, mithilfe der heißen, leuchtkräftigsten Sterne etwas über die Struktur der Milchstraße herauszufinden, so wie Baade es beim Andromedanebel gelungen war. Doch das war leichter gesagt als getan: Noch Anfang der 1940er-Jahre gab es keine zuverlässigen Sternkataloge, aus denen man die für eine Bestimmung der Spiralstruktur notwendigen Entfernungen entnehmen konnte. Schlimmer noch: Es gab nicht einmal zuverlässige Messgrößen, aus denen man überhaupt auf die Entfernungen dieser Sterne schließen konnte. Das Problem war nämlich, dass diese leuchtkräftigen O- und B-Sterne (wie die erwähnten »Kerzen auf der Geburtstagstorte«) ziemlich seltene Vertreter der Gattung »Stern« in der Milchstraße sind – so selten, dass es keinen einzigen gab, der nahe genug an der Erde steht, um seine Entfernung mit dem sonst so zuverlässigen Mittel der trigonometrischen Parallaxe zu bestimmen. Was macht da der Astronom von Welt aber? Ganz klar: Er findet einfach ein anderes Entfernungsmaß. Und das war der Grund, weshalb Bart Bok ausgerechnet Morgan ansprach: Als erfahrener Spektroskopiker hatte Morgan seit den späten 1930er-Jahren gemeinsam mit seinen Kollegen Philip Keenan und Edith Kellerman nach und nach die heute zum Standardrepertoire der Astronomie gehörende »zweidimensionale MKK-Spektralklassifikation« entwickelt, mit deren Hilfe man allein aus einfacher Analyse des Spektrums eines Sterns nicht nur auf dessen chemische Zusammensetzung, sondern – viel besser noch! – auch auf seine wahre Leuchtkraft und durch simplen Vergleich mit seiner scheinbaren Helligkeit auf seine Entfernung schließen konnte! Genial – und sehr, sehr wirkungsvoll. Jetzt musste man, so Boks vollkommen richtige Idee, nur noch das MKK-System auf die leuchtkräftigsten Sterne der Milchstraße anwenden, dann würde man schnell deren Entfernungen messen können, und – voilà – die Milchstraße läge wie eine Geburtstagstorte vor dem Auge des begeisterten Betrachters.

Also machten sich Morgan und sein Team jetzt an die Entschlüsselung der Milchstraßenstruktur. Dazu brauchten sie – ganz im Sinne der evidenzbasierten Forschung – Daten, Daten, Daten. Die gab es mangels verfügbarer Informationen zu den leuchtkräftigen Sternen nicht? Kein Problem – ab ging es ans Teleskop: Selber beobachten macht schlau, hieß die Devise. Im Frühsommer 1950 kristallisierte sich erstmals so etwas wie eine Struktur heraus: 49 leuchtkräftige Sterne (der Spektraltypen O und B – für diejenigen, die es genau wissen wollen) und drei größere Gruppierungen dieses Sterntyps, die man im durchmusterten, wenn auch noch kleinen Teil des Milchstraßenbandes hatte finden können, deuteten darauf hin, dass die Sonne am äußeren Rand eines Spiralarms liegen könnte, der sich in etwa aus Richtung des Sternbilds Carina bis ins Sternbild Schwan erstreckt. Auch wenn dieses Ergebnis noch recht ungenau war (und, wie wir heute wissen, nicht den tatsächlichen Verhältnissen entspricht), so war dies doch das erste Signal: Es geht tatsächlich! Man kann die Spiralstruktur unserer Milchstraße wirklich beobachten, auch wenn wir mittendrin stehen, umgeben von Massen von verdunkelndem Staub und Tausende von Lichtjahren von irgendeinem Rand oder irgendeiner Grenze entfernt.

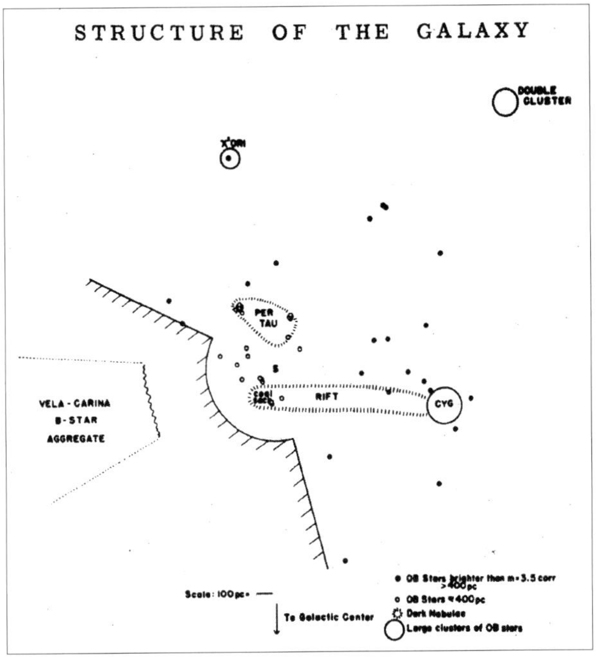

Abb. 42: Die Spiralstruktur der Milchstraße nach Morgan, Skizze von 1951.

Die Sache nahm jetzt Fahrt auf, aber noch fehlten viele Daten. Richtig zufrieden war Morgan noch nicht, aber die Zeit und eine Menge Arbeit, davon war er überzeugt, würden schon ein belastbares Ergebnis bringen. Allmählich, nach und nach. Und dann passierte es: Eines Nachts im Herbst 1951 ging Morgan, müde vom vielen Beobachten, die 100 Meter vom Sternwartengebäude des Yerkes-Observatoriums, in dem er gearbeitet hatte, nach Hause zu seiner Wohnung, den Blick gedankenverloren in den klaren Sternenhimmel gerichtet, als er ganz zufällig auch in Richtung Milchstraßenband schaute wie so oft schon zuvor. Dort, entlang der Herbstmilchstraße, die so wunderbar in den späten Nachtstunden über Yerkes thronte, lag in den Sternbildern Perseus, Kassiopeia und Cepheus eine ganze Reihe von blauen leuchtkräftigen Sternen und wunderbar leuchtenden HII-Wasserstoffwolken, die er bereits vermessen und gut verpackt in einem Katalog untergebracht hatte, der länger und länger wurde. Zahlenkolonnen halt, für Morgan alltägliche Arbeit. Doch mit einem Mal durchzuckte es ihn: Diese leuchtkräftigen Sterne dort oben, entlang des langen Streifens des Milchstraßenbandes, das er überblicken konnte, die erschienen ihm ja alle gleich hell! Sie mussten also alle, weil sie auch in Wirklichkeit eine vergleichbare Leuchtkraft haben, gleich weit von uns entfernt sein, denn sie sind ja alle von derselben Art! Hier die Sterne des Perseus, dort der Doppelsternhaufen an der Grenze zur Kassiopeia, drum herum Sterne und Sternhaufen, die alle diese für Spiralarme typischen leuchtkräftigen Sterne enthalten, nach denen er und sein Team gerade suchten. Natürlich, das ist es! Morgan konnte plötzlich buchstäblich einen Spiralarm *sehen*! Er hatte die ganze Zeit, ausgebreitet in herbstlicher Pracht, den Astronomen buchstäblich vor Augen gelegen, aber Morgan war der Erste, der richtig hinsah (und, zugegebenermaßen, eine Idee von der wahren Leuchtkraft dieser Sterne hatte).

In Windeseile stürzte Morgan nun an seinen Schreibtisch, holte seine Katalogdaten hervor und – konnte tatsächlich sofort ein Diagramm erstellen, das in Richtung des Perseus in einer Entfernung von etwa 6500 Lichtjahren ganz eindeutig einen Spiralarm zeigte, mit einer klar erkennbaren Lücke zur Position der Sonne hin. Die Sterne, die er eintrug, folgten alle dem Arm – und noch besser: Auch die HII-Regionen fügten sich perfekt ins Bild! Der Perseus-Spiralarm war entdeckt. Morgan hatte damit endgültig das Rätsel gelöst: Die Milchstraße hat zweifelsfrei eine Spiralstruktur. Und jetzt die gute Nachricht: Sie, lieber Leser, können Morgans Entdeckung an jedem klaren Herbstabend ganz leicht nachvollziehen! Finden Sie einfach mithilfe einer Sternkarte die Sternbilder Perseus, Kassiopeia und Cepheus. Vielleicht nehmen Sie noch ein gutes Fernglas zur Hand, aber mehr brauchen Sie nicht. Scannen Sie dann mit dem bloßen Auge oder dem Fernglas das Milchstraßenband ab, das sich entlang dieser Konstellationen erstreckt, und Sie finden schnell viele der Objekte, die den Perseus-Arm definieren: die große haufenartige Region im Zentrum des Perseus, deren hellste Sterne uns tatsächlich alle ähnlich leuchtkräftig erscheinen, den doppelten offenen Sternhaufen h und X Persei, gefolgt von den wunderbaren Sternhaufen in der Kassiopeia, darauf folgend die vielen nicht allzu auffälligen, aber doch gleich hellen »hellsten« Sterne im weiteren Verlauf hin zum Sternbild Cepheus, verziert mit vielen weiteren offenen Sternhaufen. Fotografen werden leicht sogar einige der Gasnebel nachweisen können, die hier stehen. All diese Objekte zeichnen den Perseus-Arm nach. Astronomie kann so einfach sein – und so unmittelbar!

Kommen wir zurück zur Entdeckung der Spiralstruktur: Mehr und mehr konzentrierte sich die Gruppe um Morgan nun auf die Nebel aus leuchtendem Wasserstoffgas, die die Astronomen »HII-Regionen« nennen, riesige Gaswolken wie den Orionnebel, die von jungen blauen Sternen umgeben sind. Ende 1951 konnte Morgan auf einer Tagung der American Astronomical Society schließlich seine Ergebnisse präsentieren. In der Tat markieren vor allem die Nebel zwei getrennte Spiralarme: den Orion-Arm in der Nachbarschaft unserer Sonne und den in jener Nacht im Herbst 1951 entdeckten, rund 6500 Lichtjahre entfernten Perseus-Arm, der vom Zentrum der Milchstraße weiter entfernt ist als der Orion-Arm. Zudem ergaben sich Indizien für einen dritten Arm zwischen Sonne und dem im Sternbild Sagittarius lokalisierten Milchstraßenzentrum. Und obwohl die Karte der Milchstraße damit längst nicht vollständig war, lieferten diese wenigen Einzelheiten konkrete Hinweise darauf, dass unsere Milchstraße eine Spiralgalaxie ist.

Abb. 43: Der 1951 entdeckte Perseus-Spiralarm auf dem Cover der Zeitschrift *Sky & Telescope* vom April 1952.

Die breitere Fachöffentlichkeit musste sich übrigens noch ein wenig gedulden, bis die Kunde über den Nachweis der Spiralstruktur aus HII-Beobachtungen zu ihr drang: Offenbar hatte sich der gute William Morgan an diesem Projekt komplett überarbeitet, denn er erlitt im Frühjahr 1952, noch bevor er in der Lage gewesen wäre, sein Manuskript für eine Fachzeitschrift fertigzustellen, einen Nervenzusammenbruch, von dem er sich erst nach Monaten erholte. Endlich an seinen Schreibtisch zurückgekehrt, warteten schon wichtige neue Projekte auf ihn, sodass er es gerade noch fertigbrachte, das halb fertige Manuskript so weit aufzuarbeiten, dass es in der US-amerikanischen populärastronomischen Zeitschrift *Sky & Telescope* erscheinen konnte. Eine der wichtigsten Entdeckungen der galaktischen Astronomie des 20. Jahrhunderts wurde also in einer Amateurzeitung publiziert (was immerhin über den Stellenwert, den diese Zeitschrift in jener Zeit hatte, eine Menge aussagt)! Es muss halt nicht immer Geburtstagstorte sein, manchmal genügt auch Topfkuchen …

Damit hatte Morgan übrigens den zweiten Pfeil auf Bart Bok abgeschossen, und der saß! Der arme Bok hatte noch 1951 darauf gehofft, dass *er* es sein würde, der als Erster mittels leuchtkräftiger Sterne die Spiralstruktur der Milchstraße nachweisen könnte. Aber zum Zeitpunkt der Tagung im Dezember 1951 lagen ihm diese Daten noch nicht vor, und so musste Bok eingestehen, dass er gegenüber dem Morgan-Team den Kürzeren gezogen hatte.

Und so endet hier ein Teil der Geschichte: Es sollte für lange Zeit das letzte Mal sein, dass die optische Astronomie (also der Teil der Astronomie, der Ergebnisse von Beobachtungen im sichtbaren Bereich des Spektrums nutzt) maßgebliche Erkenntnisse über den Aufbau der Milchstraße liefern konnte. Denn mittlerweile hatte ein neuer Spieler das Feld der astronomischen Forschung betreten, der sich innerhalb kurzer Zeit zum wahren »Game Changer« entwickeln sollte: die Radioastronomie. Hatten es die Astronomen eben noch mit einem Bereich des Spektrums zu tun (dem sichtbaren nämlich), dessen Licht dazu neigte, am nächstbesten Hindernis abzuprallen, gestreut oder gleich absorbiert zu werden, so sollte der Radiobereich den Schleier komplett von der Milchstraße wegziehen.

Kapitel 14

Die Radioastronomie – das Reich der langen Wellen

In der Geschichte der Erforschung der Milchstraße wird in den 30er-Jahren des 20. Jahrhunderts ein ganz neues Kapitel aufgeblättert. Eine weitere Art der elektromagnetischen Strahlung wird für die Astronomie entdeckt. Zum allerersten Mal erweitern die Astronomen ihren Fokus über das sichtbare Licht hinaus. Seit Heinrich Hertz im Jahr 1887 die Existenz der elektromagnetischen Wellen bewiesen und zugleich die Beugung und die Reflexionseigenschaften der elektrischen Erscheinungen mit denen des sichtbaren Lichts verglichen hatte, war klar, dass das sichtbare Licht nur ein Teil des elektromagnetischen Spektrums sein kann und dass es zumindest an der niederfrequenten Seite tatsächlich irgendwie weitergehen musste. Schließlich waren die ersten drei Jahrzehnte des 20. Jahrhunderts die Dekaden des drahtlosen Funkverkehrs (sogar über die Weltmeere), des Radioempfangs und damit insgesamt der drahtlosen Informationsübertragung per elektromagnetische Wellen im Bereich von Meter- und Zentimeterwellen. Dass ausgerechnet diese, eher den Ingenieurwissenschaften zugerechnete Ecke des elektromagnetischen Spektrums einen tieferen Blick in die Milchstraße liefern könnte als das sichtbare Licht, scheint für viele eher traditionell ausgerichtete Astronomen nicht wirklich akzeptabel gewesen zu sein. Nun, sie mussten sich eines Besseren belehren lassen.

Aber wir greifen vor, obwohl es schon interessant ist, dass die jungen, burschikosen Ingenieure von Funk und Radio den akademischen Herrschaften der Observatorien und Akademien jetzt doch tatsächlich den Rang streitig machen wollten. Anfangs waren die Entdeckungen ja noch eher zufällig und wurden von der Gemeinde der »sehenden« optischen Astronomen nicht so recht ernst genommen, wenn nicht gar ignoriert. Doch als es immer offensichtlicher wurde, dass die langen Wellen die ganze Milchstraße durchdringen und sich auch durch den kosmischen Staub nicht bremsen lassen, ging den Astronomen der alten Garde ein Licht auf, ein Licht, das man nicht sehen kann: Die Radioastronomie entstand.

Wilhelm Herschel war ein begeisterter Amateurastronom in Zeiten, in denen ein Amateur noch besser werden konnte als die Profis. 100 Jahre später hat erneut ein begeisterter Amateurastronom sich zu den professionellen Höhen der Himmelsforschung aufgeschwungen, aus eigenem Antrieb hat Edward Barnard die Dunkelwolken in der Milchstraße untersucht und damit den Weg geebnet für die Erforschung des interstellaren Mediums, des lichtabsorbierenden Materials zwischen den Sternen, dessen Existenz alle Modelle des frühen 20. Jahrhunderts zu Größe und Form der Milchstraße zu Fall brachte. Jetzt treten zwei Männer auf die Bühne, die zunächst von Astronomie gar keine Ahnung hatten. Sie waren Radioingenieure, praktisch begabt, ausgebildet an Technischen Hochschulen in der Kunst, Radiowellen zu erzeugen und sie empfangen zu können. Ihre Anlagen bestanden grundsätzlich aus ebendiesen beiden Systemkomponenten: einer Radioquelle, die wohldefinierte Frequenzen aussendete, um damit zum Beispiel die Kommunikation von Stadt zu Stadt, von Land zu Land oder sogar von Kontinent zu Kontinent zu ermöglichen – Radio, Funk und Telefon. Und auf der anderen Seite aus den entsprechenden Anlagen, die die Strahlung empfangen konnten, und zwar möglichst ohne Störgeräusche, eben Antennen, als Draht- und Metallgestänge. Und genau dort, bei den Störungen, dort beginnt die Geschichte der Radioastronomie. Denn zwischen Radiosender und Radioempfänger befindet sich ein Medium, durch das die elektromagnetischen Wellen hindurchmüssen. Insbesondere handelt es sich hierbei um die Erdatmosphäre, mit all ihren Erscheinungen, die die Ausbreitung von elektromagnetischen Signalen stören können.

Eine möglichst genaue Analyse der verschiedenen Störquellen bei Wellenlängen zwischen zehn und 20 Metern, vor allem auch die Ursache des Rauschens herauszufinden, das den transatlantischen Kurzwellentelefonfunkverkehr störte – das waren die Aufgaben, die der erste unserer Helden, Karl Guthe Jansky, im Auftrag einer Telefongesellschaft ausführen sollte. Jansky, 1905 in Oklahoma geboren, absolvierte 1927 ein Physikstudium in Wisconsin und arbeitete seit 1928 als Radioingenieur bei der Telefonfirma Bell. In Clifford, New Jersey, begann der junge Mann mit der Untersuchung von Störquellen und Interferenzen am Himmel, und zwar mit einer drehbaren Richtantenne von 14,6 Metern Durchmesser. Mit dieser »Jansky-Merry-go-round« konnte er den Himmel nach richtungsabhängigen Störquellen absuchen. Wobei die Konstruktion der Antenne und der Empfänger sowie die Entwicklung des gesamten elektronischen Messverfahrens bis ins Jahr 1930 dauerten. Jansky baute alles selbst und begann zu messen. In einem Artikel mit dem Titel »Richtungsabhängige Studien der Atmosphäre bei hohen Frequenzen« (im Original: »Directional Studies of Atmospherics at High Frequencies«) präsentierte Jansky 1932 bei einer Tagung der International Scientific Radio Union seine Anlage. Darin klassifizierte er die elektromagnetischen Störungen, die er mit seiner 14,6-Meter-Antenne empfangen hatte, in drei Gruppen. Die erste und die zweite Gruppe, mit deutlichen Knackgeräuschen im Empfänger, konnte er nahen beziehungsweise entfernteren Gewitterentladungen zuordnen. Die dritte Quelle hingegen, die regelmäßig jeden Tag wiederkehrte, bestand aus einem ständigen Zischgeräusch, dessen Ursprung er zunächst überhaupt nicht deuten konnte. Jansky spekulierte auch nicht herum, sondern meinte ganz trocken, dass die monatelangen Datenaufnahmen noch nicht ausreichten, um sich auch nur in irgendwelchen Vermutungen über ihren Ursprung zu ergehen.

Ein Jahr später war er schon etwas mutiger, denn die Datenlage hatte sich immer noch nicht verändert. Noch immer verblieb ein ständiges Zischen, das seiner Meinung nach, nachdem er alle anderen Möglichkeiten ausgeschlossen hatte, nur außerirdischen Ursprungs sein konnte.

Es kämen, so Jansky, elektromagnetische Wellen aus einem Bereich am Himmel, der regelmäßig jeden Tag wiederkehrte und der mit den Sternen über das Firmament zu wandern schien. Ihre Position war aber immer die gleiche: in Richtung des Sternbildes Sagittarius. Jansky wusste, dass die Astronomen seiner Zeit dort das Zentrum der Milchstraße vermuteten, denn er hatte sich in der Zwischenzeit im Eigenstudium astronomische Kenntnisse angeeignet. Und er wusste, dass der direkte Blick dorthin durch Staubwolken verdeckt war – die optischen Astronomen konnten diese Zone nicht beobachten.

Janskys Radiowellen allerdings durchdrangen Staub und Gas und konnten von seiner Antenne empfangen werden. Seine Entdeckung der Radiostrahlung aus dem Kosmos brachte es am 5. Mai 1933 sogar auf die Titelseite der *New York Times*. Doch er durfte auf Geheiß seines Arbeitgebers, der Bell-Telefongesellschaft, nicht mehr mit seinen Forschungen fortfahren, denn er hatte die ihm gestellte Aufgabe zur vollsten Zufriedenheit gelöst und das Ergebnis geliefert: Die Radiostrahlung aus dem Kosmos stellt keine Störquelle für den transatlantischen Funkverkehr dar. Karl Guthe Jansky übernahm dann andere Projekte und forschte nicht mehr in der Radioastronomie. Seine Pionierleistung aber blieb unvergessen, er wurde geehrt durch die Verwendung seines Namens für die Einheit der Flussstärke: 1 Jansky entspricht 1 Hundertstel eines Billionstel Billionstels Watt pro Quadratmeter und pro Hertz.

In Janskys Person triumphieren Grundlagenforschung und angewandte Forschung für eine gewisse Zeit in einer wunderbaren Symbiose. Technik, deren Ursprung kommerzieller Natur war und ist, konnte den Himmelsforschern ab nun zugutekommen. Die Resonanz der Astronomen auf Janskys Entdeckung war allerdings zunächst noch fast gleich null.

Fast, denn ein junger Elektronikingenieur aus Wheaton, einem Vorort von Chicago, Grote Reber, war begeistert von Janskys Ergebnissen. Er hatte sich sogar bereits 1933 bei den Bell Labs beworben, um mit Jansky zusammenzuarbeiten, aber seine Bewerbung wurde abgelehnt. Doch Reber ließ nicht locker. Er erfuhr von Janskys Fortschritten und dem Abbruch des Projekts. Man kann es gar nicht deutlich genug betonen: Grote Reber war der einzige Mensch in den Naturwissenschaften, der die volle Bedeutung von Janskys Entdeckung erkannte und würdigte. In seinen eigenen Worten:

»Nach meiner Einschätzung war es völlig klar, dass Jansky eine fundamentale und deshalb sehr wichtige Entdeckung gemacht hatte. Er hatte seine Messungen bis an die technischen Grenzen seiner Anlage ausgereizt. Weitere Fortschritte würde man nur erreichen können, wenn man ein gänzlich nur auf die Messung der kosmischen Radiostrahlung zugeschnittenes technisches Equipment verwenden würde.«[9]

Mit anderen Worten: Grote Reber wollte ein Instrument bauen, das ausschließlich der Beobachtung kosmischer Radiostrahlung dient. Er wollte Radioastronomie betreiben. Seine Entscheidung, Janskys Forschung weiterzuführen, bedeutete, dass er das erste Radioteleskop der Welt planen, entwickeln und bauen wollte. Und da niemand vor ihm so etwas gebaut hatte, war er allein auf sich gestellt. Es gab keine Pläne für so ein Gerät, keine Vorlagen, an die er sich anlehnen konnte, sondern lediglich Radioempfänger und Radiosender. Als Elektronikingenieur hatte er für diese genau den richtigen Beruf. Nicht jeder Elektronikspezialist kommt bei der Lektüre eines Zeitungsartikels auf die Idee, sich eine eigene Antenne zu bauen. Grote Reber war jedoch so enthusiastisch und begeistert von der Möglichkeit, etwas Grundlegendes über die Milchstraße und das ganze Universum zu erfahren, dass er Unmengen an Zeit und am Ende mehr als 4000 US-Dollar (das entspräche heute etwa 85 000 Dollar laut US-Inflationsrechner) in seine Antenne investierte. Nach einer längeren Vorbereitungs- und Planungszeit entschied er sich, eine Parabolantenne mit einem Durchmesser von fast zehn Metern zu bauen. Eingebaut wurde ein Empfänger für Radiowellen mit einer Wellenlänge von 9 Zentimetern. So ein parabolisch geformter Spiegel hat den Vorteil des einfachen Empfängerwechsels und erzeugt ein symmetrisches Empfangssignal. Bei der Wahl der Wellenlänge spielten für Reber zwei Gründe eine Rolle: Erstens ist die räumliche Auflösung des Teleskops höher als bei längeren Wellen. Man kann schlicht leichter herausfinden, woher die Strahlung kommt. Und zweitens wäre die Radiostrahlung bei kürzeren Wellenlängen intensiver als bei langen Wellen, falls sie, wie vermutet, durch heißes Gas zustande käme. Jansky hatte bei 14,6 Metern Wellenlänge gemessen, Reber wollte die Signale bei 9 Zentimetern empfangen – ein enormer Unterschied an Intensität, wenn die Strahlung rein thermischen Ursprung hätte.

Aber noch war kein Signal empfangen worden. Zunächst musste die Parabolantenne, die zu rein astronomischen Beobachtungen genutzt werden sollte, gebaut werden. Kein einfaches Unterfangen, denn Reber war wie gesagt allein, er hatte keinerlei Unterstützung durch eine Organisation, eine Institution oder eine Universität. Hier baut sich tatsächlich ein Privatmann in seinem Hinterhof und Garten ein Radioteleskop. Er macht alles zum ersten Mal, und er macht alles selbst. Nur ein paar Freunde waren behilflich beim Aufbau der Antenne.

Im Juni 1937 begann der Bau des ersten Radioteleskops der Welt. Zunächst dachte Reber an ein vollbewegliches Teleskop, aber das war viel zu teuer. Anfragen bei Firmen ergaben Baukosten in Höhe von (umgerechnet auf heute) über 100 000 US-Dollar. Reber entschied sich für eine parallaktische Montierung, das heißt, er konnte das Instrument in der Höhe steuern. Den Rest erledigte die Erdrotation. Da seine finanziellen Möglichkeiten beschränkt waren, entschied er sich für eine Anlage mit 9,45 Metern Durchmesser, aufgebaut auf einer Metallplatte. Vier Monate später stand das Radioteleskop in Rebers Garten in Wheaton: Auf einem zwei Stockwerke hohen Holzgerüst ruhte eine tonnenschwere Parabolantenne mit dem genannten Durchmesser. Sie bestand aus 45 Metallplatten, die auf Holzträgern zu einem Paraboloid zusammengebaut waren. Acht Meter über dem Spiegel im Fokus war der Radioempfänger eingebaut.

Rebers Nachbarn waren durchaus beunruhigt, denn das merkwürdige Gerät machte Geräusche. Jeden Morgen und jeden Abend knackte, knallte und krachte es, ausgelöst durch die Temperaturwechsel bei Sonnenauf- und -untergang, welche die Metallteile schrumpfen oder sich ausdehnen ließen. Und wenn es regnete, flossen Ströme von Wasser durch das zentrale Loch der Antenne, sodass es gerüchteweise schon hieß, der Apparat diene zum Auffangen von Wasser und zur Aufzeichnung des Wettergeschehens. Man kann sich aber auch vorstellen, dass die Nachbarn der Meinung waren, der Reber wolle mit Außerirdischen in Kontakt treten. Wie dem auch sei: Reber begann bei etwa 3 Gigahertz, also 9 Zentimeter Wellenlänge, zu beobachten. Einer seiner Kollegen berichtete, wie Reber arbeitete:

»Grote war extrem sorgfältig bei allem, was er tat, und das nicht nur beim Aufbau des Teleskops und der Holzkonstruktion. Auch bei der Entwicklung und dem Bau des Empfängers, der Elektronik, der Datenaufnahme und der Darstellung. Und er war sorgfältig bei der Interpretation seiner Daten. Reber war ein vollständig unabhängiger Wissenschaftler, der Instrumentierung, Beobachtung und Datenanalyse beherrschte, ein ›Ein-Mann-Labor‹. Er wollte, wie er es einmal nannte, ›keine selbst ernannten Experten‹ in seiner Nähe, die ihm über die Schulter guckten, um ihm dann schlechte Ratschläge zu erteilen.«[10]

Wie bereits erwähnt, gab es im Frühjahr 1938 nur eine Erklärung für die kosmische Radiostrahlung, und die war heißes Gas. Also begann Reber bei 9 Zentimetern und fand – nichts. In wenigen Monaten baute er einen Empfänger für 33 Zentimeter Wellenlänge – wieder kein Signal. Reber interpretierte seine Ergebnisse so, dass die Radiostrahlung nicht-thermischen Ursprungs sein musste, denn ihr Signal war ja bei Janskys Wellenlänge von 14,6 Metern stärker als bei seinen viel kürzeren Wellenlängen. Wäre sie thermisch gewesen, hätte es genau umgekehrt sein müssen, denn mit zunehmender Temperatur wäre auch die Frequenz gestiegen und die Intensität. So aber nahm die Intensität mit der Frequenz ab. Im Herbst 1938 hatte er nichts von der kosmischen Radiostrahlung entdeckt. Da blieb nur eine Möglichkeit: Ein weiterer neuer Empfänger musste her. Und Reber baute wiederum einen, und zwar diesmal für Radiowellen von 1,9 Meter Wellenlänge. Und er begann wieder zu beobachten, wurde allerdings durch vorbeifahrende Autos gestört. Deren Zündkerzen produzierten heftige Störungen und Interferenzen. Reber beobachtete also nur noch nachts. Im April 1939 endlich empfing sein Radioteleskop die ersten Signale, und zwar aus der gleichen Richtung am Himmel wie vor ihm schon Jansky, aus dem Sternbild Sagittarius, dort, wo die Astronomen das Zentrum der Milchstraße vermuteten. Richtete Reber seine Antenne weiter nach Norden, wurde das Signal schwächer. Janskys Vermutung, dass die Milchstraße die Quelle der Radiostrahlung war, konnte zum ersten Mal bestätigt werden.

Tagsüber arbeitete Reber in einer Firma, die Radioapparate herstellte, nach dem Abendessen schlief er bis Mitternacht, um dann bis zum frühen Morgen am Teleskop zu sitzen und minütlich die Daten auszulesen und auf Papierstreifen darzustellen. Während der Sommermonate 1939, kurz bevor in Europa der Zweite Weltkrieg ausbrach, saß Grote Reber Nacht für Nacht an seinem Radioteleskop und richtete es auf ganz unterschiedliche Objekte, konnte aber außer der Milchstraße keine weitere Radiostrahlungsquelle am Himmel entdecken. Dank eines automatischen Aufnahmegeräts entspannte sich seine Lage deutlich, und er konnte die erste Durchmusterung des gesamten Himmels im Bereich der langen Radiowellen beginnen. Sein wichtigstes Ergebnis: Die Milchstraße erzeugt irgendwie nicht-thermische Radiostrahlung, und zwar vor allem im Zentrum. Der physikalische Prozess war zwar noch unbekannt, aber nach Rebers Ansicht sollte es sich lohnen, bei verschiedenen Frequenzen und mit empfindlicheren Empfängern weiterzumachen.

Reber veröffentlichte seine Ergebnisse im September 1939 zunächst nur in Fachzeitschriften für Radioingenieure. Er versuchte es Anfang 1940 auch im renommierten *Astrophysical Journal* und brachte dessen Herausgeber Otto Struve in echte Schwierigkeiten. In dieser Zeitschrift übernehmen bis heute Wissenschaftler die inhaltliche Überprüfung der eingereichten Manuskripte – das ist guter wissenschaftlicher Brauch und Stil. Kompetente Gutachter entscheiden, ob der Artikel zur Publikation angenommen werden soll oder nicht. Für Rebers

Artikel über die Radiostrahlung der Milchstraße fand der Herausgeber aber keine »vollumfänglich kompetenten« Gutachter. Entweder sie verstanden etwas von Radiotechnik oder von Astronomie. Aber es gab ja außer Reber keine Radioastronomen, er war der einzige auf der Welt – bis 1947! Otto Struve bekam keine eindeutigen Gutachten, keiner verstand das ganze Manuskript, aber niemand wollte es auch einfach ablehnen. Struve nahm das Risiko auf sich und entschied sich, Rebers Artikel zu veröffentlichen. Er erschien als erste radioastronomische Arbeit im Juni 1940. 1944 veröffentlichte Reber, ebenfalls im *Astrophysical Journal*, die erste Konturkarte der Milchstraße im Radiobereich bei 1,87 Meter Wellenlänge. Reber entdeckte nicht nur einige Einzelquellen im galaktischen Zentrum, in Cygnus und in Kassiopeia, sondern auch die Radiostrahlung der Sonne.

Rebers Arbeiten fanden unter den Astronomen keine rechte Resonanz, und zwar aus zwei Gründen: Der eine war, dass die meisten Astronomen die Radiosignale für unbedeutend hielten. Der andere war der Zweite Weltkrieg – die größte humane Katastrophe des 20. Jahrhunderts drängte alles andere an den Rand. Auch die Astronomie war zwischen 1939 und 1945 eigentlich eine unbedeutende Spielerei angesichts der Zerstörung und Vernichtung von Menschenleben und deren Hab und Gut. Die Welt hatte weiß Gott andere Sorgen als die Erforschung der Milchstraße. Kein Wunder, dass die massiv beeinträchtigt war. Und selbst unter den Astronomen, die noch ungehindert arbeiten konnten, wurden fruchtbare Diskussionen immer schwieriger.

Kapitel 15

Geniale Holländer schon wieder

Liebe Leserin und lieber Leser, wir sind Astronomen mit einem Faible für die Geschichte unserer Wissenschaft. Wie Sie vielleicht schon gemerkt haben, springen wir seit einigen Seiten im chronologischen Ablauf ein bisschen hin und her, weil uns der inhaltliche rote Faden wichtiger ist als die genaue Abfolge der Ereignisse. Das liegt auch daran, dass seit den 20er-Jahren des 20. Jahrhunderts immer mehr Astronomen an der Erforschung der Milchstraße beteiligt waren. Bis zur Shapley-Curtis-Debatte war die Zahl der galaktischen Helden noch überschaubar, aber als immer bessere und immer zahlreichere Teleskope und schließlich sogar ein Radioteleskop zur Verfügung standen, wurde der Chor der Milchstraßenforscher immer vielstimmiger, und zwar überall auf der Welt.

Der interstellare Wasserstoff zeigt sich im »neuen Licht«

Mit dem Ausbruch des Zweiten Weltkriegs und der Besetzung Westeuropas durch die deutsche Wehrmacht war an ein halbwegs normales wissenschaftliches Arbeiten nicht mehr zu denken. Die Forscher arbeiteten weitestgehend isoliert voneinander und mit äußerst begrenzten Mitteln. Die besetzten Niederlande, deren astronomische Gemeinde bis zum Kriegsbeginn florierte, waren vom unbeschränkten Informationsaustausch, dem Treibstoff jeglicher wissenschaftlichen Tätigkeit, fast völlig abgeschnitten. Jan Hendrik Oort, der Spiritus Rector der Astronomie des Landes, der inzwischen die Nachfolge seines großen Mentors Jacobus Kapteyn angetreten hatte, bemerkte einmal ganz trocken, dass diese durchaus missliche Lage auch etwas Positives hätte: Man könne sich jetzt endlich mal um eine richtige Dateninventur kümmern und alles, was liegen geblieben sei, aufarbeiten. Nun, Oorts Hinweis, wohl eher sarkastisch-ironisch gemeint, sollte wohl seinen Studenten und Kollegen sagen: »Macht das Beste daraus, und hoffen wir, dass es bald vorbei ist.«

Oort hat die Gelegenheit genutzt und altes Material sortiert und neu geordnet. Seine Arbeiten der vorausgegangen 15 Jahre hatten sich mit der differentiellen galaktischen Rotation beschäftigt, und sein lebhaftes Interesse an allem, was mit der Struktur der Milchstraße zu tun hatte, trieb ihn nun auch in diesen trüben Zeiten an, weiter nach Verfahren zu suchen, wie man die Dynamik unserer Milchstraße besser, genauer und vor allem überzeugender nachweisen konnte. Es war zwar schon viel Neues über die Sternpopulationen und mögliche Geschwindigkeitsmuster entdeckt worden, aber was fehlte, war das große Bild von der Milchstraße. Es fehlte ein Durchbruch wie die Evolutionstheorie in der Biologie, es fehlte das Modell, das alle Beobachtungen erklärt und in die richtigen Relationen bringt.

Über Umwege hatte Oort 1944 von Grote Rebers Veröffentlichung einer Karte der Milchstraße im Radiobereich gehört und sich ein Exemplar besorgen können. Radioastronomie gab es ja noch nicht, aber Oort erkannte sofort die große Bedeutung und regte bereits kurz nach der ersten Lektüre seine niederländischen Kollegen zu einer ersten kleinen Konferenz über dieses möglicherweise sehr wichtige neue Gebiet der Astronomie an. Den deutschen Besatzern war das Interesse an Astronomie offenbar so unverdächtig, dass sich mitten im Krieg niederländische Forscher über die neuesten Entwicklungen im Bereich der Radiotechnik, soweit es ging, gegenseitig informieren konnten, sogar mithilfe der Firma Phillips, die einen Ingenieur zur Tagung schickte, der über die Entwicklung von Empfängern und Antennen berichten sollte. Einer der teilnehmenden Astronomen war Oorts Doktorand Hendrik van de Hulst. Sein ursprüngliches Thema zur Lichtabsorption durch interstellare Teilchen ließ er kurzerhand liegen und widmete sich fortan der Radioastronomie, und zwar insbesondere einer ganz konkreten Frage, die sein Doktorvater nach der Lektüre von Rebers Artikel an ihn richtete: »Gibt es eine Linienemission von Wasserstoff im Radiobereich?«

Wäre die Antwort Ja, dann, so Oort, würde diese Linie natürlich überall in der Milchstraße zu sehen sein, denn Wasserstoff sei ja nun mal das häufigste Element. Außerdem, so Oort weiter, wäre eine möglichst schmale Linienstrahlung im Radiobereich der ideale Hinweisgeber für großräumige Rotation, denn schließlich würde sie, gemäß der Drehrichtung, entweder in der Frequenz ins Rote (niederfrequent, größere Wellenlänge) verschoben, wenn sich das Wasserstoffgas im großen Maßstab von uns wegbewegt, oder in den blaueren Bereich (höhere Frequenzen, kleinere Wellenlängen), wenn es sich dem Sonnensystem nähert. Und da die Radiostrahlung offensichtlich vom interstellaren Medium kaum oder gar nicht absorbiert wird und sie offenbar auch dort entsteht, wo gar keine Sterne mehr sind, könnte man bis zu jenen Gebieten der Galaxis vorstoßen, die im sichtbaren Licht nicht mehr zu erkennen sind. Oorts Ideen gingen da schon sehr weit, vorausgesetzt es gäbe eine solche Strahlung des Wasserstoffs.

Nun wusste man natürlich 1944 schon lange von allen möglichen Strahlungsübergängen des Wasserstoffs. Man wusste, dass das eine Elektron ganz unterschiedliche Energieänderungen vollzieht, je nach seiner Ausgangsenergie. Aber alle Übergänge waren in Gebieten des elektromagnetischen Spektrums weit weg vom Radiobereich. Man muss sich das mal klarmachen: Ein Photon des sichtbaren Lichts hat hunderttausendmal mehr Energie als ein Radiophoton. Die abgestrahlte Energie eines Atoms stellt immer den Energieunterschied dar – das Elektron springt von einem höheren Energiezustand zu einem niedrigeren Niveau unter Abgabe eben genau der Energiedifferenz. Wie winzig muss die Energiedifferenz sein, die zu einer so niedrigen Strahlungsfrequenz führt, dass sie im Radiobereich liegt? Diese Aufgabe galt es zu lösen, mitten im Krieg – und der schon erwähnte

Hendrik van de Hulst löste 1944 das Problem und entdeckte im Reich der möglichen atomaren Übergänge die womöglich wichtigste Linienstrahlung im Universum.

Zwischenstopp

Wir haben diesen Einschub »Zwischenstopp« genannt, weil Sie das, was jetzt kommt, alles schon mal gewusst haben. Sie können sich also entspannt zurücklehnen und genau dieses Gefühl, »Ach ja, stimmt, das wusste ich schon einmal«, genießen. Es gibt nämlich für unser Gehirn zwei wunderbare Arten von Erlebnissen: Die eine ist, etwas Neues zu lernen, und die andere, etwas bereits einmal Bekanntes wiederzuerkennen. Beides sorgt für Wohlbefinden und Zufriedenheit.

Also: Die Welt besteht aus Atomen, die Atome aus positiv geladenem Atomkern, der wiederum aus positiv geladenen Protonen und elektrisch neutralen Neutronen. Umschwirrt wird der Kern von genauso vielen negativ geladenen Elektronen, wie es Protonen im Kern gibt. Die Zahl der Protonen im Kern ist entscheidend dafür, welches chemische Element vorliegt. Wasserstoff hat ein Elektron und ein Proton, Helium hat zwei von beiden und zwei Neutronen im Kern, der Rest findet sich im Periodensystem der Elemente. Das war in früheren Schulzeiten eine riesige Karte mit den 80 stabilen Elementen bis zum Uran und den anderen instabilen Elementen. Erinnern Sie sich noch, wer Kartendienst hatte? Zurück zum Thema: Die Übergänge, die die Elektronen machen können, hängen von ihrer Energie ab. Von alleine, also von sich aus, versuchen alle Elektronen den geringstmöglichen Energiezustand einzunehmen, sich also abzuregen, bis sie den Grundzustand erreicht haben. Wobei die Elektronen immer nur ganz bestimmte Energiezustände einnehmen können. Wird aber Energie von außen zugeführt, etwa Strahlung oder durch elektromagnetische Felder anderer Atome, dann können die Elektronen wieder in höhere Energiezustände springen und teilweise sogar das anziehende elektrische Feld des positiv geladenen Atomkerns verlassen. Dann ist das Atom ein positiv geladenes Ion, und das negativ geladene Elektron schwirrt frei in der Welt umher. Bis es auf ein positiv geladenes Ion trifft, das es wieder einfängt, und die noch überschüssige Energie wird dann in Strahlungspaketen, den Photonen, abgegeben. Man spricht dabei, wie schon erwähnt, von Emission. Die Aufnahme von äußerer Strahlung, deren Frequenz exakt den Energieunterschieden zwischen zwei Energieniveaus entsprechen muss, nennt man Absorption.

So, das wussten Sie alles schon, das hatten Sie nur verdrängt, nicht vergessen. Aber Sie wissen auch, dass auf diese Weise eben meistens sichtbares Licht, aber keine Radiostrahlung zustande kommen kann, weil die abgegebenen Energiemengen eben viel zu groß sind. Es gibt jedoch einen physikalischen Parameter im Atom beziehungsweise bei seinen Bausteinen, der könnte eventuell helfen – der Spin des Elektrons und der Spin des Protons.

Die spinnen, die Elektronen! Stimmt!

Eine wichtige Eigenschaft von Elementarteilchen betrifft ihren Eigendrehimpuls, den Spin. Was das so genau ist, lässt sich in normaler Sprache nicht erklären. Der Spin ist eine Eigenschaft, die man messen kann, und zwar mithilfe von Magnetfeldern. Ein Strahl von Elektronen wird in einem Magnetfeld in zwei Komponenten aufgeteilt: die einen gehen nach rechts und die anderen nach links. Warum? Weil die einen Elektronen einen Spin haben, der nach oben zeigt, und die anderen einen nach unten. Im Grunde kann man sich vorstellen, dass sich die einen Elektronen im Uhrzeigersinn drehen und die anderen gegen den Uhrzeigersinn. Gleiches gilt auch für Protonen.

Jetzt schauen wir uns mal ein Wasserstoffatom an, also ein elektrisch neutrales Atom, bestehend aus einem positiv geladenen Proton als Atomkern, umgeben vom negativ geladenen Elektron als Hülle. Beide haben jeweils einen Spin, und der ist unabhängig voneinander, das heißt die Spins der beiden Teilchen können parallel zueinander stehen oder antiparallel. Mit anderen Worten: Die beiden können in der gleichen Richtung rotieren oder das eine im Uhrzeigersinn und das andere gegen ihn. Ein verhältnismäßig häufiger Wechsel, das heißt ein Umspringen der Rotationsachse des Elektrons, findet statt, wenn ein Atom mit einem anderen Atom oder einem anderen frei umherschwirrenden Elektron zusammenstößt. Wesentlich seltener ist ein spontaner Übergang im Atom, ohne Einwirkung von außen. Warum das passieren soll? Weil die Variante mit antiparallelen Spins von Proton und Elektron ein winziges bisschen weniger Energie enthält als diejenige mit paralleler Stellung beider Spins. Und da in der Natur immer nur dann etwas von alleine passiert, also ohne äußere Einflüsse, wenn dabei Energie frei wird, kann sich der Spin eines Wasserstoffatoms eben auch ändern von parallel zu antiparallel. Da der Energieunterschied zwischen den Zuständen aber sehr klein ist, ist die Wahrscheinlichkeit, dass der Übergang passiert, auch sehr klein. Eine sehr geringe Wahrscheinlichkeit ist gleichbedeutend damit, dass der Übergang praktisch nie passiert, zumindest unter normalen Laborbedingungen.

Aber wie ist das im Weltall, wo der Wasserstoff das bei Weitem häufigste chemische Element ist? Und damit gehen wir wieder zurück in die Tage im Herbst 1944, als Hendrik van de Hulst bei der Suche nach einem Strahlungsprozess des Wasserstoffs, der sich im Radiobereich abspielen soll, endlich die richtige Idee hatte. Er berechnete nämlich die Übergangswahrscheinlichkeit für die spontane Änderung des Elektronenspins beim Wasserstoff sowie die Energiedifferenz in Frequenz und Wellenlänge. Nach seinen Berechnungen bewirkt diese Spin-Umkehr eine schwache Energieabstrahlung auf einer Wellenlänge von 21,2 Zentimetern beziehungsweise einer Frequenz von 1,44 Gigahertz. Und auch wenn ein einzelnes Wasserstoffatom einen solchen Wechsel nur äußerst selten vollzieht, muss es bei der riesigen Anzahl von Atomen in den interstellaren Wasserstoffwolken immer welche geben, die gerade ihren Energiezustand ändern und die 21-Zentimeter-Strahlung aussenden – davon war van de Hulst überzeugt. Mit der geeigneten

Ausrüstung, einem entsprechenden Empfänger und einer guten Radioantenne müsste seine Strahlung aufzuspüren sein, so van de Hulsts Schlussfolgerung in einem 1945 in einer niederländischen Naturkundezeitschrift publizierten Aufsatz (dessen Quelle wir hier in einer Endnote angeben, weil man ihn bei einer normalen Literaturrecherche für astrophysikalische Artikel ganz sicher nicht findet).[11]

Der Zweite Weltkrieg war erst einige Monate später zu Ende, und die Suche nach der Bestätigung für van de Hulsts Vorhersage musste noch warten. Aber in den folgenden Jahren wandten sich die niederländischen Astronomen mit Begeisterung der neuen Technik der Radioastronomie zu. Elektronikbauteile im Nachkriegseuropa der späten 40er-Jahre waren Mangelware, also schlachteten Jan Hendrik Oort und seine Kollegen in Leiden erbeutete deutsche Radarantennen aus und bauten damit ihre ersten Empfänger. Aber diese allerersten Anlagen waren schlicht nicht empfindlich genug und vor allem viel zu anfällig für Funkstörungen aller Art. Die eigentliche Suche sollte erst 1951 beginnen, doch ein Feuer zerstörte die frisch errichtete neue Empfangsanlage komplett. Die niederländischen Astronomen fingen noch einmal von vorn an, so dachten sie.

Aber ein Doktorand in den USA hatte mehr Glück: Harold Ewen, der an der Harvard-Universität an einem Physikinstitut forschte, empfing am 25. März 1951 erstmals die 21-cm-Strahlung des neutralen Wasserstoffs aus dem Weltraum. Und Hendrik van de Hulst war just zu diesem Zeitpunkt in Harvard. Deshalb wurde er in Ewens Veröffentlichung auch als derjenige zitiert, der als Allererster die Möglichkeit der Linienstrahlung von Wasserstoff genau berechnet und vorhergesagt hatte. Und auch Ewens Literaturquelle, die niederländische Naturkundezeitschrift, wurde genannt.

Ewen überließ van de Hulst zudem auch die Beschreibung seiner Antenne. Der kabelte sie nach Leiden, wo sie in Windeseile nachgebaut wurde, und am 11. Mai 1951 konnten die Niederländer die Messungen der Amerikaner bestätigen. Wenige Monate später bestätigten australische Radioastronomen, dass auch am Südhimmel die Linie des

Wasserstoffs einwandfrei gemessen wurde. Die Messungen aller drei Gruppen wurden noch im selben Jahr gemeinsam veröffentlicht. Ein Musterbeispiel internationaler wissenschaftlicher Solidarität.

Oort hatte sich nicht getäuscht, denn die Entdeckung der 21-cm-Linie eröffnete eine neue Phase der Erforschung unserer Galaxis. Er und seine Mitarbeiter durchmusterten in den nachfolgenden Jahren den gesamten nördlichen Himmel. Mit zwei Handkurbeln veränderten sie zwei Jahre lang alle zweieinhalb Minuten mühsam die Ausrichtung ihrer aus ausgemusterten Kriegsbeständen stammenden Antenne sowohl in der Höhe als auch in der horizontalen Blickrichtung, dem Azimut. Zusammen mit den Messungen ihrer australischen Kollegen am Südhimmel lieferten sie eine erste vollständige Radiokarte der Milchstraße. Auf dieser sogenannten Leiden-Sydney-Karte waren vier Konzentrationen von Wasserstoffgas klar zu erkennen. Insgesamt bildete das Gas eine extrem flache, dünne Scheibe, die den Astronomen half, den galaktischen Äquator zu bestimmen. Aus der Analyse des Doppler-Effekts der aufgenommenen Linien (auf die Sonne sich zubewegendes Gas erzeugt eine Linie mit etwas höherer Frequenz, von der Sonne sich wegbewegendes Gas eine Linie mit etwas niedriger Frequenz) konnte man die Entfernungen der Wolken bestimmen und so nach und nach die Umrisse der Gaskonzentrationen nachzeichnen. Es ergaben sich bogenförmige, ja geradezu spiralartige Strukturen beziehungsweise Bruchstücke davon.

Die empfangene Radiostrahlung wies also nicht nur eindeutig die Existenz von interstellarem Wasserstoff nach, sondern sie lieferte auch ein viel klareres Bild von der Milchstraße als Morgans optische Beobachtungen (wir erinnern uns: der Mann, der die Spiralstruktur direkt *sehen* konnte), allein schon deshalb, weil sie die interstellaren Staubwolken ungehindert durchdringen konnte. Und sie zeichnete ein ganz neues Porträt unserer Galaxis. Damit wurde spätestens 1953 aus der Scheibengalaxie endgültig eine Spiralgalaxie.

Von nichts kommt nichts – die Entstehung der Spiralarme der Milchstraße

Die differentielle Rotation (und erste Hinweise auf Dunkle Materie) wurde schon 1927 von Oort bestimmt. Die Rotationskurve konnte mit Beobachtungen der Radiostrahlung von neutralem Wasserstoff, der sogenannten HI-Linie, mittlerweile gut bestimmt werden. Ungewöhnlich daran war, dass sie nicht etwa abfällt, wie man es für ein differentiell rotierendes System erwarten würde (und wie es sich im Sonnensystem beispielsweise verhält: Je weiter ein Planet von der Sonne entfernt ist, desto langsamer ist seine Bahngeschwindigkeit, ganz unabhängig davon, dass er auch noch einen längeren Weg zurückzulegen hat, um einmal die Sonne zu umrunden). Vielmehr bleibt sie selbst nach wenigen Tausend Lichtjahren Abstand vom Zentrum nahezu gleich, etwa bei 220 Kilometern in der Sekunde. Seltsam – dieses Rotationsverhalten konnte man sich nicht recht erklären, es sei denn, die Masse, die sich innerhalb der Bahn eines um das Zentrum der Milchstraße kreisenden Sterns (die ganz allein davon abhängt, wie viel Masse *innerhalb* dieser Bahn ist; *außerhalb* stehende Massen haben auf die Bahngeschwindigkeit keinen Einfluss) befindet, müsste viel größer sein, als man aus Messungen der Dichte von Sternen und Gas und Staubmassen vermuten könnte. Und nicht nur das: Auch in anderen Spiralgalaxien fand man diesen seltsamen, unerklärlichen Geschwindigkeitsüberschuss.

Was ist nun der Stand der Dinge zu Beginn der 60er-Jahre des 20. Jahrhunderts? Unsere Milchstraße ist eine rotierende Scheibe mit Spiralarmen. Die zentralen 10 000 Lichtjahre – der sogenannte Bulge, mit vorwiegend alten Sternen, in dem sich das Zentrum der Milchstraße hinter Gas- und Staubwolken verbirgt – rotieren wie eine starre Kugel, das heißt, ihre Rotationsgeschwindigkeit steigt mit zunehmender Entfernung an. Danach beginnt die galaktische Scheibe mit ihren Spiralarmen und jungen Sternen. 1946 wurden in einem Bereich im galaktischen Zentrum einige veränderliche Sterne beobachtet und eine ungefähre Entfernung von 30 000 Lichtjahren festgestellt, was in gutem Einklang mit den dynamischen Modellen stand. Wie groß die galaktische Scheibe wirklich ist, war damals noch unbekannt. Und warum die Milchstraße – und mit ihr ja Milliarden anderer Galaxien im Universum – überhaupt eine Spiralstruktur aufweist, war auch noch nicht wirklich klar. Denn eigentlich dürfte sie gar nicht so aussehen, wie sie es tut, wenn man einfache Physik zugrunde legt. Zu jener Zeit herrschte nämlich die begründete Meinung vor, dass es sich bei jeglicher Spiralstruktur (also auch bei den Spiralarmen der Milchstraße) nur um ein recht kurzlebiges Phänomen handeln dürfte, denn man ging damals davon aus, dass sich so eine Struktur schnell regelrecht »aufwickeln« würde und dann bald – schon nach wenigen Dutzend Millionen Jahren – bis zur Unkenntlichkeit verzerrt und damit praktisch verschwunden sein müsste. Der deutsche Astronom Rudolf Kippenhahn prägte – angeregt durch keinen Geringeren als den großen Physiker Carl Friedrich von Weizsäcker – für diese Sichtweise das sogenannte »Kuh-Analogon«

Abb. 44: Auch eine Kuh würde sich nach genügend vielen Umdrehungen in eine Spiralscheibe verwandeln. Das war Rudolf Kippenhahns Beispiel dafür, dass Rotation alles in Scheiben mit Spiralarmen verwandeln könne.

Selbst wenn die Milchstraße anfangs die Form einer Milchkuh gehabt hätte, so würden sich bereits nach 200 Millionen Jahren alle ursprünglichen Strukturen durch die differentielle Rotation – im Zentrumsbereich schneller, nach außen hin immer langsamer – völlig verwischt haben: Die »Kuh-Galaxie« stünde in voller spiraliger Pracht vor den Augen der Astronomen, von der Form einer Kuh wäre nichts mehr zu sehen. Da wäre es doch interessant zu wissen, aus welchen Formen heraus sich all die unzähligen Spiralgalaxien entwickelt haben mögen – wer weiß? Vielleicht machte sich der große Schöpfer des Universums mit den neugierigen Erdenbewohnern hier einen Spaß, und man käme letzten Endes zu der Erkenntnis, dass das Universum einst voll von witzigen Formen und einfachen Mustern gewesen war, bevor alles in Rotation versetzt und uns zum Geheimnis gemacht wurde? Sie ahnen es schon: Davon ging natürlich niemand aus, der klaren Verstandes war. Die Moral von der Geschicht' war jedenfalls (und exakt für diesen Zweck war das Kuh-Analogon erdacht worden): Was auch immer der Grund für die Spiralstruktur der Galaxien war, es war eben *nicht* nur vorübergehend, sondern es musste sich um ein Phänomen handeln, das in der Lage ist, die einmal gebildete Form für eine sehr, sehr lange Zeit aufrechtzuerhalten. Denn sonst wäre das Universum nicht voll von Spiralgalaxien, sie wären dann ein recht seltenes Phänomen.

Tatsächlich gab es für die Entstehung der Spiralarme schon ein Modell, das auf Bertil Lindblad zurückgeht. Ihn haben wir schon kennengelernt, als in den 1930er-Jahren Jan Oort anhand von Lindblads theoretischen Studien die differentielle Rotation der galaktischen Scheibe entdeckte. Lindblad untersuchte in den 1920er-Jahren die Bahnen von Sternen und fand heraus, dass die elliptische Bahn eines jeden Sterns durch die Störungen der übrigen Sterne verändert wird, wobei sich die lange Achse der Bahn in unterschiedlichen Radien um das Zentrum dreht und so ein komplexes Rosettenmuster entstehen lässt.

Wenn viele dieser Bewegungen einander überlagern, entsteht eine deutlich zu erkennende Spiralstruktur. Lindblad erkannte, dass die gesamte Struktur sich ihrerseits unabhängig von der Bewegung der Sterne dreht. Er schloss daraus, dass die Spiralarme das Ergebnis von Dichtewellen seien, von Bereichen, in denen sich Sterne vorübergehend häufen.

Lindblad hatte seine Hypothese zur Entstehung der Spiralarme zwar schon Ende der 1920er-Jahre veröffentlicht, doch fand sie erst

Abb. 45: Die Galaxie M51, auch Strudelgalaxie genannt. Ihre ausgeprägte Spiralstruktur erhält sie vor allem aus der Wechselwirkung mit dem sie umkreisenden Satelliten. Beide sind ca. 25 Millionen Lichtjahre von der Sonne entfernt.

Mitte der 1960er-Jahre größere Aufmerksamkeit, als die Idee von zwei amerikanischen Astronomen, Chia Lin und Frank Shu, verfeinert wurde. Ihre Erweiterung stellte ein dynamisches Modell dar, in dem eine Welle als Ausbreitung einer Störung in einem Medium aufgefasst wird. Dahinter verbirgt sich kein Transport von Materie. Wenn ein Schiff durch das Wasser fährt, stört es die Wassermoleküle in seiner Umgebung, die ihrerseits mit den ihnen benachbarten Molekülen zusammenstoßen, und so weiter. So breitet sich durch das Wasser eine Welle aus, ohne dass das Wasser selbst mitgerissen wird. Auf ähnliche Weise stellen sich Lin und Shu eine galaktische Dichtewelle als eine spiralförmige Störung vor, die durch die galaktische Scheibe läuft.

Sterne, Staub und Gas umkreisen das galaktische Zentrum mit unterschiedlichen Geschwindigkeiten, in jedem Fall aber schneller als das Wellenmuster selbst. So holen sie dieses in periodischen Abständen immer wieder ein und werden vorübergehend in dem langsameren Spiralmuster aufgestaut, vergleichbar einem vorübergehenden Verkehrsstau hinter einem langsam fahrenden Lkw auf der Autobahn.

Die größere Anziehungskraft im Bereich dieser dichteren Spiralarm-Regionen bremst die Sterne ab, sodass sie vorübergehend die Sterndichte innerhalb der Spiralstruktur erhöhen. Während sich die Sterne aufgrund ihres Impulses irgendwann durch einen solchen Spiralarm hindurchgearbeitet haben, werden die ausgedehnten Gaswolken eher zurückgehalten; durch ihre Anhäufung und anschließende Verdichtung entstehen neue Sterne.

Die Dichtewellentheorie ist ein Modell, das sich nicht um die Ursachen der Störungen kümmert, sondern nur die Bewegungen so darstellt, wie sie sich durch Beobachtungen zeigen. Vor allem aber kann sie kaum die doch deutlich zerrissene Struktur der Spiralarme erklären. Dichtewellen können zwar die scheinbare Beständigkeit der Spiralstruktur erklären, aber diese Theorie geht eben immer schon von Verdichtungen aus, ohne die Frage nach dem Zustandekommen zu beantworten. Erst komplizierte Störungsrechnungen von galaktischen Scheiben und deren verschiedenen Stern- und Gaskomponenten konnten in den 1970er- und 1980er-Jahren nachweisen, wie Störungen die Struktur der Milchstraße und aller anderen Galaxien sozusagen von selbst erzeugen.

Um es gleich zu verraten: Ausgangspunkt des Modells ist das Verhältnis von Rotation und Druck auf der einen Seite und der Schwerkraft der Scheibe auf der anderen. Unterschreitet dieses Verhältnis einen gewissen Wert, dann verdichtet sich Gas. Dichteres Gas kühlt sich durch elektromagnetische Strahlung ab. Der verringerte thermische Druck erlaubt dann dem Gas, sich weiter zu verdichten. Bis schließlich neue Sterne entstehen. Sterne und Gaswolken reagieren auf Störungen des Gravitationspotenzials. Und da sich Scheibengalaxien differentiell drehen, werden alle Störungen in Spiralarme auseinandergezogen. In den innersten Bereichen einer Galaxis können aufgrund solcher intern oder extern angeregter Störungen des Schwerkraftfeldes balkenähnliche Strukturen entstehen, mit stark elliptischen Sternbahnen. Solche zentralen Balken treiben ihrerseits wiederum Störungen an, die sich in der äußeren Scheibe als Spiralarme fortpflanzen.

Das Überzeugende an dieser Instabilitätsvorstellung ist, dass sie Gas und Sterne gemeinsam behandelt, wobei dem Gas als dem empfindlicheren Material eine besonders dynamische Rolle zukommt. Die Sterne wiederum sind nicht »viskos«, ihre Abstände sind so groß, dass man alle Sterne als völlig stoßfrei behandeln kann, während das Gas eben doch Reibung spürt und außerdem durch Strahlungsprozesse Energie verliert. Was einzelne Sterne zwar ebenfalls tun, aber dadurch wird die Population der Sterne nicht langsamer. Ihre Bahnen sind immer das Ergebnis der Bahnen aller anderen Sterne.

Wir sehen schon, dass sich die Astronomie der Milchstraße immer mehr verzweigt; immer mehr neue Forschungsfelder rücken seit Ende des Zweiten Weltkriegs in den Fokus. Seit Beginn der 1960er-Jahre geht es zunehmend um Fragen der inneren Struktur der Milchstraße und ihrer zeitlichen Entwicklung: Wie ist die Milchstraße eigentlich im Detail aufgebaut? Wie genau verlaufen die Spiralarme? Wo sind die Grenzen der Galaxis? Wie sieht es im Zentrum der Milchstraße aus? Und es geht inzwischen nicht mehr nur um die Sterne, sondern auch um das Material zwischen den Sternen sowie um die Verwandlung dieses interstellaren Mediums in Sterne und darum, wovon die Sternentstehung lokal, also vor Ort, aber auch global, nämlich in der gesamten Milchstraße, abhängt. Das interstellare Medium rückte also zunehmend in den Fokus der Milchstraßenforscher.

Für alle diese Forschungsfelder bedeutete das natürlich, dass entsprechende Daten beschafft werden mussten, Beobachtungsdaten, mit denen man bestehende Theorien über den Milchstraßenaufbau testen und modifizieren und neue Strukturelemente überhaupt erst entdecken konnte. Mit der Erschließung des Radiobereichs des Spektrums hatte man da bereits ein extrem wichtiges Fenster aufgestoßen. Aber weitere Fenster mussten noch geöffnet werden, und hinter ihnen sollten sich so viele Daten verbergen, dass man heute glaubt, mit ihrer

Hilfe dem wahren Bild der Milchstraße allmählich auf die Schliche kommen zu können. Denn allein das sichtbare und das Radiolicht würden dazu nicht genügen.

Zwischenspiel: Von Menschen zu Missionen

Halten wir nochmals kurz inne und lassen Revue passieren, wie sehr sich die Astronomie vom Aufkommen der Astrophysik im späten 19. Jahrhundert bis heute gewandelt hat. Immer mehr Licht zu sammeln war lange Zeit die Maxime: Größere Teleskope, vielleicht empfindlichere Filmemulsionen – das war alles, was man tun konnte, um den Geheimnissen des Universums genauer auf die Spur zu kommen. Doch schon um 1860 begann sich das Bild zu verändern: Die auf den altbekannten Pfaden wandelnden »klassischen« Astronomen mit ihren Beobachtungen von Positionen, Helligkeiten und Farben der Sterne wurden nach und nach von der aufstrebenden Astrophysik eingeholt, die mit einer neuen Technologie namens Spektroskopie das Licht auseinandernahm und Bewegungsmuster und stoffliche Zusammensetzung der Himmelskörper analysierte.

Um die Struktur der Galaxis zu entschlüsseln, ging man aber zunächst noch mit statistischen Methoden zu Werke, zählte Sterne, maß deren Helligkeiten, strukturierte Daten, gruppierte und bewertete sie. Die zweifellos wichtigste Person, die diese Methodik perfektionierte, war Jacobus Kapteyn, der »Astronom ohne Teleskop«. Sein Observatorium war der Schreibtisch, seine Fotoplatten waren die Kolonnen von Zahlen, die beobachtende Astronomen ihm zur Verfügung stellten, um Berechnungen über die Verteilung der Sterne anzustellen. Kapteyn etablierte damit als einer der Ersten auch eine intensive internationale Zusammenarbeit, einen Austausch, der zu Beginn des 20. Jahrhunderts noch nicht selbstverständlich war. Organisationen wie die Astronomische Gesellschaft in Deutschland und die Internationale Astronomische Union wurden in jener Zeit gegründet, um die Kommunikation und den internationalen Austausch systematischer zu fördern und zu koordinieren. Und auch die klassische Astronomie und die Astrophysik fanden in den ersten Jahrzehnten des 20. Jahrhunderts mehr und mehr zusammen. Doch das Universum um uns herum tat den Astronomen nicht den Gefallen, seine Geheimnisse einfach so preiszugeben: Ein Schleier von dunklen kosmischen Wolken umhüllt vor allem unsere kosmische Heimat, die Milchstraße. Und der schien undurchdringlich zu sein.

Ein wichtiger Schritt heraus aus diesem Nebel war das Aufkommen einer weiteren ganz neuen Technologie: der Radioastronomie. Sie vermochte endlich den Schleier zu durchdringen. Die Entdeckung von Radioemission verschiedenster galaktischer und extragalaktischer Objekte sorgte ab den 1950er-Jahren für eine regelrechte Explosion des astronomischen Wissens und damit auch für eine Lawine neu auftauchender Fragen, ganz so, wie man es sich vom Wissenschaftsbetrieb ja wünscht. Konnten sich hier zunächst noch – wenn auch gut vernetzte – Einzelkämpfer einen Namen machen, übernahmen bald schon auf Radioastronomie spezialisierte professionelle Institutionen die Regie, schon aufgrund ihrer weit größeren finanziellen und personellen Ressourcen. Weitere neue Wellenlängenbereiche wurden durch immer schneller folgende Innovationen erschlossen: zunächst der Infrarotbereich, später dann durch das Aufkommen von satellitengestützten Teleskopen die UV-, die Röntgen- und die Gammastrahlung.

Insbesondere in den 60er-Jahren des 20. Jahrhunderts erfolgte dann ein entscheidender Epochenwechsel in der astronomischen Forschungslandschaft, der das Wesen der professionellen Forschung für immer veränderte. Die Forschungskooperationen wurden internationaler und vor allem viel größer. Die Detektoren und Messgeräte im All nahmen immer größere Mengen an Rohdaten auf, die per Radiosignalen zur Erde gesandt wurden. Diese wachsende Masse an Rohdaten musste dann mittels immer leistungsfähigerer und größerer Computer verarbeitet werden. Die Folge: Arbeitsteilung heruntergebrochen auf immer mehr spezialisiertere Einzelaufgaben. Immer speziellere Kompetenzen wurden den Forschern abverlangt, auch um die immer komplizierteren Technologien der Weltraumteleskope und Instrumente im All überhaupt erfolgreich nutzen zu können. Oft dauerte es Jahre, bis die Beobachtungsinstrumente fürs All geplant, gebaut und getestet worden waren. Oder es gab Startschwierigkeiten mit den Trägersystemen. Neben der rein wissenschaftlichen Logistik hinsichtlich Personal und Technik brauchte es von nun an vor allem Organisationen und institutionelle Infrastruktur der Weltraumbehörden oder der internationalen astronomischen Organisationen. Die Kürzel von deren Namen – wie NASA in den USA oder ESA und ESO in Europa – waren bald berühmter als einzelne Forscherinnen und Forscher, die immer mehr in den Hintergrund traten. Mit der Eroberung des erdnahen Weltraums durch technisches Gerät wurden aus der Astronomie *Big Science* und die Forschungsorganisationen zu *Science Factories*, die seitdem dafür sorgen, dass die »Science Community« mit einer immer größer werdenden Menge an Daten versorgt wird. Die »romantische« Phase der astronomischen Forschung ging allmählich zu Ende: An die Stelle der heroischen Einzelkämpfer an der Front traten nun Legionen von Spezialisten, deren Namen außerhalb der wissenschaftlichen Community niemand kannte. Die Datenauswertung wurde immer mehr von großen, an Forschungsinstituten beheimateten Rechenzentren mit ihren gewaltigen Computern und Supercomputern übernommen. Dass die Digitalisierung diese Entwicklung in den folgenden Jahrzehnten immer weiter beschleunigte, war dann eine technisch logische Konsequenz. Am Ende dominierten Algorithmen, welche die Daten immer besser und schneller verarbeiten können, die Forschung. Der Computer übernahm die Regie.

Und das nicht nur in der experimentellen, also der beobachtenden Astronomie. Auch in der theoretischen Untersuchung des Universums spielten Computer eine immer größere Rolle. Denn Simulationen mittels Supercomputern sind »Zeitmaschinen«. In und mit ihnen lassen sich die Prozesse, die auf galaktischen Zeitskalen und in räumlichen galaktischen Dimensionen ablaufen, darstellen. Mithilfe ausgeklügelter Programme und Simulationsmethoden können Jahrmilliarden der galaktischen Entwicklung über Entfernungen von Hunderttausenden von Lichtjahren hervorragend verfolgt werden. Die Entstehung von Spiralarmen durch Balkenstörungen, galaktische Zusammenstöße und Verschmelzungen, die Wirkung von Supernova-Explosionen für die Dynamik des interstellaren Mediums, die Entwicklung von Gaswolken und die in ihnen ablaufende Sternentstehung und Sternentwicklung – all diese komplexen dreidimensionalen dynamischen Prozessketten können von den digitalen Zauberapparaten berechnet und dargestellt werden. Die Astronomen können sich Filme der Vorgänge anschauen, und die Simulationen können Vorhersagen machen – so kann man die simulierten Ergebnisse mit den tatsächlichen Daten vergleichen. Natürlich gibt es auch noch »reine« Theorie mit analytischen Rechnungen auf Papier, aber die numerische Astronomie war ab 1970 State of the Art, was die theoretischen Untersuchungen der Milchstraße und ihrer Sterne und Gas- und Staubkomponenten betrifft. Auch Komponenten, die zwar nicht sichtbar, aber wirksam sind, vor allem in der Rotation einer Galaxie, wie die hinsichtlich ihrer Natur noch unbekannte Dunkle Materie, können längst in Computersimulationen berücksichtigt werden.

Technik und Wissenschaft gingen also eine unglaublich erfolgreiche Symbiose ein, die es uns seitdem ermöglicht, einen ganz neuen und viel tieferen Blick auf galaktische Phänomene zu werfen. Und diese Symbiose setzt sich bis heute fort: Auf allen Skalen holen wir inzwischen maximale Informationen aus den Signalen heraus mit unseren künstlichen Augen und Ohren, die unsere menschlichen Sinne über das gesamte elektromagnetische Spektrum hinweg und darüber hinaus ergänzen und erweitern. Der »Homo investigans«, der »forschende Mensch«, überschreitet bisherige Grenzen durch den Blick ins All, indem er die Technik und Wissenschaft nutzt, und bleibt als Mensch doch im Zentrum seiner Forschung. Denn alle Daten, alle Messungen auch der modernsten Teleskope und Satelliten, werden doch nur deshalb gesammelt, weil ein menschliches Gehirn Fragen an das Weltall stellt. Und genauso brauchen diese Daten letztlich ein menschliches Gehirn, um bewertet, eingeordnet und interpretiert werden zu können. Das Wunderbare: Das Weltall verliert nichts an seiner Faszination durch die Tatsache, dass modernste technische Hilfsmittel unbedingte Voraussetzung für die Erweiterung unseres Wissens darüber geworden sind. Vielmehr wird es im 21. Jahrhundert durch die koordinierten Ergebnisse der Beobachtungen von Teleskopen, Raumsonden und Supercomputern immer noch faszinierender. Die Art und Weise, wie wir das Universum besser kennenlernen, verändert sich zwar mit der Entwicklung und dem Einsatz immer besserer Technologien, doch das war immer schon so.

Allmählich tritt mit der soeben skizzierten Entwicklung an die Stelle der Schilderung von Anekdoten, Pioniertaten und Lebensgeschichten einzelner Forscher-»Heroen« die etwas nüchternere Präsentation von Messergebnissen großer Forscherteams. Es wird trockener, technischer und damit auch objektiver. Doch eine Entdeckungsgeschichte haben wir noch, mit vielen Hauptdarstellern, aber die kommt erst im übernächsten Kapitel. Zunächst wollen wir erst noch den Weg durch die elektromagnetische Strahlung weitergehen und deren Bedeutung für die einzelnen Bestandteile der Milchstraße herausstellen. Es gibt da nämlich …

Kapitel 16

Die sichtbaren und unsichtbaren Seiten der Milchstraße

Für jede historische Entwicklung gibt es Gründe, manchmal sogar gute Gründe. Dass in der wissenschaftlichen Untersuchung der Milchstraße das sichtbare Licht und das Reich der Radiowellen die ersten Informationsträger waren, ist kein Zufall. Diese beiden Wellenlängenbereiche erreichen nämlich fast ungestört den Erdboden und damit Augen und Fernrohre, Radioempfänger und Antennen. Das Luftmeer über unseren Köpfen, die Atmosphäre, lässt diese elektromagnetischen Wellen praktisch ungehindert durch. Andere Bereiche des Spektrums lässt es Gott sei Dank nicht durch – sie wären meist tödlich für das Leben auf der Erde. Die Absorption in der Atmosphäre hat zur Folge, dass nur knapp ein Drittel der eintretenden Sonnenstrahlung den Erdboden erreicht. 20 Prozent werden von den Atmosphärengasen und fünf Prozent in den Wolken absorbiert. In den höchsten Atmosphärenschichten absorbieren Sauerstoff- und Stickstoffmoleküle Gamma- und Röntgenstrahlung und die extrem kurzwellige Ultraviolettstrahlung bis zu Wellenlängen von ca. 0,2 Mikrometern, wodurch die Erwärmung oberhalb von 50 Kilometern verursacht wird. Am stärksten wirkt sich das in Höhen zwischen 20 und 50 Kilometern entstehende Ozon auf den kurzwelligen Strahlungsfluss aus. Es absorbiert die für das Leben auf der Erde gefährliche kurzwellige UV-Strahlung fast vollständig aus dem Energiespektrum der Sonnenstrahlung. Die restliche UV-Strahlung und die sichtbare Strahlung passieren fast ungehindert die Atmosphäre durch die sogenannten atmosphärischen Fenster. Im nahen infraroten Spektralbereich sind der Wasserdampf und das Kohlendioxid wirkungsvolle Absorber, während Stickstoff, Sauerstoff und dessen Ozonmoleküle sowie einige Spurengase hier vergleichsweise wenig absorbieren. Wie wir wissen, absorbieren Wasserdampf, Kohlendioxid und anthropogene Spurenstoffe am stärksten im Bereich der infraroten terrestrischen Strahlung und verursachen so den Treibhauseffekt, der unseren Planeten auf angenehme 15 Grad Celsius erwärmt. Ohne Atmosphäre wäre unser Planet bei minus 18 Grad Celsius eine weiße Eiskugel!

Für die Astronomen der 60er-Jahre des 20. Jahrhunderts waren das keine guten Nachrichten, denn mit bodengebundenen Instrumenten kann man die Bereiche des elektromagnetischen Spektrums nicht nutzen, die von der Atmosphäre verschluckt werden. Also mussten die Messinstrumente in den Weltraum transportiert, dort kontrolliert und gesteuert werden, und außerdem mussten die gemessenen Daten irgendwie zurück zur Erde kommen. Also hieß es: Weg vom Teleskop oder der Radioschüssel mit vernetzter, unmittelbarer Datenauswertung, hin zu unabhängig messenden elektronischen Systemen und vorübergehender Datenspeicherung im Vakuum des Weltalls und der anschließenden Sendung der Daten mittels Radiokommunikation zur Erde.

1957 wurde mit Sputnik 1 der erste von Menschen geschaffene Apparat mit Radiofunksender in den Orbit um die Erde geschickt. Die Ära der Weltraumfahrt hatte begonnen, und die Astronomen brachten nur wenige Jahre später die ersten Satelliten im Röntgen- und Gammastrahlenbereich ins Weltall – die beide zu der tödlichen Sorte von Strahlung gehören, der man sich lieber durch den Schutzschirm unserer Atmosphäre entzieht. Aber oberhalb unserer Lufthülle, da sind diese energiereichen Strahlungen detektierbar, hierhin muss man also mit den Teleskopen und Detektoren – eben mit Satelliten. Diese Instrumente sollten ursprünglich vor allem oberirdische Atomtestverbote überwachen, aber sie entdeckten eben auch verschiedene Röntgen- und Gammaquellen in der Milchstraße und darüber hinaus. Die Ultraviolettbeobachtungen begannen Anfang der 70er-Jahre mit verschiedenen Satelliten.

Was wurde in diesem hochenergetischen Bereich des Spektrums entdeckt, was für die großräumige Struktur und die großräumigen Eigenschaften der Milchstraße von Interesse ist? Die Antwort lautet: zunächst nichts. Die besonders hochenergetischen Strahlungsarten Röntgen- und Gammastrahlung sind konzentriert auf kompakte Objekte wie Supernovae, Neutronensterne und stellare Schwarze Löcher. Dort spielen relativistische Effekte eine Rolle, die Energien kommen in die Nähe der Ruheenergie der Teilchen oder gehen darüber hinaus. Ultrastarke Magnetfelder, extreme Rotationsgeschwindigkeiten und sehr hohe Energiedichten prägen diese Einzelobjekte. Die Ultraviolettstrahlung ist vor allem ein eindeutiger Nachweis für blaue, schwere Sterne, die als Supernovae explodieren werden.

Erst später werden Ultraviolettastronomie und Röntgenastronomie die Milchstraße als Ganzes in den Blick nehmen. Dann wird vor allem die in der ganzen Milchstraße entdeckte Röntgenstrahlung der heißen Komponente des interstellaren Mediums eine wichtige Rolle in der astronomischen Forschung spielen. Aber darauf kommen wir später noch.

Doch ein Bereich des elektromagnetischen Spektrums, der auch nicht von der Atmosphäre durchgelassen wird, fehlt noch in unserer Aufzählung. Es handelt sich um die Wärme- beziehungsweise Infrarotstrahlung. Ihre Energie, Intensität und Frequenz ist nämlich ein Maß für die Temperatur des strahlenden Objekts oder Mediums. Und das macht sie zu einer der wichtigsten Informationsquellen für Galaxien wie die Milchstraße. Denn schauen wir zurück auf das Panorama des Milchstraßenbandes im sichtbaren Bereich, dann sehen wir den Blick zum Zentrum der galaktischen Scheibe verstellt. Große, offenbar sehr kalte und dichte Gas- und Staubwolken verschlucken das Licht der Sterne und sind undurchdringlich für die optischen Teleskope. Aber da alles, was eine Temperatur hat, gemäß seiner Temperatur strahlt, muss dieses kalte und dunkle interstellare Medium auch strahlen, es muss Wärmestrahlung, also Infrarotstrahlung, abgeben (kurz: IR-Strahlung). Und da bei immer größeren Wellenlängen der IR-Strahlung die Abschwächung des sichtbaren Lichts durch Absorption und Streuung an Staubteilchen immer geringer wird, ist der IR-Bereich hervorragend geeignet dafür, durch die Wolken quasi »hindurchzuschauen«, und zwar anhand der ja an sich unsichtbaren Infrarotstrahlung.

Es war den Astronomen in den 60er-Jahren des 20. Jahrhunderts also völlig klar, dass das nächste Fenster für die Erforschung der Milchstraße die Infrarotstrahlung sein musste. Blöd nur, dass die Atmosphäre diese Strahlung nur eben gerade so am roten Rand des sichtbaren Lichts, im sogenannten Nahinfrarotbereich (NIR), auf den Boden durchlässt. Da die Infrarotstrahlung vor allem durch den atmosphärischen Wasserdampf absorbiert wird, sind nur bei Wellenlängen unterhalb 1 µm und in einigen kleinen Fenstern bis etwa 40 µm Beobachtungen mit erdgebundenen Instrumenten möglich. Der längerwellige Bereich kann nur vom Weltall aus empfangen werden.

Die Schwierigkeit dabei: Da alles, was Temperatur hat, eben IR-Strahlung abgibt, müssen die IR-Detektoren möglichst kalt sein, das heißt richtig kalt. So kalt, wie es nur eben technisch möglich ist. Dann aber, wenn die Technik nicht nur auf der Erde funktioniert, sondern auch im Weltall, dann hätte man mit der IR-Strahlung eine extrem wichtige und reichhaltige Informationsquelle über Sterne und Gas in unserer Milchstraße.

Was genau kann man aus der IR-Strahlung eigentlich lernen? Machen wir eine kurze Bestandsaufnahme, entnommen der Broschüre »Infrarotastronomie der DLR in Stuttgart«, und konzentrieren uns dabei nur auf die Milchstraße, ihre Sterne, das interstellare Gas und den Staub.

Infrarotstrahlung – was sagt sie uns?

Quantitativ schließt die Infrarotstrahlung auf der längerwelligen Seite an den Radiobereich an: Sie beginnt bei ca. 300 Gigahertz, also 1 Millimeter Wellenlänge, und endet bei 400 Terahertz, was einer Wellenlänge von 780 Nanometern entspricht. Und trifft dort auf das rote Licht im sichtbaren Bereich. Man unterscheidet drei Bereiche; in jedem von ihnen gibt es ganz eigene, besondere Phänomene zu beobachten, die bei anderen Wellenlängenbereichen oft verschlossen bleiben.

Da ist zunächst der nahe Infrarotbereich (NIR) mit Wellenlängen zwischen 780 Nanometern (nm) und 5 Mikrometern (μm). Er entspricht einem Temperaturbereich von ca. 750 bis ca. 5000 Kelvin (K). Im nahen Infrarot verblassen die heißen blauen Sterne, die im sichtbaren Licht deutlich erkennbar sind, und kühlere Sterne tauchen auf. Einmal die Roten Riesen. Das sind Sterne, deren nuklearer Brennstoff verbraucht ist. Instabile Kernprozesse lassen diese Sterne bis auf das Hundertfache ihrer ursprünglichen Größe anschwellen. Zugleich kühlen sie währenddessen auf Temperaturen von 2000 bis 3500 K ab. Deshalb strahlen Rote Riesen am stärksten im nahen Infrarot. Zum anderen erkennt man im NIR-Bereich die Roten Zwerge. Die sind die zahlenmäßig häufigsten Sterne in der Milchstraße. Sie sind kleiner und leichter als unsere Sonne und mit einer Temperatur von 3000 K besonders kühl. Viele dieser kleinen Sterne sind im sichtbaren Licht zu blass, um von optischen Teleskopen überhaupt erfasst zu werden, und wurden erst durch Aufnahmen im NIR entdeckt. Der interstellare Staub ist im NIR am durchlässigsten. Man erkennt also innerhalb von Staubwolken die kühlen Sterne.

Es folgt das Wellenlängenintervall zwischen 5 μm und 30 μm, das als mittleres Infrarot (MIR) bezeichnet wird. In diesem Spektralbereich verblassen auch die »kältesten« Sterne, und noch kühlere Objekte wie Planeten oder Gas- und Staubscheiben kommen, falls vorhanden, in Sicht. Von Sternenlicht aufgewärmter Staub im Temperaturbereich von

50 bis zu einigen Hundert Kelvin tritt im MIR sehr deutlich hervor, vor allem der Staub in der Umgebung von Sternen, die Material ausgestoßen haben. Manchmal ist dieser Staub so dick, dass das Licht des Sterns ihn kaum durchdringen kann und nur im infraroten Licht sichtbar ist. Auch protoplanetare Scheiben – Staubscheiben, aus denen Planeten entstehen können – leuchten im mittleren Infrarot.

Im fernen Infrarot (FIR), bei Wellenlängen zwischen 30 µm und 300 µm, sind die Sterne alle verschwunden. Nur mehr sehr kalte Materie (unter 140 K, was etwa –130 °C entspricht) ist erkennbar. Damit werden die kalten Gas- und Staubwolken im interstellaren Medium zu wichtigen Beobachtungsobjekten im FIR-Bereich. Dort, in diesen kalten Wolken, findet Sternentstehung statt, und Protosterne können hier durch FIR-Beobachtungen entdeckt werden, und zwar lange bevor sie im sichtbaren Licht aufleuchten. Protosterne geben nämlich Wärme ab, während sie kontrahieren, und genau diese Wärme kann im FIR gemessen werden. FIR eignet sich also gut dafür, Regionen mit sehr kaltem Staub und sehr kalten molekularen Wolken zu beobachten. Außerdem entsteht FIR-Strahlung durch dichten Staub, der von heißen Sternen aufgeheizt wird. Das Zentrum unserer Galaxie erscheint ebenfalls im fernen Infrarot am hellsten, wegen der dichten Ansammlung von Sternen, die in dicke, von diesen Sternen erwärmte Staubwolken eingebettet sind.

Die Entstehung von Sternen in kalten, dunklen Gas- und Staubwolken, die Entwicklung von heißen und großen Sternen in der Nähe solcher Gaswolken und deren Auswirkungen auf die großräumigen Komponenten der Milchstraße werden also erst durch Beobachtungen im IR-Fenster sichtbar.

Die großen Komponenten der Milchstraße

Fassen wir noch einmal zusammen, was die Forschung bereits im optischen Bereich der Milchstraßenkomponenten festgestellt hat, und erläutern zugleich, was die neuen Informationsquellen der unsichtbaren Strahlungen an neuen Erkenntnissen geliefert haben.

Grundsätzlich gilt: Unsere Milchstraße besteht, wie alle Scheibengalaxien, im Prinzip aus drei Komponenten: Bulge, Scheibe und Halo. In anderen Galaxien lassen sich diese Komponenten alle direkt beobachten, vor allem wenn wir »face-on« – in Aufsicht – sehen, also die ganze Scheibe erkennen können, wie zum Beispiel bei M51 (siehe oben Abb. 45).

Abb. 46: Eine Scheibengalaxie, perfekt vom Rand aus beobachtet. NGC 891 gilt als Paradebeispiel für eine Scheibengalaxie mit Staub und Filamenten senkrecht zur Scheibe. Wahrscheinlich zeigt sich aus großen Entfernungen unsere Milchstraße ganz ähnlich.

Beim Blick auf die »Edge-on«-Galaxien sehen wir die Scheibe und deren Umgebung quasi von der Seite. Das Zentrum ist wie bei unserer Milchstraße dann nicht direkt zu beobachten, sondern durch Gas und Staubwolken verdeckt. Ein schönes Beispiel für diesen Blick von der Kante bietet die Galaxie NGC 891.

Der galaktische Bulge und die ältesten Sterne

Die zentrale Aufwölbung unserer Milchstraße wird galaktischer Bulge genannt. Er dominiert mit seiner stellaren Gesamtmasse von 20 Milliarden Sonnenmassen das galaktische Zentrum, ist etwa fünfmal so dick wie die galaktische Scheibe und hebt sich damit deutlich von ihr ab. Seine Population besteht vor allem aus alten Sternen, deren Bewegungsmuster denen in einer elliptischen Galaxie ähneln. Ihre Eigenbewegungen sind nämlich nicht auf die Scheibenebene beschränkt, sondern ähneln eher denen eines sich auch quer zur Scheibenebene bewegenden Schwarmes, der sich um das Zentrum konzentriert und sich auch weit außerhalb der Scheibe erstreckt. Die Dynamik der Sterne ist dabei weitestgehend unabhängig von den Bewegungen der Scheibe. Im Zentrum des galaktischen Bulge befindet sich das Schwarze Loch im Mittelpunkt der Milchstraße, wovon im nächsten Kapitel die Rede sein wird.

Neueste Ergebnisse über den Bulge unserer Milchstraße verdanken wir modernen Infrarotbeobachtungen und zu wesentlichen Teilen auch der Raumsonde »Gaia«, die ein regelrechtes Maßband zur direkten Entfernungsmessung zu den Himmelskörpern im All mit sich führt. Abb. 48 zeigt die bisher genaueste dreidimensionale Kartierung der Zentralwölbung der Milchstraße. Demnach gleicht die dichteste Zone der Milchstraße von der Seite einer eingedellten Erdnuss oder einem X und von oben einem Balken. Diese Beobachtungen werfen ein neues Licht darauf, wie unsere Galaxie einst ihre heutige Form bekam. Anhand einer neuen Durchmusterung mit dem VVV-NIR-VISTA-Teleskops am Paranal-Observatorium der ESO in Chile konnten 22 Millionen sehr leuchtschwache Sterne als Rote Riesen identifiziert und ihre Entfernungen bestimmt werden. Damit konnte die genaue Position dieser Sterne im Zentrum errechnet werden, und es gelang eine dreidimensionale Konstruktion der Karte der Bulge-Struktur, ohne jede weitere Zusatzannahme direkt aus den Daten. Die Entwicklung und Entstehung dieser dynamischen Struktur ließ sich aus Computersimulationen ableiten. Sie zeigen, dass die Erdnussform von Sternen gebildet wird, die sich in einer x-förmigen Struktur anordnen. Neben der Position konnten im Abstand von elf Jahren auch die Eigenbewegungsmuster von mehr als 300 Sternen in drei Dimensionen kartiert und miteinander verglichen werden.[12]

Die Simulationen zeigen, dass sich die Form der Milchstraße erst allmählich herausgebildet hat. Anfangs nur eine Scheibe aus Sternen,

Abb. 47: Die grafische Darstellung der neuesten Daten zur Form der Milchstraße.

entwickelte sie vor Milliarden von Jahren einen flachen Balken. Dessen innerer Teil wölbte sich anschließend auf und nahm die dreidimensionale, erdnussförmige Gestalt an, die in den neuen Beobachtungen zu sehen ist. Wie wir im Kapitel »Die Suche nach den Spuren der Entstehung und Entwicklung der Milchstraße« noch lernen werden, gab es einige große Ereignisse in der Geschichte der Milchstraße, die die Entstehung von schwingenden und schwankenden Stern- und Gasbalken im Zentrum sehr wahrscheinlich erscheinen lassen.

Wichtige neue Hinweise auf die Entstehungsgeschichte des galaktischen Bulge und der galaktischen Scheibe wurden erst kürzlich veröffentlicht.[13] Astronomen gelang es nämlich, im Zentralbereich Sterne mit einem extrem geringen Anteil an »schweren« Elementen (schwerer als Helium) zu entdecken. Was lediglich nach einer Kuriosität, einer Randnotiz klingt, ist in Wahrheit eine Sensation: Sterne bestehen ja zunächst einmal aus dem Material, das zum Zeitpunkt ihrer Geburt in der Materiewolke vorhanden war, aus der sie sich bildeten, also Wasserstoff und Helium. Daneben finden sich darin auch viele weitere Elemente wie Sauerstoff, Neon, Silizium, die wie mit einem kosmischen Rührmixer nach und nach dem interstellaren Material, das das Rohmaterial für die Sternentstehung lieferte, hinzugemixt wurden, also Elemente, die aus früheren Sterngenerationen stammen. Kurios ist in diesem Zusammenhang zumindest dies: Astronomen nennen alle Elemente, die schwerer als Helium sind, »Metalle« – völlig egal, ob es sich im chemischen Sinne auch wirklich um Metalle handelt. Einen Stern, der sich aus einer Materiewolke mit einem relativ hohen Anteil an Elementen, schwerer als Helium, gebildet hat, bezeichnet man deshalb auch als »metallreich«. Das Gegenteil sind »metallarme« Sterne (wie gesagt – nicht verwirren lassen!). Und jetzt wird es spannend: Findet man einen Stern, der nur wenig »Metalle« enthält, so muss das ein sehr, sehr altes Objekt sein. Denn die Urwolke, aus der er entstand, war noch nicht stark mit den Fusionsprodukten früherer Sterngenerationen angereichert – schlicht und einfach, weil es noch gar keine früheren Sterngenerationen gegeben hatte! Sie müssen damit zu den ältesten Sternen im ganzen Universum gehören. Und genau solche extrem metallarmen Sterne wurden im Bulge der Milchstraße gefunden.

Dieser älteste Teil der Sternpopulation im galaktischen Zentrum umfasst ca. 50 Millionen Sonnenmassen, darunter knapp 20 000 extrem alte und besonders metallarme Sterne, die fast 13 Milliarden Jahre alt sein müssen. Diese enthalten fast nur Wasserstoff und Helium und müssen daher in einer ursprünglichen, noch kaum durch Supernovae mit schwereren Elementen angereicherten Umgebung entstanden sein. Der größte Teil der metallarmen Methusalems muss vor Ort entstanden sein – im Zentrum der Proto-Milchstraße, denn

Abb. 48: Infrarotblick in das Herz unserer Milchstraße. In dieser Region verbirgt sich die fast 13 Milliarden Jahre alte Population der ursprünglichsten Sterne unserer Galaxie.

die Sterne folgen fast kreisförmigen Bahnen und haben eine Zusammensetzung, die auf eine rasche Bildung in einem Milieu mit starker Schwerkraft hindeutet. Die erste Sternpopulation unserer Milchstraße entstand demnach im Zentrum, und die Sternenscheibe wuchs von innen nach außen an. Womit wir bei der zweiten Komponente der Milchstraße angekommen wären.

Die galaktische Scheibe

Schauen wir nun auf die dominierende Komponente der leuchtenden Milchstraße, ihre Scheibe. Deren Durchmesser beträgt ca. 150 000 Lichtjahre, also grob 50 Kiloparsec (kpc; 1 kpc = 1000 Parsec). Die Scheibe besteht aus Sternen und interstellarem Gas und Staub. Die Sternpopulation der Scheibe teilt sich grundsätzlich in zwei Komponenten auf. Da gibt es zunächst eine relativ dichte, aber bemerkenswert flache Schicht, die etwas mehr als 90 Prozent aller Sterne enthält. Ihr wird beispielsweise unsere Sonne zugeordnet. In dieser jungen, sogenannten »dünnen Scheibe« findet heute die Sternentstehung statt, sie enthält das meiste kalte Gas sowie Staub, und in ihr bildet sich die Spiralstruktur ab. Ihre charakteristische Höhe beträgt ca. 150 Lichtjahre, also 50 Parsec (pc). Umrahmt wird diese sehr dünne Scheibe von einer etwas älteren und dickeren dünnen Scheibe von ca. 300 pc Höhe. Das Alter der Scheiben wird am Metallgehalt der Sternspektren festgemacht. Je mehr Metalle ein Stern aufweist, umso jünger ist er, denn Metalle sind, wie bereits erwähnt, das Ergebnis der Fusionsprozesse vorheriger Sterngenerationen. Insofern ist diese dünne Scheibe insgesamt geprägt von metallreichen, also jungen Sternen, die in der Milchstraße entstanden sind. Der typische Stern in der jungen Scheibe hat ca. 0,8 Sonnenmassen. Die Gesamtmasse der jungen Scheibe beträgt ca. 60 Milliarden Sonnenmassen, wovon ca. 12 Prozent aus Gas und Staub bestehen.

Zum anderen ist diese dünne Scheibe eingebettet in eine zweite scheibenförmige und diffuse Struktur geringerer Dichte, aber größerer Ausdehnung, die dicke Scheibe. Ihre charakteristische Dicke beträgt gut das Vierfache derjenigen der dünnen Scheibe. Die dicke Scheibe enthält ca. neun Prozent der beobachteten Sterne, die überwiegend metallarm sind. Sie zählen damit zur älteren Sternpopulation, deren Metallgehalt bis auf ein Zehntausendstel der Metallizität unserer Sonne reduziert sein kann.

Wir halten fest: Die meisten Sterne der mit Sternen gleichmäßig besetzten galaktischen Scheibe sind massearme gelbe oder rot leuchtende Zwergsterne. Sie werden aber von den wenigen massereichen und leuchtkräftigen Sterne der extrem metallreichen Spiralarmpopulation überstrahlt.

Daneben gibt es noch das interstellare Medium, das Gas zwischen den Sternen, das Gas, aus dem die Sterne sich bilden und das in der Scheibe auf ganz besondere Weise verteilt ist.

Gas und Staub in der Scheibe der Milchstraße

Das Interstellare Medium (ISM) setzt sich im Prinzip aus drei Bestandteilen zusammen, die sich durch unterschiedliche elektromagnetische Strahlungseigenschaften deutlich voneinander unterscheiden:

1. Sehr kaltes Gas (Wasserstoff, Staub und Moleküle), beobachtbar im Infraroten. Es ist in Gaswolken strukturiert, mit wenigen Kelvin sehr kalt und geklumpt und in seiner Verteilung auf die Scheibenebene konzentriert. Es stellt unmittelbar das Material dar, aus dem Sterne entstehen, deshalb befinden sich in und um die kalten Gaswolken auch die jüngsten Sterne in der jungen dünnen Scheibe.
2. Der neutrale (also nicht-ionisierte) Wasserstoff, auch H-I genannt, ist etwas wärmer und damit breiter um die Scheibenebene verteilt. Er wird anhand seiner H-I-Linienstrahlung bei 21 Zentimeter Wellenlänge nachgewiesen. Diese H-I-Scheibe hat eine Dicke von bis zu 300 pc, und sie besteht aus ehemaligen Sternwinden und Überresten, einfallenden Gaswolken und Gasresten.
3. Die Röntgenstrahlung des interstellaren Mediums verweist auf heißes, vollionisiertes Gas (Plasma) mit Temperaturen von einigen Millionen Kelvin. Dieses heiße Plasma stammt von Supernova-Explosionen und reicht in Höhen von einigen Tausend Parsec (kpc) über der Scheibe. Es kühlt dort wieder ab und fällt, angereichert mit schweren Elementen, aus den explodierten Sternen wieder auf die Scheibe zurück.

Wie bereits erwähnt, sind die älteren Sterne der Milchstraße in einer deutlich dickeren Scheibe verteilt. Mit den bisherigen Kenntnissen über das ISM lässt sich diese Verteilung gut nachvollziehen, denn die jungen Sterne sind ihrem Entstehungsort noch sehr nahe. Und dieser Entstehungsort ist immer sehr kaltes Gas. Denn nur wenn der Gasdruck gering ist, bricht eine solche Wolke unter ihrer eigenen Schwerkraftwirkung zusammen und bildet durch kontinuierliche Gasver-

Radio-Kontinuum 408 MHz Bonn, Jodrell Banks & Parkes

Wasserstoff 21 cm Leiden-Dwingeloo, Maryland-Parkes

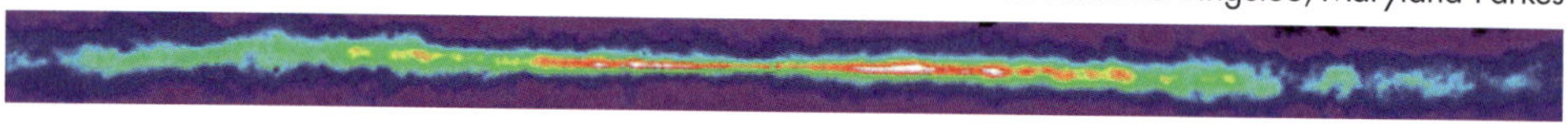

Radio-Kontinuum 2.4–2.7 GHz Bonn & Parkes

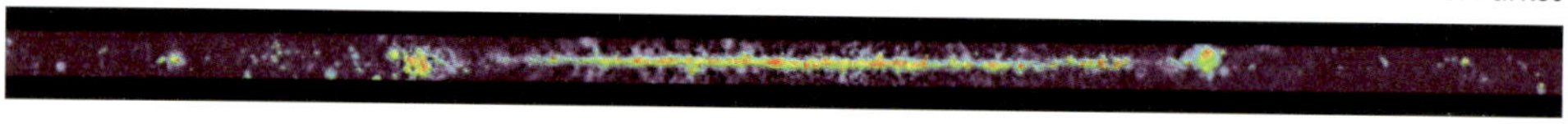

Molekularer Wasserstoff 115 GHz Columbia-GISS

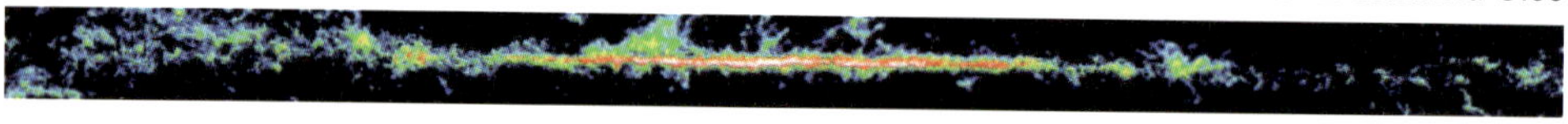

Infrarot-Spektrum 12, 60, 100 μm IRAS

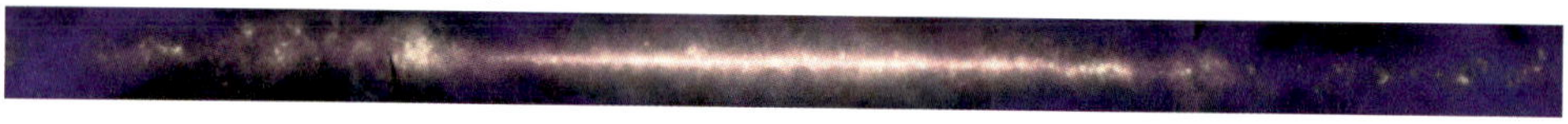

mittleres Infrarot-Spektrum 1.25, 2.2, 3.5 μm COBE/DIRBE

optisches Spektrum Laustsen et al. Photomosaic

Röntgen-Spektrum 0.25, 0.75, 1.5 KeV ROSAT/PSPC

Gamma-Spektrum >100 MeV CGRO/EGRET

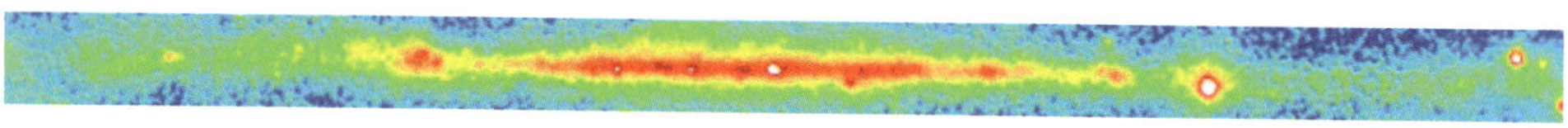

Abb. 49: Die Milchstraße entlang des elektromagnetischen Spektrums. In den ersten vier Streifen erkennt man die galaktische Scheibe in verschiedenen Bereichen der Radiostrahlung; vor allem der molekulare Wasserstoff ist sehr konzentriert. Es folgt die Infrarotstrahlung, die insbesondere die Sternentstehung und kalten Gaswolken in der galaktischen Scheibe und im Bulge nachweist; das Bild ist geprägt von den absorbierenden Dunkelwolken. Zu guter Letzt kommen die Röntgenstrahlung des durch Supernova-Explosionen aufgeheizten Gases und die Gammastrahlung des galaktischen Zentrums und vieler Neutronensterne und Schwarzen Löcher.

dichtung Sterne. Alte Sterne haben sich durch dynamische Prozesse, die ihre Eigengeschwindigkeit senkrecht zur Scheibe erhöht haben, von der Scheibe systematisch entfernt.

Der »Zoo« des interstellaren Mediums zeigt sich auch in den verschiedenen Bändern des elektromagnetischen Spektrums. Die galaktische Ebene, die vom Radiobereich über die verschiedenen Wasserstoffzustände, die IR-Komponenten, den sichtbaren Bereich bis hin zu UV-, Röntgen- und Gammastrahlung reicht, ist hier sehr deutlich erkennbar. Man hat inzwischen dank der Kombination von erdgebundenen Instrumenten und Weltraumteleskopen ein recht gutes Bild von den Zuständen des Interstellaren Mediums.

Das ISM ist aber nicht gleichmäßig in der Scheibe verteilt, sondern zumeist in wolkenartigen, filamentären Strukturen, die sowohl innerhalb der Scheibe vorliegen als auch senkrecht zur Scheibe gerichtet sind. Nicht zu vergessen sind die großräumigen, starr rotierenden Spiralarme, die das ISM verscheren, durchwirbeln und nachhaltig beeinflussen. In den Spiralarmen wird Gas nämlich grundsätzlich verdichtet. Durch Strahlungsprozesse verliert das verdichtete Gas an innerer Energie und kann unter der eigenen Schwerkraftwirkung zu immer dichteren Gas- und Staubwolkenkomplexen kollabieren, in denen sich Sterne bilden. Deshalb sind die blau leuchtenden schweren Sterne, deren Sternleben nur einige Millionen Jahre dauert, auch so nahe an diesen Sternentstehungsregionen zu finden. Die besonders schweren Sterne explodieren am Ende ihres Lebens als Supernovae und blasen die in ihnen erzeugten schweren Elemente – die bereits erwähnten »Metalle«, also Elemente, schwerer als Helium – ins interstellare Medium. Dieses heiße Gas treibt in die Höhe, bildet Blasen, die sich weit in den Halo erheben, es kühlt sich wieder ab und »regnet« quasi wieder in die Scheibe zurück. Dort bilden sich wieder neue dichte Gas-, Staub- und Molekülwolken, aus denen sich wieder neue Sterne bilden können. So erhöht sich mit jeder Sterngeneration der Gehalt an schweren Elementen.

Während also die großen Sterne den großen Materiekreislauf in der Milchstraße antreiben, verbleiben die meisten Sterne so wie die Sonne in der galaktischen Scheibe und werden im Laufe ihrer Umkreisung des galaktischen Zentrums immer mehr in der Scheibe verteilt. Deshalb sind die Spiralarme vor allem durch die blauen Sterne und die benachbarten Dunkelwolken gekennzeichnet, während die galaktische Scheibe gleichmäßig von Sternen kleinerer Masse durchsetzt ist.

Zusammengefasst können wir die galaktische Scheibe mit einer Dicke von 1 kpc als den Ort bezeichnen, in dem sich durch Sternentstehung und Sternentwicklung das interstellare Gas in unterschiedlichen Komponenten gemäß seiner Temperatur geschichtet strukturiert. Zugleich wird das Gas durch Supernova-Explosionen und Sternwinde mit den chemischen Elementen angereichert, die sich in den Sternen durch unterschiedliche Kernfusionsprozesse gebildet haben. Die jungen Sterne befinden sich in der galaktischen Ebene, denn dort befindet sich das kalte, zur Sternentstehung nötige Gas. Der ältere Teil der stellaren Population ist in Form einer dicken Scheibe mit einer Dicke von einigen kpc verteilt.

So weit die Inventur der Scheibe der Milchstraße. Wie diese verschiedenen Bestandteile der Scheibe zustande gekommen sind, ist Thema aktuellster Forschung. Dabei drängt sich bei allen Komponenten der Eindruck auf, dass es Störungen des Gravitationsfeldes und Wechselwirkungen mit anderen kleineren Galaxien sind, die für die unterschiedlichen besonderen Kennzeichen der Scheibe verantwortlich sein könnten.

Der Bulge braucht eine Asymmetrie, damit sich die balkenförmige Störung bilden kann. Die Entstehung der dicken Scheibe würde ohne äußere Störungen der dünnen Scheibe gar nicht schnell genug erfolgen. Und die Spiralarme brauchen als Antrieb die Störung durch den Balken oder durch Wechselwirkungen mit Satellitengalaxien. Wo wir auch hinschauen: Veränderungen des »ungestörten« Gravitationsfeldes der kreisrunden Milchstraßenscheibe scheinen die Motoren für ihre vielfältigen Erscheinungsformen und Asymmetrien zu sein.

Hinzu kommt: Die Milchstraße dreht sich. Sie rotiert. Alles in der Milchstraße umkreist das Zentrum. Vom Zentrum steigt die Rotationsgeschwindigkeit im Bulge mit dem Radius an, wie bei einem starren Körper. Ab ca. 3 kpc Entfernung vom Zentrum beginnt die differentielle Rotation der Scheibe. Die Sterne in der Scheibe umlaufen das galaktische Zentrum nahezu auf Kreisbahnen mit einer mittleren Geschwindigkeit von 220 km/s. Da diese Geschwindigkeit praktisch nicht vom Abstand zum galaktischen Zentrum abhängt, nimmt die gesamte, innerhalb eines Radius R eingeschlossene Masse linear mit R zu. Neben der systematischen Rotation bewegen sich die Sterne der dünnen Scheibe selbst nur sehr langsam mit rund 20 km/s.

So könnte man die galaktische Rotationskurve, gemessen mit verschiedensten Methoden, ganz schlicht beschreiben. Man könnte sie zusammenbauen aus Sternkomponenten in der Scheibe und im Bulge und würde dann feststellen, dass die Masse der leuchtenden Sterne und des Gases in der Scheibe niemals ausreicht, um die hohe Rotationsgeschwindigkeit der Scheibe zu erklären.

Reden beziehungsweise schreiben wir nicht um den heißen Brei herum: Die Milchstraße als rotierende Scheibengalaxie ist eingebettet in einen galaktischen Halo, und dort muss eine materielle Komponente dominieren, von der wir nichts wissen, außer dass sie da ist, Wirkung zeigt und offenbar völlig unsichtbar ist.

Der galaktische Halo

Jenseits der zentralen Scheibe liegt der sogenannte galaktische Halo. Er ist etwa kugelförmig und hat keinen klaren Rand. Stattdessen geht er sanft in den allgemeinen intergalaktischen Hintergrund über. In ihm bewegen sich zahlreiche Zwerggalaxien, einige von ihnen sind im Gravitationsfeld der Milchstraße gefangen, andere offenbar gerade erst angekommen.[14]

Dieser Halo setzt sich aus drei Komponenten zusammen:

1. Der stellare Halo. Das ist eine Ansammlung von Sternen, die weniger als 1 Prozent aller Sterne in der Milchstraße ausmachen. Die Sterne im stellaren Halo sind im Vergleich zu den Scheiben-

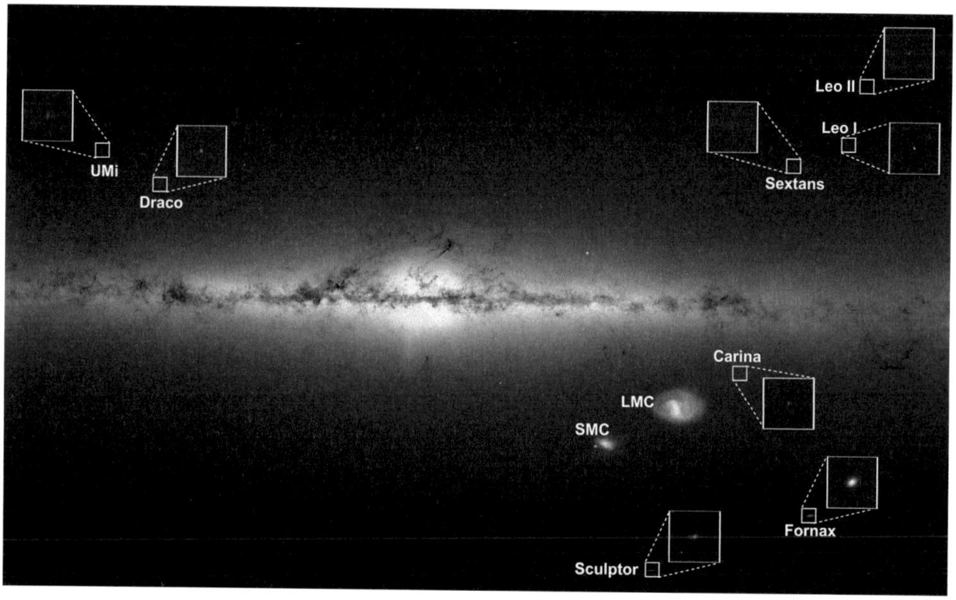

Abb. 50: Zwerggalaxien in der Nähe der Milchstraße.

sternen älter und metallärmer. Hier befinden sich auch die Kugelsternhaufen, die aus Tausenden bis Millionen von alten Sternen bestehen, deren Bahnen sehr stark gegen die galaktische Ebene geneigt sind und die über elf Milliarden Jahre alt sind.[15] Die Kugelsternhaufen sind gut eine Milliarde Jahre älter. Zumindest der innere Halo ist also nach den Kugelsternhaufen entstanden.

Neueste Beobachtungen von periodisch in ihrer Helligkeit schwankenden alten, massearmen Riesensternen, den sogenannten RR-Lyrae-Sternen, ergaben ein höchst interessantes Ergebnis, was die tatsächliche räumliche Ausdehnung des Halos betrifft. Die Geschwindigkeit der regelmäßigen Helligkeitsschwankungen ist nämlich nur von der Größe und der Leuchtkraft des Sterns abhängig. Deshalb konnten die Astronomen die Entfernung von etwa 200 RR-Lyrae-Sternen im Außenbereich der Milchstraße mit hoher Genauigkeit ermitteln. Wir erinnern uns an Henrietta Leavitt, die vor über 100 Jahren anhand der periodischen Helligkeitsschwankungen der Cepheiden die Perioden-Leuchtkraft-Beziehung entdeckt und die Entfernungsbestimmung von Standardkerzen erst möglich gemacht hat. Dank ihr konnte Edwin Hubble, nachdem er 1923 die ersten Cepheiden-Veränderlichen in Andromeda entdeckt hatte, eindeutig die riesige Entfernung von weit über 2,4 Millionen Lichtjahren nachweisen. Die Messungen des Jahres 2023 besagen nun, dass manche RR-Lyrae-Sterne im Halo der Milchstraße über eine Million Lichtjahre von der Erde entfernt sind. Es handelt sich dabei um die am weitesten entfernten bekannten Sterne der Galaxis. Die neuen Messdaten belegen, dass der Halo der Milchstraße etwa die halbe Distanz zur Andromedagalaxie erreicht, die Halos der beiden Galaxien berühren sich somit. Der Halo der Milchstraße ist ca. 1 Million Lichtjahre groß.

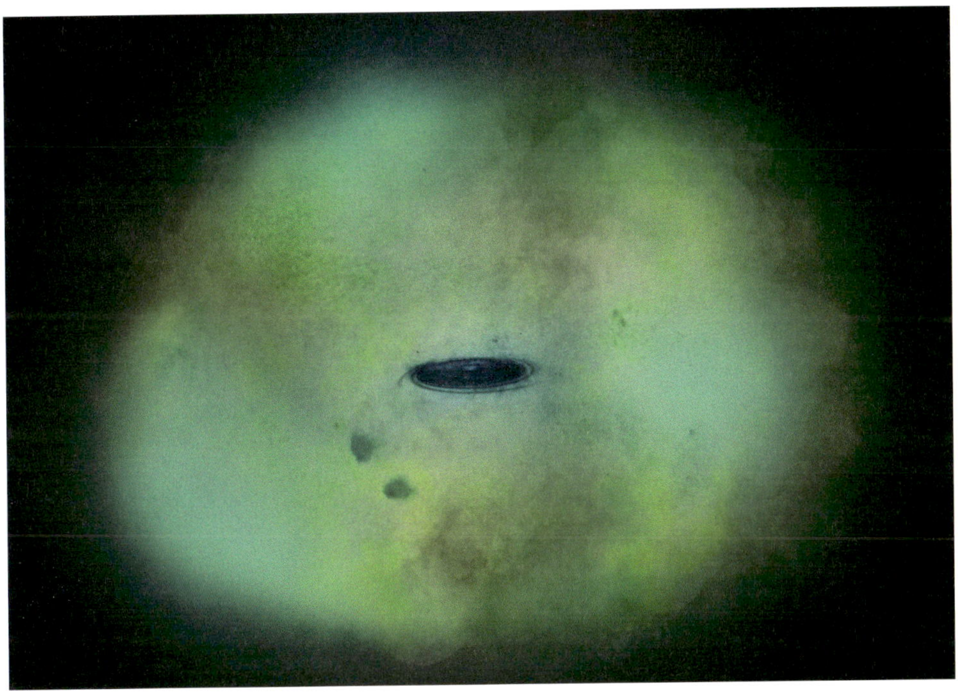

Abb. 51: Die Umgebung der Milchstraße, der galaktische Halo. In ihm gibt es nicht nur Gas und sehr alte Sterne, sondern hier verbirgt sich und wirkt auch die Dunkle Materie. Der Halo ist riesig im Vergleich zum sichtbaren Teil der galaktischen Scheibe. In ihm entstand die Milchstraße.

2. Die galaktische Korona. Sie besteht aus heißem Gas, das sich durch seine Röntgenstrahlung verrät. Es stammt vor allem von Supernova-Explosionen und reicht bis auf 10 kpc über der galaktischen Scheibe hinaus. So stellte man sich das bis zum Jahr 2020 vor, doch neueste Beobachtungen im Röntgenbereich offenbarten eine Überraschung.[16] Das Gas im Milchstraßen-Halo besitzt nicht nur einen »kühlen« (10 000 K) und einen »warmen« Anteil (1 Million K), sondern auch noch einen dritten, unerwartet heißen von fast 10 Millionen K. Die Ursache für diese ungewöhnliche Hitze im Halo ist bislang unbekannt, auch der Ursprung des Gases ist bisher ungeklärt. Auch die Zusammensetzung der chemischen Elemente wirft Fragen auf. Erwartet wird im Halo-Gas eine ähnliche Elementverteilung wie in den Sternen der Milchstraße. Die aktuellen Röntgenteleskop-Messungen zeigen jedoch etwas anderes. Demnach gibt es im Halo deutlich weniger Eisen und Sauerstoff, dafür mehr Stickstoff und Neon als gedacht. Welche Supernovae dafür verantwortlich sein könnten, wird noch untersucht.

Abb. 52: Die SRG/eROSITA Röntgen-Himmelskarte als Falschfarbenbild (Rot für Energien 0,3–0,6 keV, Grün für 0,6–1,0 keV, Blau für 1,0–2,3 keV).

Mit der Mission eROSITA wurde kürzlich eine Röntgenkarte der gesamten Milchstraße aufgenommen, in der sich die großen Blasen im Halo gut erkennen lassen.

Schematisch sind diese Röntgenblasen in der folgenden Darstellung (Abb. 53) zu erkennen. Die eROSITA-Blasen in Gelb sind deutlich größer als die Blasen, die sich in der Gammastrahlungsverteilung der Milchstraße finden, die violett gezeichneten Fermi-Blasen. Diese Gammastrahlungsverteilung hängt wahrscheinlich mit Aktivitätsprozessen und energetischen Ausbrüchen des direkten Zentrums der Milchstraße, womöglich mit Sgr A* (Sagittarius), dem supermassiven Schwarzen Loch, zusammen.

3. Der Halo der Dunklen Materie. Er braucht ca. 80 Prozent der Gesamtmasse der Milchstraße in einem Halo aus Materie, die keinerlei elektromagnetische Wechselwirkung aufweist. Sie absorbiert keine Strahlung und emittiert keine Strahlung. Sie ist nur schwer und in einer Sphäre um die Milchstraße verteilt. Sie muss so verteilt sein, denn die leuchtende Materie in der Milchstraßenebene selbst, also in der Scheibe, aber auch die verschiedenen Kugelsternhaufen und Zwerggalaxien bewegen sich so, als ob ca. vier- bis fünfmal mehr Masse existieren würde, als wir durch Strahlungseigenschaften erkennen können.

Wir schließen also aus den beobachteten Bewegungsmustern der leuchtenden Materie auf die Menge an Materie, die vorhanden sein muss, damit die Bewegungen erklärbar werden. Von besonderem Interesse sind hier die beiden Magellanschen Wolken, die sich in Abständen von 200 000 Lichtjahren (Kleine Wolke; SMC) und 160 000 Lichtjahren (Große Wolke; LMC) um die Milchstraße bewegen. Die neue Karte der äußeren Milchstraße zeigt, wie die LMC durch den galaktischen Halo wandert (Abb. 54). Ihre Masse beträgt weniger als ein Viertel von derjenigen unserer Milchstraße, und ihre Gravitation erzeugt quasi einen Sog »wie ein Schiff im Wasser«, der eine Spur von Riesensternen hinter sich herzieht. Anhand der »Gaia«-Daten identifizierten die Astronomen insgesamt 1301 solcher Riesensterne, die sich hinter der Großen Magellanschen Wolke im galaktischen Halo häufen. Die Analysen für die räumliche Verteilung der Dunklen Materie und ihrer Masse laufen noch.

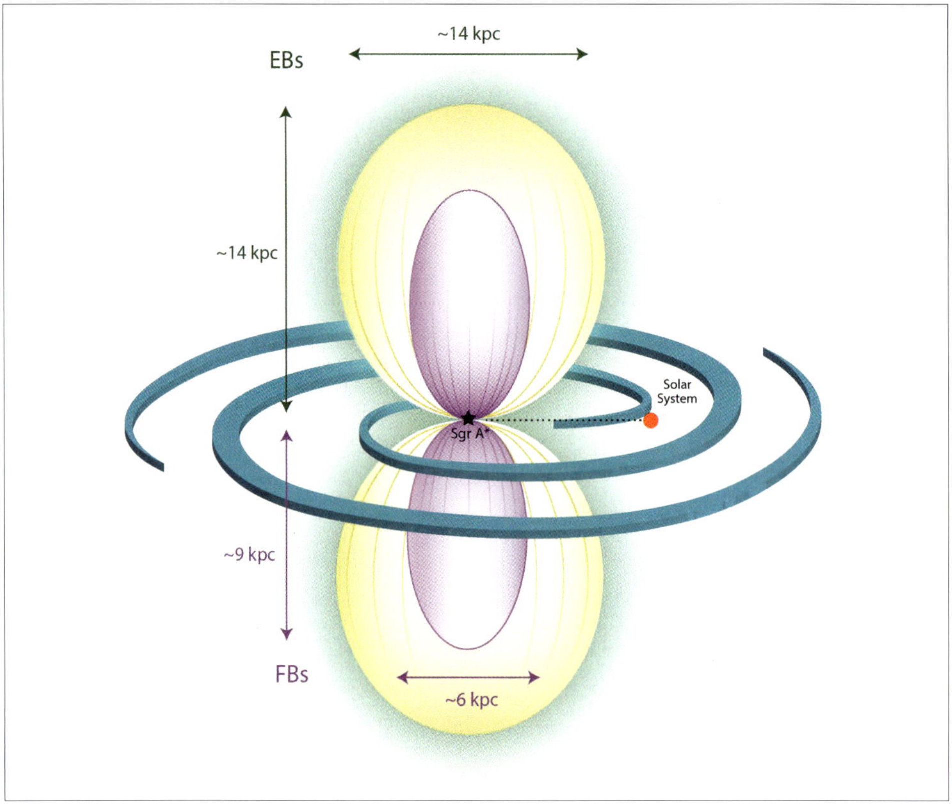

Abb. 53: Schematische Darstellung der eROSITA- (gelb) und der Fermi-Blasen (violett).

Man geht heute davon aus, dass Halos als Überbleibsel von Galaxien verschmelzungen entstehen. Wenn Galaxien kollidieren, endet einiges Material weit entfernt vom Hauptteil der Galaxie – und bleibt dort.

Wenn wir etwas vereinfacht abschätzen, wie viel Masse unsere Milchstraße haben muss, damit sie zusammenhält und nicht auseinanderfliegt, dann ergibt sich eine leuchtende Masse von ca. 10^{11} Son-

Abb. 54: Die Karte zeigt, wie die Große Magellansche Wolke (LMC) durch den galaktischen Halo wandert und einen Sog (Wake) erzeugt.

nenmassen und eine Gesamtmasse der Milchstraße von etwa 10^{12} Sonnenmassen. Die leuchtende Materie ist uns allen in Form von Sternen, Gas und Staub durchaus vertraut, auch wenn die Dimensionen für Längen, Zeiten, Geschwindigkeiten, Dichten und Massen in jeder Hinsicht außerhalb unserer Erfahrungen und Anschauungen sind. Aber die Dunkle Materie ist etwas sehr Merkwürdiges: Sie wirkt, wir wissen aber nicht, was es ist. Doch es wird sich noch herausstellen, ohne Dunkle Materie gäbe es keine Milchstraße – es gäbe gar keine Galaxie.

Eine ganz besondere Komponente der Milchstraße verdient ein separates Kapitel. Es geht um das Zentrum der Milchstraße, den Mittelpunkt, um den diese riesige Scheibe sich dreht. Die an Sternstunden durchaus reiche Astronomie des 20. Jahrhunderts erlebte nämlich einen ganz besonderen Moment, als 1963 zum ersten Mal ein Objekt im Zentrum einer Galaxie entdeckt wurde (siehe das folgende Kapitel), das sicherlich zu den merkwürdigsten Skurrilitäten des Kosmos gehört: ein supermassives, mehrere Milliarden Sonnenmassen schweres

Schwarzes Loch. 1915 als Lösung der Einstein'schen Allgemeinen Relativitätstheorie errechnet, hat es doch ein halbes Jahrhundert gedauert, bis es endlich gefunden war: der Rand der erkennbaren Wirklichkeit. Aus einem Schwarzen Loch kommt nichts mehr heraus, es verschlingt alles in seiner Nähe und zwingt die Materie in seinen Bann.

Sofort stellte sich die Frage: Steckt etwa im Zentrum unserer Milchstraße auch so ein Objekt, das droht, Raum, Energie und Materie für immer in sich aufzunehmen und niemals wieder freizugeben? Wir haben ja vom Sonnensystem keinen direkten Blick ins Zentrum, und im Radiobereich war nur sehr wenig zu sehen. Wie soll man denn da etwas herausfinden? Nun ja: Infrarot-Astronomie ist das offene Fenster für das Zentrum unserer Milchstraße.

Kapitel 17

Die Entdeckung des Zentrums der Milchstraße

Die Entdeckung des Milchstraßenzentrums ist ein Paradebeispiel dafür, dass so etwas wie spontane »wissenschaftliche Entdeckungen« im strengeren Sinne eigentlich nur sehr selten vorkommen. Viel öfter ist eine Entdeckung ein Prozess, der Jahre in Anspruch nehmen kann: eine Suche nach ersten Hinweisen und sogar Indizien, ein Zusammenfügen von Fakten und Daten, bis sich ein Bild abzuzeichnen beginnt. So verhält es sich beim Zentrum der Milchstraße. Und genauso, wie es keinen eigentlichen »Moment« der Entdeckung gab, war es auch keine einzelne Person, Institution oder Organisation, der man diese Entdeckung hätte zuschreiben können. Zufällige Beobachtungen unbekannter Phänomene folgten auf Theorien vom geometrischen Ort des Milchstraßenzentrums, gefolgt von Theorien, die die Beobachtungen klärten, wiederum gefolgt von neuen Beobachtungen mit besseren Instrumenten. Und so weiter. Und dieser Prozess ist auch in den 20er-Jahren des 21. Jahrhunderts noch längst nicht abgeschlossen. Aber der Reihe nach …

Die Sache fing eigentlich ziemlich langweilig an. Es ist ja eine Binsenweisheit: Jedes Ding hat eine Mitte, warum also nicht auch die Milchstraße? Schon William Herschels linsenförmige »Galaxis« hatte naturgemäß ein Zentrum, und die Sonne war nicht weit davon entfernt. Ganz ähnlich war es bei Jacobus Kapteyn, dessen Sternzählungen auf ein ganz ähnliches Resultat hinausliefen: Milchstraße linsenförmig, Sonne nahe dem Zentrum – aber das Zentrum galt sonst als langweilig. Nicht mal die räumliche Sterndichte im Zentrum sollte sich signifikant erhöhen, sodass sie größeres Aufsehen erzeugt hätte. Es gab in der Astronomie im frühen 20. Jahrhundert einfach Wichtigeres zu tun, als sich um irgendeine geometrische Mitte unseres Sternsystems zu kümmern. So waren sie halt, die Forscher: Schön, wenn man es wusste, gut, um das Wissen zu vervollständigen und so weiter – aber auch nicht weiter weltbewegend. Was hatte man denn auch von einem Milchstraßenzentrum zu erwarten? Hingucken konnte man nicht, das war schon mal klar. Denn die wenigen Daten, die bis dato zur möglichen Richtung des Zentrums der Milchstraße vorlagen (insbesondere das geometrische Zentrum des von Harlow Shapley beschriebenen Kugelsternhaufensystems der Milchstraße und Jan Hendrik Oorts Untersuchungen zum Bewegungsverhalten der Sterne in der Sonnenumgebung), deuteten darauf hin, dass ausgerechnet in der entscheidenden Richtung ganz besonders dichte Dunkelwolken die Sicht komplett versperrten – wie eine Mauer hinderten sie jegliches sichtbare Licht, bis zu uns vorzudringen. Und noch fand sich niemand, der diese Mauer überhaupt überwinden wollte: Was wäre denn schon dahinter zu finden?

Radiowellen durchdringen den Schleier

Wie so oft, spielte auch hier Kommissar Zufall wieder eine entscheidende Rolle, und das gleich mehrfach: So war die erstmalige Detektion von Radiosignalen aus Richtung des Sternbilds Schütze – in dessen Richtung, wie sich später herausstellte, das Zentrum liegt – 1932 durch Karl Jansky ebenso ein vollkommenes Zufallsergebnis (und in seiner Grobheit auch kaum für weitere Studien zu gebrauchen) gewesen wie der Nachweis erhöhter Radiostrahlung aus demselben Gebiet durch die erstmalige Himmelsdurchmusterung im Radiobereich durch Grote Reber 1944. Und die Zufälle rissen nicht ab. Der größte Zufall war dabei der eigentliche Ort des Zentrums der Milchstraße: Er liegt nämlich so, dass er, durch die Erddrehung bedingt, Tag für Tag praktisch perfekt durch den lokalen Zenit eines Orts der geografischen Breite –34° geht. Und auf dieser Breite liegt die australische Stadt Sydney. Und in der Umgebung dieser Stadt bauten australische Astronomen der CSIRO (Commonwealth Scientific and Industrial Research Organisation) erste größere Radioteleskope. Und das sollte sich bald auszahlen:

1953 konnten Dick McGee und seine Kollegen von der CSIRO erstmals die ungefähren Konturen der Strahlungsquelle aus der Grenzregion Schütze/Skorpion nachzeichnen, die da Tag für Tag durch den Zenit des Beobachtungsortes wanderte. Sie waren es, die dem Objekt dann auch seinen Namen gaben: In der Veröffentlichung ihrer Beobachtungen im Jahr 1954 formulierten sie erstmals (und noch ohne wirklich stichhaltige Beweise) die Hypothese, dass das Strahlungsmaximum in dieser Himmelsrichtung tatsächlich aus dem Kernbereich der Milchstraße stammen muss. Die entdeckte kleinräumige (kleiner als 1,5 Grad am Himmel, genauer waren die Radioteleskope noch nicht) Strahlungsquelle nannten sie Sgr A, als Abkürzung für die erste Radioquelle im Sternbild Schütze – *Sagittarius* (abgekürzt mit Sgr). Sie folgten damit übrigens einer mittlerweile schon guten Tradition ihrer australischen Kollegen, nach der neu entdeckte Radioquellen am Himmel entsprechend der Reihenfolge ihrer Entdeckung einen Buchstaben aus dem lateinischen Alphabet zugewiesen bekamen.

Das war natürlich eine spannende Sache: Ganz anders als der neutrale Wasserstoff (H-I), der ja ebenfalls zur selben Zeit wie diese neue Quelle erstmals hatte nachgewiesen werden können, sendet diese Radioquelle ihre Strahlung über einen sehr breiten Frequenzbereich aus – ein sogenanntes Kontinuum. Dafür mussten also auch ganz andere Anregungsmechanismen infrage kommen. Vielleicht war es ja ein heißes, optisch durchlässiges Gas oder ein dichter Sternhaufen? Aber vielleicht war alles auch ganz anders, und die Strahlung entstammt gar nicht wirklich dem Zentralbereich, sondern kommt nur zufällig aus dieser Richtung? Es gab durchaus ernst zu nehmende Stimmen, die vermuteten, dass Sgr A eine Region leuchtenden Wasserstoffs, eine

H-II-Region, sein könnte, die einfach nur zufällig in Richtung Zentrum stand und die grundsätzlich auch in der Lage wäre, ein solches Radiokontinuum zu erzeugen, wie man es eben beobachtete. Diese Zweifel wurden aber 1959 ausgeräumt, nachdem Oort gemeinsam mit seinem Kollegen Gerrit Willem Rougoor hatte nachweisen können, dass die Strahlung aus einer Region kommt, die eindeutig *hinter* einer ausgedehnten Struktur von neutralem Wasserstoffgas stehen musste, welche die beiden Astronomen aufgrund der hohen Eigenbewegung des Gases richtigerweise schon recht nah am Milchstraßenzentrum verorteten. Sie konnten nämlich nachweisen, dass das Gas das Radiokontinuum in ganz bestimmten Wellenlängen absorbiert – wir kennen das vom Absorptionsspektrum der Sonne –, was eindeutig zeigte, dass es *vor* der Radioquelle im Zentrum liegen musste.

Monster und Monsterchen

Aber nun ging das Rätselraten erst recht los. Was leuchtete denn da bloß im Radiolicht? Vielleicht war es ja eine dichte Ansammlung von Sternen? So ein Objekt müsste immerhin auch ein kontinuierliches Radiospektrum erzeugen, wenn man es beobachtete. Das war gar nicht so abwegig, denn wenn schon der den Zentralbereich der Milchstraße umgebende Bulge fast so etwas wie einen riesigen Sternhaufen darstellte, vielleicht setzte sich das ja bis ins Zentrum fort, in dem dann die Radiostrahlung als superheller »Zentralstern« oder »Zentral-Sternhaufen« in der Art eines Kugelsternhaufens stünde? Dass die Vermutung einer hohen Dichte von was-auch-immer in den zentralen Bereichen der Milchstraße plausibel ist, konnte im Jahr 1957 Oorts Student Maarten Schmidt (diesen Namen muss man sich unbedingt merken!) bestätigen, als er auf Grundlage der bis dahin schon vorliegenden Daten zur Verteilung und Bewegung des neutralen Wasserstoffgases nachweisen konnte, dass die Materiedichte der Milchstraße zum Zentrum hin immer weiter zunimmt. Einen regelrechten Schub bekam die

Sache, als die eben schon erwähnten Oort und Rougoor ihre Beobachtungen der Bewegungen des neutralen Wasserstoffs im Zentralbereich der Milchstraße fortführten und bald Ergebnisse lieferten, die darauf hindeuteten, dass die Gasmassen dort mit großen Geschwindigkeiten nicht nur wild um das Zentrum herum kreisen, sondern sogar von dort aus scheinbar regelrecht spiralartig nach außen weggeschleudert werden. Irgendetwas dort musste ziemlich gewalttätig mit seiner Umgebung umgehen. Und es sendet erhebliche Mengen an Radiostrahlung aus. Was war da los? Vielleicht war es doch ein Gas? Oder etwas völlig anderes?

Der Ansatz zur Lösung dieser Frage kam aus einer ganz unerwarteten Richtung. Während man in Sachen Milchstraßenzentrum nicht so recht weiterkam, hatte sich in anderen Bereichen der Astronomie Bahnbrechendes getan. Mittlerweile hatte man beispielsweise eine der ärgerlichsten Einschränkungen von Radioteleskopen überwinden können: ihr geringes Auflösungsvermögen, das durch die sehr großen Wellenlängen der detektierten Strahlung bedingt war. Der Bau von bald kilometergroßen Radio-Interferometern (im Wesentlichen handelt es sich dabei um voneinander entfernte kleinere Radioteleskope, die man mithilfe sehr genauer Uhren zusammenschaltet und ihre Signale somit zu einem einzigen Signal vereint) ermöglichte es nun, die Position von Strahlungsquellen im Radiobereich auf wenige Hundertstel Grad genau zu vermessen. Und das eröffnete ganz neue Forschungsfelder, denn nun war man wegen der viel größeren Genauigkeit in der Lage, die Radioquellen mit Objekten im sichtbaren Spektralbereich zu identifizieren. Das klappte ziemlich gut: Schon 1960 konnte für die Radioquelle 3C 48 (also die Quelle Nr. 48 aus dem dritten Cambridge-Radiokatalog, der bereits 1959 fertiggestellt worden war) erstmals ihr optischer Gegenpart identifiziert werden – ein sternartiges Objekt, umgeben von einem geheimnisvollen Nebelschleier. Mehr bekam man darüber zunächst nicht heraus.

Die zweite Quelle, deren optisches Gegenstück man zweifelsfrei identifizieren konnte, war im Jahr 1963 Nr. 273 aus dem Cambridge-

Katalog, also 3C 273. Wieder fand man ein sternartiges Objekt, das aber nicht besonders eindrucksvoll zu sein schien – nicht einmal ein Nebelschleier umgab es. Aber es hatte einen Vorteil: Es ist recht hell. Und so war es prädestiniert für die Standardanalyse der Astronomen, die man immer dann vornimmt, wenn man einem Objekt etwas genauer auf den Pelz rücken will: Man fertigt ein Spektrum von ihm an. Denn in so einem Spektrum, das wusste man längst, zeigt sich, ob es sich bei dem Objekt eher um einen Gasnebel handelt (mit einem Linienspektrum), um einen Festkörper (mit einem kontinuierlichen Spektrum) oder um ein sternartiges Objekt (mit einem Absorptionsspektrum, also einem kontinuierlichen Spektrum, dem dunkle Linien von absorbierenden Stoffen aufgeprägt sind).

Mit der Aufgabe, ein Spektrum von 3C 273 aufzunehmen, wurde Oorts ehemaliger Student Maarten Schmidt am Mount-Wilson-Observatorium betraut, Oorts ehemaliger Student. Und er lieferte schon nach kurzer Zeit ein sehr exaktes Spektrum dieses »Radiosterns« ab. Wunderbar erkannte man darin ein typisches Absorptionsspektrum – es schien sich also um einen Stern zu handeln. Doch irgendetwas stimmte hier ganz und gar nicht: Zwar durchschnitten die Spektrallinien in wohlbekannter Weise den hellen Hintergrund des Spektrums, aber die Linien, die man doch sonst so leicht aufgrund ihrer Lage im Spektrum einzelnen Elementen zuordnen konnte, sie passten irgendwie nicht. Zuerst konnte Schmidt sie überhaupt nicht erklären, es stand sogar im Raum, dass dieser »Stern« – oder was immer es war – aus völlig neuen, noch unbekannten Substanzen bestehen könnte. Doch dann fiel es ihm wie Schuppen von den Augen: Die Linien waren allesamt gegenüber ihren eigentlich wohldefinierten Positionen, ihren ihnen fest zugewiesenen Wellenlängen, systematisch verschoben. Nun war das an sich keine Nachricht wert, solche Verschiebungen ließen sich grundsätzlich problemlos erklären, wenn man annahm, dass sich die entsprechende Lichtquelle auf uns zu- oder von uns wegbewegt. Aber diese Verschiebung, die Schmidt im Spektrum von 3C 273 maß, war *gewaltig*: Alle Linien waren um volle 15,8 Prozent gegenüber ihrer Ruheposition ins Rote verschoben. Das klingt zunächst einmal abstrakt, aber man kann diese Verschiebung recht schnell in eine Geschwindigkeit umrechnen, und die beträgt knapp 47 000 Kilometer pro Sekunde – das sind fast 16 Prozent der Lichtgeschwindigkeit, mit der sich 3C 273 von uns wegbewegt!

Es war Schmidt damit sofort klar, dass dies kein normaler Stern, ja, dass es überhaupt kein Stern sein konnte. Kein Objekt in unserer Milchstraße konnte nach allem, was man darüber wusste, auch nur annähernd eine so große Geschwindigkeit erreichen. Es gab nur einen bekannten Mechanismus, der dies überhaupt ermöglichte, nämlich die Ausdehnung der Raumzeit selbst, die von Hubble und Lemaître entdeckte Galaxienflucht. Einzig sie ist in der Lage, solche wahnwitzigen Geschwindigkeiten von uns weg zu erzeugen. Und die Geschwindigkeit – man kann direkt sagen: Fluchtgeschwindigkeit – von 3C 273 ist nun wahrlich wahnwitzig. Mit dem Hubble-Lemaître-Gesetz konnte Schmidt daraus ganz leicht eine Entfernung zu diesem Objekt berechnen: Er kam auf 2,4 Milliarden Lichtjahre. 2,4 Milliarden! Was für ein Abgrund an Raum und Zeit tat sich da plötzlich auf! Welch unfassbare Energiequelle musste dort wirken, dass sie es schafft, elektromagnetische Strahlung zu erzeugen, die über solche unvorstellbaren Entfernungen das Objekt trotzdem noch so hell erscheinen lässt! Es musste ein gigantisches Monster sein, das da lauerte. 3C 273 ist tatsächlich so hell, dass es in einer gedachten Entfernung von 32,6 Lichtjahren ziemlich exakt so hell wie unsere Sonne leuchten würde – die sich gerade einmal ganze achteinhalb Licht*minuten* entfernt von uns befindet. Das bedeutet, dass 3C 273 etwa 4,1 Billionen Mal so hell wie unsere Sonne leuchtet. Kein Wunder, dass man das Objekt noch aus fast zweieinhalb Milliarden Lichtjahren Entfernung so leicht beobachten kann – ein etwas besseres Amateurteleskop reicht dazu schon aus …

Es war sehr schnell klar, dass man mit diesen »Radiosternen« eine völlig neue Objektklasse entdeckt hatte. Bei der riesigen Leuchtkraft konnte es sich eigentlich nur um ganze Galaxien handeln, die da weit, weit draußen im tiefen Universum mit rasender Geschwindigkeit an der Expansion des Universums teilnehmen, und dazu noch um besonders leuchtkräftige Exemplare, hinter denen sich die Milchstraße locker verstecken konnte. Schon 1964 gab es kaum noch andere Interpretationen für diese bald etwas passender genannten »quasi-stellaren Objekte«. Und da auch dieser Name irgendwie etwas sperrig erschien (selbst im Englischen spricht sich »Quasi-Stellar Object« nicht so einfach aus), schlug Maarten Schmidt, der mittlerweile als Entdecker dieser Objektklasse gefeiert wurde, bald den daraus abgeleiteten Kunstbegriff »Quastar« vor. Keine schlechte Idee eigentlich, aber einigen Zeitgenossen schien der Begriff offenbar zu ähnlich zur in den USA in den 1960er-Jahren beliebten Edel-Teleskopmarke »Questar« zu sein, weshalb man sich schließlich auf den Namen »Quasar« einigte. Und so heißt diese Objektklasse bis heute noch.

Doch warum waren die Quasare, diese Monster des Universums, so unfassbar hell? Kein Vergleich zur Milchstraße, die nicht mal ein Tausendstel der Helligkeit erreicht. Und dann noch dies: Bald bemerkte man, dass sich die Helligkeit der Quasare innerhalb weniger Tage oder Wochen um einen Faktor zwei bis drei verändert – die Objekte scheinen regelrecht zu »flackern«. Die Energiequelle, die die Quasare antreibt, muss also nicht nur unglaublich stark sein – sie muss auch vergleichsweise kompakt sein, maximal wenige Lichttage bis Lichtwochen, denn sonst könnte sich die Helligkeit (wegen der Lichtlaufzeit, das Licht braucht ja immer auch einige Zeit, um das Gebiet seiner Entstehung zu durchqueren) gar nicht so schnell verändern, wie man es beobachtet. Was konnte das nur für eine Energiequelle sein? Viel Auswahl hatte man da eigentlich nicht im astrophysikalischen Warenangebot – der Mehrheit der Wissenschaftler schien es bald plausibel zu sein, dass man es hier mit extrem massereichen Schwarzen Löchern im Zentrum dieser extrem weit entfernten Galaxien zu tun haben könnte. Offenbar kam die gewaltige Strahlungsmenge direkt aus der Umgebung wahrhaft monströser Materieansammlungen, die man eher in Milliarden denn Millionen Sonnenmassen bemessen musste, wenn denn die Theorien stimmten. Und auf diese Weise bemerkten die Astronomen ziemlich unvermittelt, dass die Zentren von Galaxien ganz und gar keine langweiligen Orte sein müssen, die nur ein wenig Radiostrahlung von sich geben und sich ansonsten vornehm zurückhalten.

Nun begann man das bis Mitte der 1960er-Jahre angesammelte vorhandene astronomische Datenmaterial noch einmal daraufhin zu durchsuchen, ob man nicht vielleicht den Quasaren ähnliche Phänomene in anderen Galaxien übersehen hatte. Während man nämlich Quasare immerhin zu Dutzenden entdeckte, waren »normale« Galaxien mittlerweile zu Millionen bekannt! Konnte es nicht sein, dass auch sie irgendeine Art von Aktivität in ihren Kernbereichen zeigen? Schnell wurden die Astronomen fündig, und zwar bei den sogenannten Seyfert-Galaxien. Das sind Spiralgalaxien, aus deren Kernbereich Wasserstoffgas auf große Geschwindigkeiten von bis zu 10 000 Kilometern pro Sekunde beschleunigt wird, ganz so, als hätte irgendeine Kraft im Zentrum sie regelrecht herausgeschleudert. Zur Zeit dieser Entdeckung hatte man sich noch keinen Reim auf diese Geschwindigkeiten machen können, doch nun bekam alles seinen Sinn, wie wenn plötzlich bislang zusammenhanglose Puzzleteile auf einmal doch zueinander passen. Es schien, dass in den Zentren von Seyfert-Galaxien grundsätzlich dieselben Kräfte wirken wie in den Quasaren, die dafür sorgen, dass große Mengen von Materie stark beschleunigt, aufgeheizt und schließlich aus dem Zentrum herausgeschleudert werden. Und als Astronomen dann (wir befinden uns immer noch in der Mitte der 1960er-Jahre) immer mehr Radioquellen am Himmel ebenfalls mit Galaxien identifizieren konnten (Astronomen sprachen mittlerweile von AGN – *Active Galactic Nuclei* –, also den Kernen von aktiven Galaxien), wurde langsam klar: Offenbar zeigt eine große Zahl von Galaxien eine nicht unerhebliche Aktivität in ihrem Zentralbereich (heutzutage geht man davon aus, dass etwa zehn Prozent aller Galaxien im Radiowellenlängenbereich nachweisbar sind). Es schien durchaus plausibel, dass auch dort zentrale Schwarze Löcher ihr Unwesen trieben – Monsterchen, kleine Ausgaben der Quasar-Monster sozusagen. Da war der Weg zur entscheidenden Frage dann nur noch ein kleiner Schritt: Verhält es sich mit unserer Milchstraße eigentlich genauso? Im Jahr 1971 sprachen es endlich mal zwei aus: Donald Lynden-Bell und Martin Rees, die zu der Zeit bereits wichtige Forschungen über die Mechanismen aktiver galaktischer Kerne durchgeführt hatten, sagten voraus: Auch im Zentrum der Milchstraße befindet sich ein massereiches Schwarzes Loch!

Radiosendungen aus dem Milchstraßenzentrum

Jetzt hatten die »galaktischen« Astronomen also endgültig Witterung aufgenommen: Dass die Milchstraße aus ihrem Zentralbereich Radiostrahlung als Kontinuum emittiert, war ein sehr, sehr gutes Zeichen: Es war definitiv in irgendeiner Weise »aktiv«! Wenn man nun herausfinden wollte, welche Mechanismen die Aktivität in Galaxienkernen verursachen, dann könnte man doch am besten gleich unser eigenes Milchstraßenzentrum genauer anschauen. Näher würden wir jedenfalls keinem anderen Galaxienzentrum kommen, sodass alle Phänomene doch wunderbar detailliert studiert werden könnten.

Es gab da nur ein kleines Problem: Die »Bilder«, die man mit den Radioteleskopen und Radio-Interferometern aufnahm, waren einfach noch nicht detailliert genug, es fehlte den Karten der Region an Schärfe und Auflösung. Man muss dabei bedenken, dass in der Entfernung, in der das Milchstraßenzentrum liegt – rund 27 000 Lichtjahre –, eine Strecke von einem Lichtjahr einem Winkel von knapp acht Bogensekunden entspricht, also rund zwei Tausendstel Grad. Das entsprach in den 1960er-Jahren ungefähr dem maximalen Auflösungsvermögen der Radioteleskope. Die Quelle Sgr A hatte auf den bislang verfügbaren Radiokarten eine Winkelausdehnung von ungefähr dem Dreißigfachen dieser Auflösungsgrenze (etwa vier Bogenminuten), und als die Interferometer immer besser wurden (Oort hatte da auch seine Finger im Spiel, er trieb die Techniker an, da weiterhin aktiv zu bleiben), gelang es immerhin, die Quelle in einen Ost- und einen Westteil aufzulösen, genannt Sgr A Ost und Sgr A West. Nun war es erstmals möglich, die

Strahlungsarten, über die man bislang nur hatte spekulieren können, genauer zu analysieren. Interessanterweise zeigten beide Teilquellen ein völlig unterschiedliches Emissionsverhalten: Während die Strahlung von Sgr A Ost offenbar »nur« auf den Rest einer alten Supernova-Explosion zurückgeht, die nicht direkt mit dem Zentrum in Beziehung steht, war Sgr A West viel spannender: Hier emittiert offenbar ein ziemlich heißes Gas die Strahlung. Und das musste ja von irgendeiner Quelle seine Energie erhalten – wahrscheinlich sogar von dem vermuteten Schwarzen Loch? Wenn man doch nur genauer hinsehen könnte …! Doch die Radioastronomie stand zunächst vor einer technischen Grenze: Genauer ging es einfach nicht, das Auflösungsvermögen reichte technisch noch nicht aus, denn dafür brauchte man noch viel größere Interferometer. Genau dies war eine zentrale Forderung von Lynden-Bell und Rees 1971 gewesen: Ein Radio-Interferometer, das sich über die gesamten kontinentalen USA erstrecken würde, müsste ein so hohes Auflösungsvermögen erreichen, dass man die Radioquelle im Zentrum der Milchstraße endlich mit der nötigen Genauigkeit würde identifizieren können.

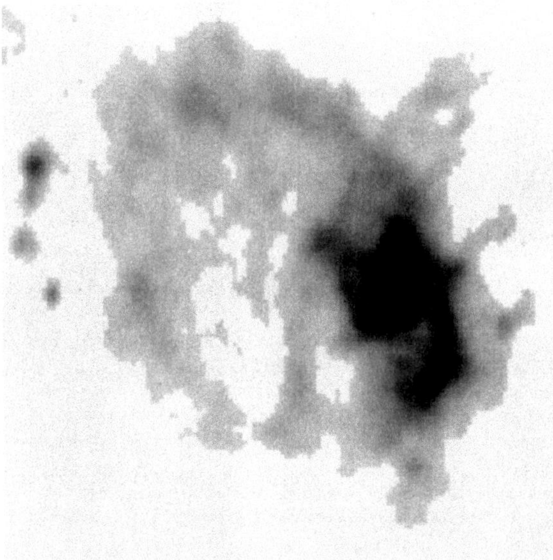

Abb. 55: Die komplexe Natur von Sgr A zeigt diese Radiokarte aus dem Jahr 1983. Die Kantenlänge des Bildfeldes beträgt etwa 30 Lichtjahre. Die Quelle rechts (Sgr A West) ist thermische Emission von ionisiertem Gas. Die Schalenstruktur auf der linken Seite ist nicht thermische Emission von einem vermuteten nahe gelegenen Supernova-Überrest, Sgr A Ost.

Nun gab es kein Halten mehr, die bestehenden Radio-Interferometer wurden optimiert, ausgebaut und vergrößert. Und es zahlte sich schon nach kurzer Zeit aus: 1974 gelang es Bruce Balick und Robert Brown am National Radio Astronomy Observatory (NRAO) in Green

Bank in West Virgina, USA, mit dem dortigen Interferometer mit einer Basislänge von 2,7 Kilometern genau im Zentrum von Sgr A West eine noch viel kleinere Quelle zu entdecken, die höchstens noch eine Zehntel Bogensekunde groß ist, was in 27 000 Lichtjahren Entfernung ungefähr einem Hundertstel Lichtjahr entsprach! Sie nannten diese Quelle Sgr A*. Gleichzeitig emittiert diese Quelle Radiolicht mit

Abb. 56: Das Very Large Array im US-Bundesstaat New Mexico.

der 20-fachen Gesamtenergie der Sonne – was somit zwangsläufig eine ziemlich hohe Energiedichte am Ort der Entstehung der Strahlung ergab. Zwar ist sie deutlich schwächer als die in aktiven Galaxien oder gar den Quasaren beobachteten Emissionen (tatsächlich würde man die Radiostrahlung des Milchstraßenzentrums aus mehreren Millionen Lichtjahren Entfernung wohl überhaupt nicht mehr detektieren können), aber sie ist um Größenordnungen leuchtkräftiger als alle anderen Quellen in unserer Milchstraße. Martin Rees formulierte es so: Sgr A* ist »eine einzigartige Quelle an einem einzigartigen Ort«. Obwohl es zu jener Zeit noch Spekulation war, hatten Balick und Brown mit der Entdeckung von Sgr A* erstmals einen direkten Blick auf das Schwarze Loch im Zentrum der Milchstraße geworfen.

Mit dem Green Bank Interferometer war das Ende der Fahnenstange in Sachen Auflösung aber noch lange nicht erreicht. Im Jahr 1980 rückte die Erfüllung des Traums von Lynden-Bell und Rees ein ganzes Stück näher, als in New Mexico das Very Large Array (VLA) der NRAO eingeweiht wurde. Das Radio-Interferometer war aufgrund seines gigantischen Durchmessers nun erstmals in der Lage, den Himmel im Radiolicht mit einer Winkelauflösung von Bruchteilen einer Bogensekunde abzubilden – also im Bereich von 1 Zehntausendstel Grad.

Es sollte nicht lange dauern, bis sich die Investition auszahlte: Konnte man auch vielleicht nicht direkt bis zum Schwarzen Loch sehen, so stellte sich seine unmittelbare Umgebung als umso interessanter heraus. Bereits 1981 entdeckte eine internationale Forschergruppe vom VLA, der NRAO und dem niederländischen Kapteyn-Institut in der Umgebung von Sgr A* eine nur etwa 6,5 Lichtjahre große, spiralförmige Struktur, die aus sehr heißem, ionisiertem Gas gebildet wird – eine, wie sie es selbst nannten, »Mini-Spirale«. Die wahrscheinlichste Interpretation ließ nicht lange auf sich warten: Offenbar beobachtete man hier Gasmassen, die vom zentralen Schwarzen Loch, das sich bei Sgr A* befindet, akkretiert werden, sich also in einer Scheibe um das Loch ansammeln, herumrotieren und sich dabei stark erhitzen. Endlich konnte man erstmals einen genauen Blick auf die

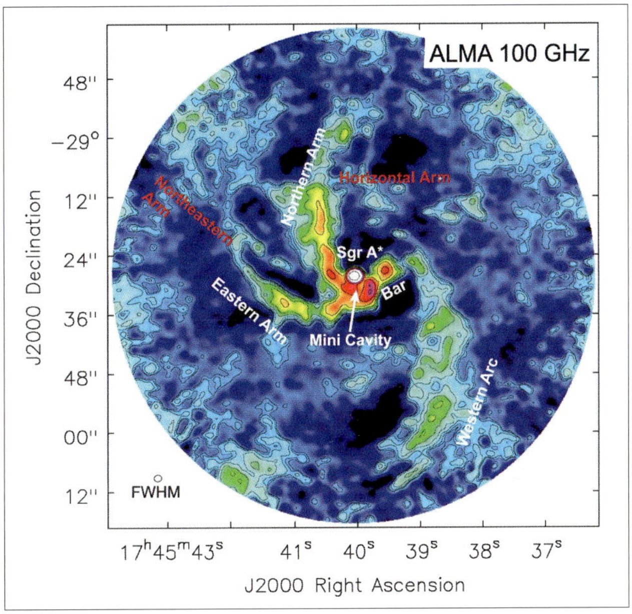

Abb. 57: Die »Mini-Spirale« im zentralen Bereich der Milchstraße im Kontinuums-Radiolicht bei 100 MHz, aufgenommen vom ALMA-Observatorium und dargestellt in Falschfarben. Sgr A* ist markiert.

turbulenten Vorgänge in der unmittelbaren Umgebung des Zentrums werfen, und man wurde nicht enttäuscht!

Die Mini-Spirale gilt heute (2023) als gesichertes Phänomen und ist aktuell Gegenstand intensiver Forschung. Neben dem VLA ist dabei insbesondere das ALMA-Observatorium in Chile involviert, da es in den zur Beobachtung notwendigen Wellenlängenbereichen ebenfalls über ein herausragendes Auflösungsvermögen verfügt.

Abb. 58: Das ALMA-Observatorium in Chile.

Dabei werden Fragen der Dynamik des Gases ebenso untersucht wie die Dichte- und Temperaturverteilung. So weiß man beispielsweise mittlerweile, dass umgebendes Gas regelrecht von außen auf die Spirale drückt und sie so trotz ihrer Dimensionen beschränkt und stabil hält. Vor allem aber fließen hier jede Sekunde große Gasmassen aus der Umgebung in Richtung Zentrum, hin zur offenbar großen Zentralmasse, dort bei Sgr A*. Wie groß die Masse ist, das wusste man in den 1970er-Jahren aber noch nicht – die Radiobeobachtungen gaben darüber keinen Aufschluss. Dafür brauchte es Beobachtungen in einem besser geeigneten Wellenlängenbereich: dem Infrarotbereich.

Das Infrarotbild des Zentrums: Das Schwarze Loch verschwindet, erscheint wieder – und wird gewogen

Seit den 1960er-Jahren waren Detektoren für Infrarotstrahlung, also Strahlung, die sich am langwelligen Ende an das sichtbare Lichtspektrum anschließt, für die wissenschaftliche Forschung zugänglich geworden, nachdem man sie der militärischen Geheimhaltung entbunden hatte (wie bei so vielem, so war auch hier der Krieg der Vater aller Dinge gewesen, denn Infrarotdetektoren konnte man hervorragend auch für Feindaufklärung und nächtliche Fahrzeugbewegungen verwenden). Das neue Fenster, das sich hier nun aber ganz friedlich auftat, war vor allem im kurzwelligen und mittleren Infrarot für die astronomische Forschung zum Milchstraßenzentrum besonders interessant. Nicht nur, dass Infrarotlicht bereits die dem Zentralbereich vorgelagerten dichten Dunkelwolken durchdringen kann, es sind auch ganz andere Objekte, die Infrarotlicht emittieren: Sterne.

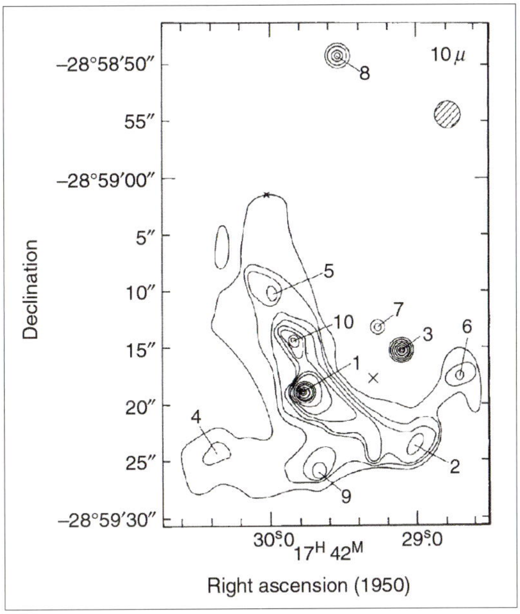

Abb. 59: Karte der innersten Lichtjahre um das galaktische Zentrum, aufgenommen 1974 von Becklin und Neugebauer.

Schon bald zeigte sich, dass man mit den Infrarotbeobachtungen ins Schwarze getroffen hatte, denn das Bild war vollkommen anders, als man es von Radiobeobachtungen gewohnt gewesen war. Innerhalb der innersten sechs Lichtjahre um das Zentrum herum zeigte sich kaum noch diffuse Emission, sondern fast nur noch Punktquellen – Sterne überall! Offenbar existiert in der unmittelbaren Zentrumsumgebung ein dichter Sternhaufen, der sich auf den Radiokarten noch nicht zeigte. Es zeigte sich aber bald noch etwas anderes: Das hellste Infrarot-Objekt steht nicht etwa an der Position des vermuteten Schwarzen Lochs, sondern ein ganzes Lichtjahr davon entfernt – und muss somit ein normaler Stern sein. Die unmittelbare Umgebung des Zentrums erscheint im IR dunkel und unscheinbar, anders als im Radiolicht.

Weitere Untersuchungen bis Anfang der 1990er-Jahre förderten allerdings ein verstörendes Detail zutage: Die Sterne schienen blau und recht massereich zu sein. Das ist an sich für einen Stern keine ungewöhnliche Eigenschaft, denn seine Farbe steht direkt mit seiner Oberflächentemperatur in Zusammenhang – ein ganz normales Phänomen. Warum sollte das für das Verständnis vom Milchstraßenzentrum dann ein Problem sein? Nun, die Antwort war: Weil man dort gar keine blauen Sterne vermutete! Als sich die Erkenntnis allgemein durchzusetzen begann, dass tatsächlich ein massereicher Sternhaufen im Zentrum steht, ging man zunächst davon aus, dass dies sehr alte Sterne aus dem Bulge der Milchstraße sein müssten, die nach und nach zum Zentrum hin »abgesunken« sind – und alte Sterne leuchten vor allem im roten Bereich. Blaue Sterne hingegen können nicht besonders alt sein – die Tatsache, dass man sie nahe dem Zentrum fand, deutete aber klar darauf hin, dass dort auch Sternentstehung stattfinden müsse. Ein massereiches Schwarzes Loch müsste aber eigentlich jegliche Sternentstehung in seiner Nähe verhindern, da die für die Sternentstehung notwendigen Gaswolken dort zwar existieren können (und ja auch in etwas größerer Entfernung nachgewiesen worden waren), aber aufgrund der starken Gezeitenkräfte, die das Schwarze Loch ausüben würde, eigentlich niemals zu Sternen zusammenfallen dürften. Nun war die Existenz der blauen Sterne im Zentrum aber eine Tatsache. Sollte das vielleicht bedeuten, dass das Milchstraßenzentrum gar kein Schwarzes Loch beherbergt? Man sprach bald vom »Paradox of youth« – dem »Paradox der Jugend« der zentralen Sternbevölkerung. Immerhin war ja auch die gemessene Radiostrahlung aus dem Zentralbereich nie so aufregend hoch wie bei Seyfert-Galaxien oder anderen aktiven Galaxien gewesen, als dass man sie nicht irgendwie auch mit anderen Phänomenen wie beispielsweise einem mit interstellarer Materie wechselwirkenden dichten Sternhaufen hätte erklären können. War man am Ende vielleicht gar einem Geist hinterhergejagt – gibt es gar kein zentrales Schwarzes Loch? Um 1990 war die Forschung dementsprechend regelrecht in der Krise.

Und dann erschien der Mann auf der Weltbühne der Astronomie, der das Rätsel um das Schwarze Loch im Zentrum der Milchstraße schließlich lösen sollte: Reinhard Genzel, seit 1988 Leiter des Max-Planck-Instituts für extraterrestrische Physik in Garching bei München. Schon seit Ende der 1980er-Jahre hatte Genzel mit seinen Arbeitsgruppen begonnen, Fragen zum Milchstraßenzentrum zu erforschen, und dabei früh ein Augenmerk auf die Massenverteilung in den zentralen Lichtjahren gelegt. Der Forschungsansatz war dabei eigentlich ganz simpel und deshalb umso genialer (im Gegensatz zum instrumentellen Aufwand für die Messungen: Der war nämlich ganz erheblich und alles andere als einfach!): Wenn man die Bewegungen der Sterne um das unsichtbare Milchstraßenzentrum herum direkt beobachten könnte, dann müsste man daraus allein mithilfe der Kepler'schen Gesetze und etwas Mathematik auf die Masse des Zentralobjekts schließen können. Genzel startete 1992 mit der Messung von Radialgeschwindigkeiten einiger zentrumsnaher Sterne – bis herunter zu einem Drittel Lichtjahr Abstand vom Schwarzen Loch! – mithilfe von spektroskopischen Beobachtungen am Anglo-Australian Telescope in Siding Spring, Australien, und am New Technology Telescope der ESO in La Silla, Chile.

Die Geschwindigkeitsverteilungen der Sterne wiesen klar darauf hin, dass tatsächlich ein Objekt von mehreren Millionen Sonnenmassen im Zentrum stehen muss – die ersten Ergebnisse deuteten auf etwa 2,5 Millionen Sonnenmassen hin, aber das war nur eine vorläufige Zahl. Denn allein mit Radialgeschwindigkeiten konnte man zwar eine Menge sinnvoller Statistik betreiben, aber noch keine Ellipsenbahnen berechnen – und nur die wären letztlich genau genug für eine wirklich belastbare Massenbestimmung. Man musste also darangehen, die Eigenbewegungen der Sterne direkt zu messen, das heißt Richtung und

Größe ihrer Positionsverschiebungen am Himmel. Das war allerdings im Vergleich zu den Radialgeschwindigkeitsmessungen eine ungleich schwierigere Aufgabe, denn die Sternpositionen mussten im Bereich von wenigen Millionstel Grad Genauigkeit gemessen werden – das sind so kleine Größen, dass selbst die größten Teleskope der Welt (und man benötigte hier die optischen Teleskope der modernsten Großsternwarten) bestenfalls gerade noch so ausreichen könnten, um so kleine Verschiebungen zu messen. Jedenfalls theoretisch – denn praktisch macht den Astronomen grundsätzlich unsere Erdatmosphäre einen Strich durch die Rechnung: Sie verzerrt nämlich die Bilder von Sternen durch ihre immerwährende Unruhe so, dass man ihre Positionen eigentlich gar nicht genau genug für solche Bewegungsbestimmungen messen können dürfte – die Positionen waren selbst unter optimalen atmosphärischen Bedingungen um einen Faktor 100 zu ungenau.

Trotzdem gelang es dem Team um Reinhard Genzel mit einem Trick, am Very Large Telescope (VLT) der ESO auf dem Paranal in Chile die atmosphärischen Einschränkungen zu überwinden, indem es durch eine schnelle Abfolge sehr vieler kurz belichteter Infrarot-Aufnahmen hintereinander die Luftunruhe regelrecht einfror (man spricht hier von *Lucky Imaging*) und die Einzelbilder jeweils gegeneinander so verschob, dass sie übereinandergelegt werden konnten. Mithilfe des *Lucky Imaging* war Genzel auf diese Weise bereits 1995 so weit, erste Eigenbewegungen von zentrumsnahen Sternen während ihrer Umrundung des zentralen Schwarzen Lochs direkt nachzuweisen. Dies war allerdings nur vorläufig, denn die knapp vier Jahre, die ihre Messungen bis dahin umfassten, reichten zwar für den Eigenbewegungsnachweis aus, aber man konnte noch nicht erkennen, ob sich die Sterne auch auf gekrümmten Bahnen um ein gemeinsames Zentrum bewegen. Dies gelang erstmals einer anderen Arbeitsgruppe um die junge amerikanische Astronomin Andrea Ghez von der University of California in Los Angeles (der Pionier der Infrarot-Beobachtung des Milchstraßenzentrums, der US-Astrophysiker Eric Becklin, gehörte übrigens dieser Arbeitsgruppe an). Am 10-Meter-Keck-Teleskop auf dem Mauna

Kea auf Hawaii hatte sie zwischen 1995 und 1999 ebenfalls mithilfe des *Lucky Imaging* die Bewegungen von drei Sternen in unmittelbarer Zentrumsnähe (wir sprechen hier von wenig mehr als einem Hundertstel Lichtjahr!) im nahinfraroten Licht systematisch verfolgt. Mit diesen Messungen gelang es ihrem Team, jeweils ein Stück der Umlaufbahnen dieser Sterne so weit zu verfolgen, dass man die wichtigsten Parameter für so eine Bahn – Umlaufzeit und mittlere Entfernung vom Massenzentrum – mit relativ großer Genauigkeit bestimmen konnte. Ergebnis: Die Zentralmasse muss in etwa 3 Millionen Sonnenmassen betragen, was in guter Übereinstimmung mit Genzels Messung war. Und die Position dieses Umlaufzentrums stimmte bis auf die Nachkommastelle mit dem Strahlungsmaximum der Radioquelle Sgr A* überein. Es konnte damit einfach gar nicht anders sein, als dass dieses Massenzentrum wirklich und unwiderruflich ein riesiges Schwarzes Loch ist. Bei Umlaufgeschwindigkeiten von bis zu 1350 Kilometern pro Sekunde würden die nächsten Sterne dabei wahrscheinlich gerade einmal 15 Jahre für einen kompletten Umlauf um das Schwarze Loch benötigen, schätzte Ghez. Man müsste also lediglich noch ein paar Jahre weiter messen, um einen kompletten Bahnumlauf beispielsweise des schnellsten und sich am nächsten um das Zentrum bewegenden Sterns – Ghez nannte ihn S0-2 – beobachten zu können. Und damit würde die Massenbestimmung der Zentrumsmasse automatisch genauer und genauer werden. Alles war jetzt eine Frage der Zeit – man musste der Himmelsmechanik einfach ihren Lauf lassen.

So vergingen die folgenden Jahre mit einer beständigen Rivalität zwischen den beiden Teams Genzel und Ghez – beide veröffentlichten nach und nach immer genauere Beobachtungsergebnisse, die durch die immer länger werdenden Bahnstücke an Gewicht gewannen; dabei wurden die Beobachtungstechniken und -technologien immer besser.

So wurde die Messgenauigkeit nach und nach von 50 Millibogensekunden auf geradezu unfassbare 0,2 Millibogensekunden verbessert – in einer Entfernung von 27 000 Lichtjahren bis zum Zentrum entspricht das einer Genauigkeit von etwa 235 Millionen Kilometern – oder

Abb. 60: Der Zentralbereich der Milchstraße, aufgenommen im nahen Infrarotlicht mit dem NACO-Instrument des Very Large Telescope der ESO.

der mittleren Entfernung des Mars von der Sonne. Vorstellen kann man sich eine solche Genauigkeit längst nicht mehr – aber wer könnte sich überhaupt vorstellen, wie es im Milchstraßenzentrum aussieht? Da kommt man doch ein ums andere Mal an seine Grenzen …

Wie dem auch sei: Die Ergebnisse beider Forschergruppen konvergierten nach und nach. Tatsächlich konnte Ghez' Vermutung bestätigt werden, dass der Stern S0-2 – mittlerweile »S2« genannt – in gerade einmal 16 Jahren das Milchstraßenzentrum komplett umrundet. Dabei erreicht er bei seiner größten Annäherung – die gerade einmal der dreifachen Entfernung des Pluto von der Sonne entspricht – eine Geschwindigkeit von 7500 Kilometern pro Sekunde. Würde er sich noch ein Stück weiter annähern, so würden ihn die Gezeitenkräfte, die beim Herumwirbeln entstehen, glatt zerreißen. Jedenfalls lässt sich mit diesen Messwerten die Masse des Schwarzen Lochs nun noch genauer bestimmen: auf 4,3 Millionen Sonnenmassen. Auch für viele weitere Sterne konnten nun solche Massenbestimmungen durchgeführt werden, und sie alle ergeben ungefähr denselben Massenwert für die Masse des zentralen Schwarzen Lochs.

Genzel und Ghez hatten das Monster im Zentrum der Galaxis zweifelsfrei gewogen. Und sie hatten seine Natur unwiderlegbar offengelegt: Es kann sich nur um ein Schwarzes Loch handeln, denn ansonsten könnten sich die beobachteten Sterne dem Objekt gar nicht so sehr nähern, wie man es beobachtete – sie müssten, wäre seine Ausdehnung deutlich größer – auf seiner Oberfläche aufprallen oder mit ihm verschmelzen. Nur ein Schwarzes Loch kann so viel Masse auf einem so kleinen Volumen vereinbaren und weist dabei gleichzeitig das beobachtete Strahlungsverhalten auf: sichtbar im Radiobereich, unsichtbar im infraroten Licht.

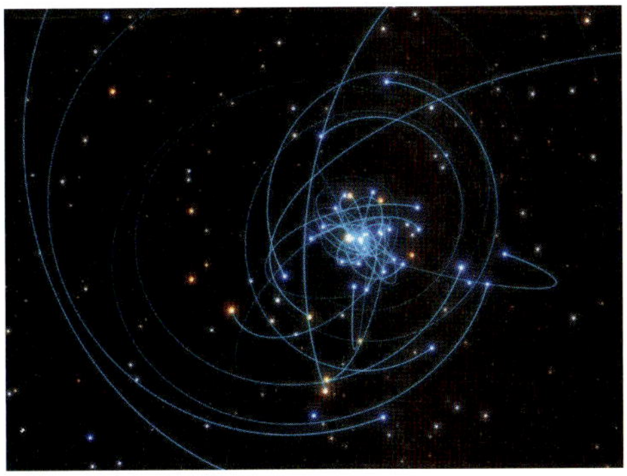

Abb. 61: Umlaufbahnen von Sternen um das Schwarze Loch im Zentrum der Milchstraße, wie sie vom Team um Reinhard Genzel beobachtet wurden.

Diese Erkenntnis, gewonnen aus Jahrzehnten harter astronomischer Forschungsarbeit, unterstützt von genialen Technikern, die mit der Entwicklung ganz neuartiger Instrumente diese Forschungen überhaupt erst möglich machten, und eingebettet in nationale und internationale Kooperationen, erfuhr im Jahr 2020 die größtmögliche Ehrung: Reinhard Genzel und Andrea Ghez erhielten, gemeinsam mit dem theoretischen Physiker Roger Penrose, für ihre Entdeckungen den Physik-Nobelpreis.

Foto-Safari mit Schwarzem Loch: Das Event Horizon Telescope

Der astronomische Forschungsbetrieb wirbelt mittlerweile mit einem so wahnwitzigen Tempo (man könnte fast sagen: wie S2 um das Zentrum der Galaxis) durch das 21. Jahrhundert, dass die bahnbrechenden Forschungen von Reinhard Genzel und Andrea Ghez fast schon wieder in Vergessenheit geraten sind. Jedenfalls sind sie seit der Verleihung des Physik-Nobelpreises weitgehend aus dem öffentlichen Bewusstsein verschwunden – wenn heute vom Schwarzen Loch im Zentrum der Milchstraße die Rede ist, bekommt man wahrscheinlich eher als Antwort: »Da gibt's doch dieses Bild vom Schwarzen Loch!« Richtig: Es handelt sich um die innerhalb kürzester Zeit ikonisch gewordene Abbildung des Event Horizon Telescope.

Das Event Horizon Telescope (kurz: EHT) ist ein Zusammenschluss von weltweit verteilten Radioteleskopen und funktioniert grundsätzlich nach der mittlerweile jahrzehntelang erprobten Methode der Interferometrie – nur dass die Basislinien nicht mehr nach Kilometern, sondern Tausenden Kilometern bemessen sind: Die ganze Erde

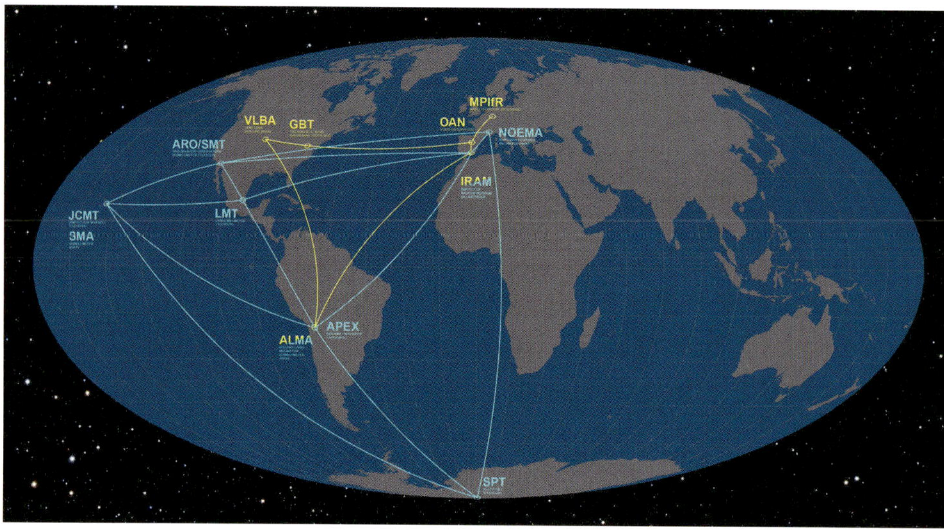

Abb. 62: Die Radioteleskope, die die Komponenten des Event Horizon Telescope bilden, sind über die ganze Erde verteilt.

wird jetzt zum Teleskop! In einem unfassbar komplizierten Verfahren wurden erstmals im April 2017 einige der größten radioastronomischen Forschungsanlagen – unter ihnen ALMA, das 100-Meter-Radioteleskop in Effelsberg in der Eifel, das Green-Bank-Radioteleskop und eine Station am Südpol – zu einem einzigen gewaltigen, erdumspannenden Detektor zusammengeschaltet, um eine nie da gewesene Detailauflösung von radioastronomisch beobachteten Objekten zu erreichen: Das EHT vergrößert nicht weniger als etwa eine Milliarde Mal!

Erdacht wurde das EHT von einem deutsch-amerikanischen Astronomenteam um Heino Falcke um das Jahr 2000. Es sollte genau den einen Zweck verfolgen: ein direktes Bild der unmittelbaren Umgebung eines supermassiven Schwarzen Lochs aufnehmen. Und da kamen von Beginn an nur zwei Kandidaten infrage: das Schwarze Loch im Zentrum der Galaxie M87 – und Sgr A* im Zentrum der Milchstraße. Man ging dabei davon aus, dass ihre Ereignishorizonte – also diejenigen Zonen, aus denen kein Licht, keine Strahlung mehr entweichen kann – in etwa denselben scheinbaren Winkeldurchmesser haben müssen, uns also ungefähr gleich groß erscheinen. Drum herum, so hoffte man, müssten sich Phänomene zeigen, die einerseits durch die extreme Aufheizung der Gasmassen in unmittelbarer Umgebung, andererseits durch die starke Krümmung der Raumzeit bestimmt sind. Somit würde ein direkter Blick auf die Ereignishorizonte beider Schwarzer Löcher auch eine Überprüfung der Allgemeinen Relativitätstheorie möglich machen.

Die Beobachtungen von M87 und Sgr A* wurden zwischen dem 5. und 11. April 2017 durchgeführt. Während der Beobachtungskampagne entstanden so große Datenmengen, dass man alle Daten von den beteiligten Einzelteleskopen erst auf größeren Mengen von Festplatten zwischenspeichern musste, um diese dann anschließend zur Auswertung zu verschicken. Jedes der acht beteiligten Radioteleskope erzeugte insgesamt etwa 450 Terabyte an Daten, was eine Gesamtmenge von knapp 3,5 Petabyte (einer 1 mit 15 Nullen!) ergab. Über das Internet hätte man für die Übermittlung aller Daten der Beobachtungskampagne aus dem April 2017 größenordnungsmäßig ein ganzes Jahr gebraucht, um sie zu versenden.

Die Auswertung der Daten erfolgte in großen Computerzentren am Max-Planck-Institut für Radioastronomie in Bonn und am Haystack Observatory in Massachusetts, USA, wobei beide Institute jeweils einen Teil der Daten erhielten. Die Datenmenge war dabei so umfangreich, dass man vorher keine Backups hatte machen können – wären die Datenträger also beschädigt worden oder verloren gegangen, wäre jahrelange Planungs- und Vorbereitungsarbeit umsonst gewesen. Doch es ging alles gut (die Festplatten vom Südpol hatten dabei verständlicherweise die längste Lieferzeit, da sie erst nach Ende des antarktischen Winters ausgeflogen werden konnten), und die umfangreiche Datenanalyse konnte beginnen. Über ein Dreivierteljahr wurden die Daten zunächst zusammengefasst und vereinheitlicht, woraufhin eine Phase der Datenauswertung erfolgte: Verschiedene Arbeitsgruppen machten sich daran, die Daten zu einem Bild zu formen. Bei M87 klappte das bald recht gut, und die Arbeitsgruppen konnten alle ähnliche Bilder erzeugen: eine von einem mehr oder weniger geschlossenen, leuchtenden Ring umgebene große Leere.

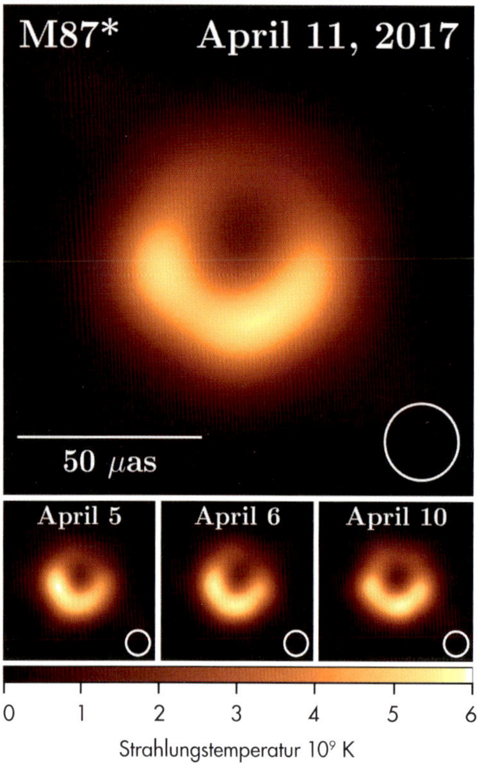

Abb. 63: Gemittelte Helligkeitsverteilung der ringförmigen Struktur im Zentrum von M87, beobachtet mit dem EHT im April 2017. Jede der vier Radiokarten wurde durch Mittelwertbildung der drei unabhängigen Auswertemethoden erzeugt.

Beim Bild von Sgr A* hingegen zeigte sich, dass die Bildgenerierung noch viel komplizierter werden würde. Deshalb ließ man die Daten für »unser« Schwarzes Loch zunächst beiseite und konzentrierte sich darauf, die M87-Daten so weit zu optimieren, dass sich ein klares Bild ergab.

Am 10. April 2017 war es dann so weit: Das EHT-Konsortium konnte das erste Ergebnis der Weltöffentlichkeit präsentieren. Es war ein Bild der Umgebung des Schwarzen Lochs in M87.

Das Bild des leicht asymmetrischen Rings, einer strahlenden Plasmascheibe, ging um die Welt und wurde sofort zu einem ikonischen Erkennungszeichen dieser neuen Art der Spitzenforschung. Dabei handelt es sich bei dem dunklen Bereich im Innern des Rings nicht etwa direkt um den Ereignishorizont des Schwarzen Lochs, sondern um einen etwa fünfmal so großen Bereich.

Er entsteht durch die durch massive Schwerkraft verzerrte Projektion des Bereichs, aus dem kein Licht dem innersten Bereich entkommen kann und der durch diejenige Grenzzone definiert ist, auf der das eingefangene Licht das Schwarze Loch wegen der dortigen erheblichen Raumzeitkrümmung umkreist und durch Störungen entweder entkommen kann oder in das Schwarze Loch stürzen muss. Dieser dunkle Bereich wird entsprechend als »Schatten« des Schwarzen Lochs bezeichnet.

Die Asymmetrie der Helligkeitsverteilung des Ringes ist hingegen nicht so einfach zu erklären. Möglicherweise rotiert der Ring, und die erhöhte Helligkeit im südlichen Bereich ist lediglich durch den relativistischen Doppler-Effekt verursacht. Es könnte aber auch sein, dass es sich bei den hellen Stellen ein Stück weit lediglich um Artefakte handelt. Die Auswertungen der einzelnen Teams hatten nämlich je nach verwendeter Auswertungstechnik einige Unterschiede hervorgebracht. Das veröffentlichte Bild von M87 war denn auch eine Art »Kompromissbild«, ein Mittelwert der vielen verschiedenen Auswertungen. Es wird weitere Beobachtungen des Event Horizon Telescope brauchen, um die Frage nach den realen Ursachen der Ringasymmetrie zweifelsfrei zu klären.

Warum so viel Ehre für die 55 Millionen Lichtjahre entfernte Galaxie M87 in einem Buch über die Milchstraße? Nun, das Bild des dortigen zentralen supermassiven Schwarzen Lochs war ja nur das Vorspiel für das Bild von »unserem« zentralen Schwarzen Loch. Seine Auswertung hatte sich etwas hingezogen, doch am 12. Mai 2022 war es dann so weit: Das EHT-Konsortium präsentierte nun auch ein Bild von Sgr A*.

Wie bereits beschrieben, kann Sgr A* nicht annähernd mit M87 mithalten: Während der Moloch in dessen Zentrum 6,5 Milliarden Sonnenmassen auf die Waage bringt, nimmt sich die Masse des zentralen Schwarzen Lochs in der Milchstraße mit 4,3 Millionen Sonnenmassen geradezu winzig aus. Entsprechend sind die Plasmaringe, Ereignishorizonte und »Schatten« von völlig unterschiedlicher Größe.

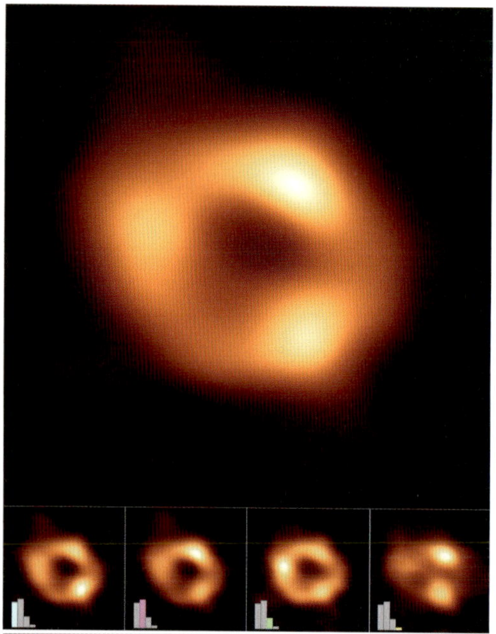

Abb. 64: Bild von Sgr A* und Auswertungsalternativen (oben); unten: Lage und Größe des EHT-Bildes innerhalb der »Mini-Spirale«.

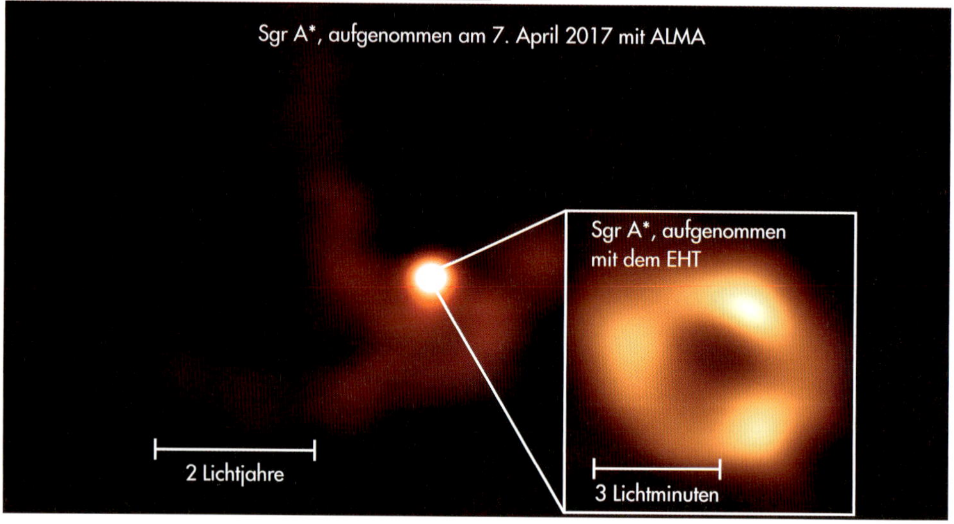

Der Grund dafür, warum wir Sgr A* überhaupt detailliert untersuchen können, liegt schlicht und einfach in seiner geringen Entfernung. Sie sorgt dafür, dass uns die Struktur im unmittelbaren Milchstraßenzentrum ungefähr unter dem gleichen Winkeldurchmesser wie M87 erscheint. Wobei diese beiden Schwarzen Löcher diese Ei-

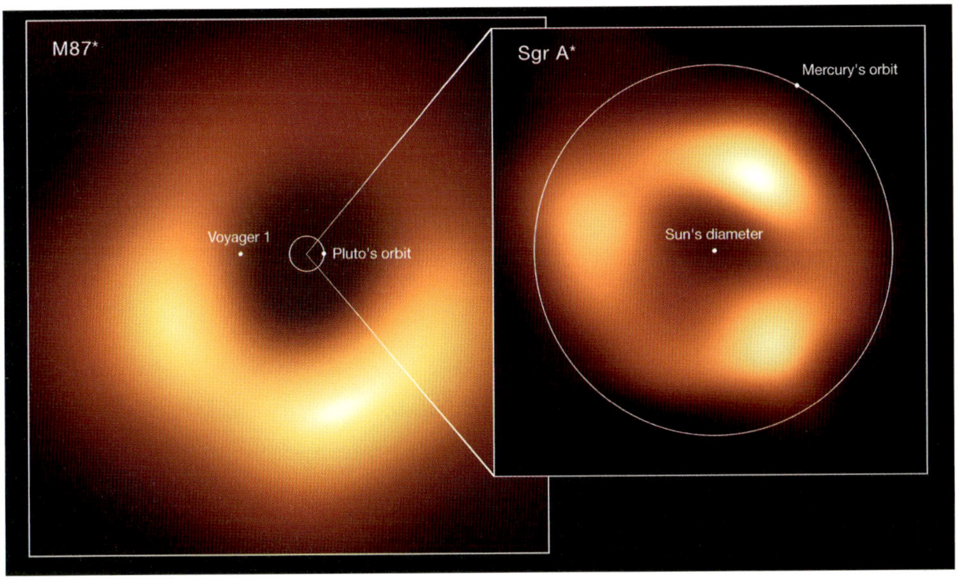

Abb. 65: Vergleich der EHT-Bilder von M87 (links) und Sgr A*. Das zentrale schwarze Loch in der Galaxie M87 ist um einige Größenordnungen massereicher als Sgr A*, weshalb uns der umgebende Plasmaring trotz der viel größeren Entfernung in etwa gleich groß erscheint.

genschaft übrigens ziemlich exklusiv haben: Es gibt wohl keine weiteren Schwarzen Löcher, die uns vergleichbar groß erscheinen – M87 und Sgr A* sind und bleiben wohl auf ewig Spitzenreiter in dieser Kategorie.

Jedenfalls zeigen sich auf dem EHT-Bild von Sgr A* ganz ähnliche Strukturen, die man schon bei M87 hatte entdecken können: Der Schatten des Schwarzen Lochs und der Plasmaring sind die dominierenden Strukturen, aber auch in diesem Bild zeigen sich noch die Unsicherheiten in der Interpretation der Daten der Beobachtungskampagne vom April 2017.

Ob – und falls ja: wo – der Plasmaring Helligkeitsmaxima hat, ob er rotiert oder Inhomogenitäten aufweist, kann aus dem bisherigen Datenmaterial noch nicht zweifelsfrei extrahiert werden. Aber auch hier sind weitere Beobachtungszyklen bereits gelaufen (nämlich im März 2022), und neue Analysen werden die übrig gebliebenen Fragen zweifellos zur Zufriedenheit der Astronomen beantworten.

Eines ist jedenfalls seit dem 12. Mai 2022 unumstößlich sicher: Im Zentrum der Milchstraße gibt es ein supermassives Schwarzes Loch. Und das kann man nicht nur messen, das kann man sogar direkt sehen! Jedenfalls, wenn man sehr, sehr scharfe Radioaugen besitzt.

Der Zentralbereich und seine weitere Umgebung

Die vielen neuen »Fenster« in bislang unzugängliche Wellenlängenbereiche haben gerade die Forschung über das Zentrum der Milchstraße in vorher nie gekannter Weise vorangebracht. Das ist bei näherer Betrachtung ja auch irgendwie völlig verständlich, denn gerade hier stoßen wir auf (astro-)physikalische Prozesse, die Energien in allen möglichen Mengen und Intensitäten freisetzen. Entsprechend können wir in allen Bereichen des elektromagnetischen Spektrums – vom Radio- bis zum Gammastrahlenbereich – Beobachtungen durchführen, solange uns nicht die Erdatmosphäre oder die Dunkelwolken der Milchstraße in die Quere kommen. Mittlerweile fügen sich die vielen vorliegenden Beobachtungsdaten in unterschiedlichsten Wellenlängenbereichen zu einem schlüssigen Bild darüber zusammen, wie es im zentralen Bereich der Milchstraße aussieht, auch abseits der unmittelbaren Umgebung des zentralen Schwarzen Lochs.

Betrachten wir zunächst den Infrarotbereich. Natürlich sind die entscheidenden Beobachtungen zur Massenbestimmung von Sgr A* mithilfe von Aufnahmen in diesem Wellenlängenbereich erfolgt, aber da sah man sich ja nur einen winzigen Bereich rund um das Zentrum an. Doch auch in der weiteren Umgebung gibt es, je nach Wellenlänge, eine Menge Infrarotquellen.

Im kurzwelligen »nahen« Infrarot dominieren Sterne das Bild (vgl. Abb. 48). Die Sterndichte nimmt dabei umso mehr zu, je weiter man sich dem Zentrum nähert; entsprechend zeigt die Übersichts-Infrarotaufnahme einen steilen Anstieg der Sternzahlen. Gleichzeitig sieht man eine große Menge an interstellarem warmem Staub, der zum großen Teil allerdings weit vor dem Zentralbereich steht. In einigen Regionen ist der Staub so dicht, dass selbst bei diesen infraroten Wellenlängen kein Licht hindurchdringen kann.

Durchmusterungen des zentralen Bereichs haben unter all den Sternmassen zwei ganz besondere Objekte zutage gefördert. Es sind zwei Sternhaufen, in denen die Sterne so extrem dicht beieinanderstehen wie in einem Kugelsternhaufen – und damit so dicht wie im zentralen Sternhaufen selbst. Es sind dies der Arches-Sternhaufen und der Quintuplet-Sternhaufen. Beide Objekte befinden sich nur etwa 100 Lichtjahre vom Zentrum der Milchstraße entfernt und sind sehr jung (3 bis 4 Millionen Jahre alt). Sie enthalten eine große Menge an leuchtkräftigen, blauen Sternen, allein Arches beherbergt in einem Radius von nur einem Lichtjahr nicht weniger als 150 leuchtkräftige

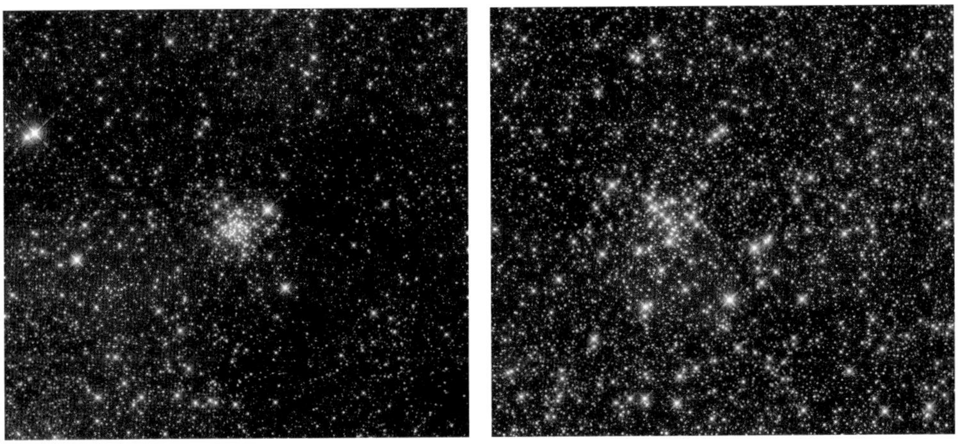

Abb. 66: Arches- (links) und Quintuplet-Haufen, aufgenommen mit dem Hubble Space Telescope im nahinfraroten Licht.

junge Sterne. Nicht mehr lange, und die ersten Supernova-Explosionen werden in diesen Sternhaufen zünden, denn viele der Sterne sind einfach zu massereich für ein langes Leben.

Im mittleren Infrarotlicht dominieren der interstellare Staub und Molekülwolken das Bild. Bei 70 Mikrometer Wellenlänge erkennt man bereits einige Strukturen aus dem Radiobereich wieder, insbesondere die Region um Sgr A*. Gleichzeitig erkennen wir noch Signaturen der beiden Sternhaufen Arches und Quintuplet und natürlich Sgr A*, das Milchstraßenzentrum selbst. Zudem erscheinen nun zwei große Molekülwolken (Sgr B2 und Sgr C), die, wie wir es ja mittlerweile schon vom Zentralbereich fast gewohnt sind, Objekte der Superlative sind: Beide Wolken gehören mit knapp 3 Millionen Sonnenmassen Gesamtmasse zu den größten, dichtesten und massereichsten Wolken dieser Art in der gesamten Milchstraße, und in beiden Wolken findet zur-

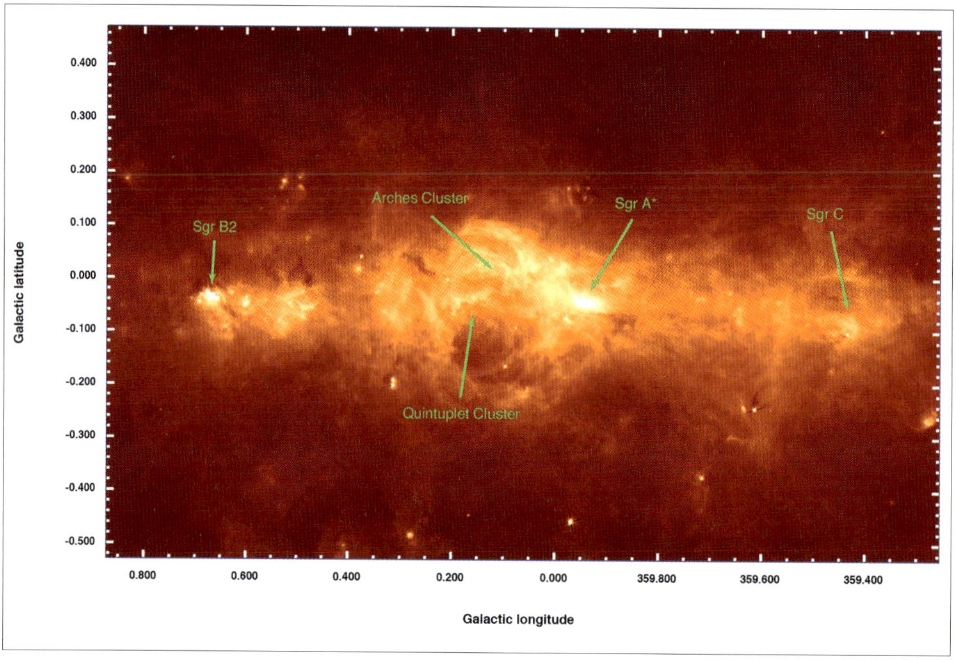

Abb. 67: Zentrumsumgebung im Licht von Molekülwolken. Die Darstellung umfasst hier die zentralen 2×1 Grad um das Milchstraßenzentrum, wir überblicken hier also ungefähr 470×940 Lichtjahre.

zeit massive Sternentstehung statt. Sgr B2 und Sgr C enthalten deshalb auch große Mengen ionisierten Wasserstoffs (es sind H-II-Regionen) und waren gemeinsam mit weiteren zentrumsnahen H-II-Regionen schon in den 1980er-Jahren im Radiolicht entdeckt worden. Dieses Bild setzt sich im ferninfraroten Spektralbereich weiter fort, bis hin zur Grenze zum Radiobereich.

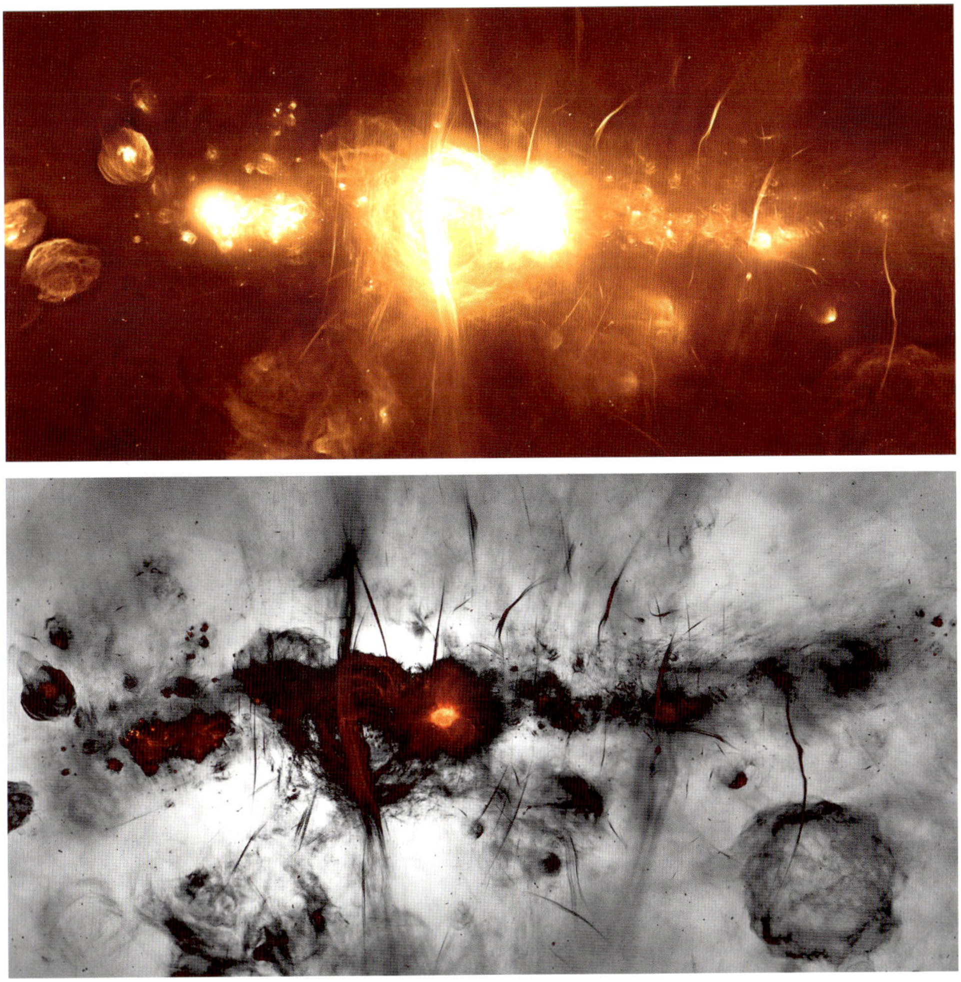

Abb. 68: Oben eine gespiegelte Aufnahme von 2021 durch das südafrikanische MeerKAT-Radioteleskop; unten MeerKAT-Bild in teilinvertierter Darstellung zur Kontraststeigerung.

Wechseln wir also nun unsere Detektoren und beobachten die weitere Zentrumsumgebung nochmals im Radiolicht. Sterne sieht man in diesem Wellenlängenbereich bekanntlich ja nicht, aber umso mehr zeigt sich gerade bei relativ niedrigen Frequenzen beziehungsweise großen Wellenlängen die weitere Umgebung um das Zentrum herum ziemlich unaufgeräumt. Innerhalb der inneren 1500 Lichtjahre im Milchstraßenzentrum (am Himmel sind das etwa 2 Grad) finden wir (siehe Abb. 67) dabei gleich drei auffällige Strukturklassen: einen recht einförmigen Hintergrund, Gasblasen und streifenförmige Strukturen, die sogenannten Filamente (englisch auch *Threads* genannt). All diese Strukturen zeigen an, dass die Dichte an Sternen und Gasmassen im Zentralbereich ziemlich hoch sein muss. Der Radio-Hintergrund ist dabei definiert durch die allgemeine Gasdichte in dieser Region, aber die Gasblasen liefern einen entsprechenden Beweis für die hohe Materiedichte aus einer ganz anderen Richtung: Es handelt sich hier nämlich um die Explosionswolken vergangener Supernovae, die sich innerhalb der letzten Jahrzehntausende in den inneren 1500 Lichtjahren ereignet haben. Daraus können wir einerseits ableiten, dass auch schon so weit vom Zentrum entfernt die Sterndichte (zumindest die an massereichen Sternen, die ja zu Supernova-Explosionen neigen) bereits ziemlich hoch sein muss, denn in keiner anderen Region der Milchstraße finden wir auch nur annähernd so viele Supernova-Überreste. Andererseits muss auch die Gasdichte hoch sein, denn sonst hätten sich diese massereichen Sterne ja gar nicht erst bilden können. Übrigens stammt die Energie, die die Gasmassen hier, im Zentralbereich, aufheizt, im Wesentlichen von den vielen (im Radiobereich wie gesagt nicht sichtbaren) Sternen und von den Supernova-Schockwellen, die durch das dichte interstellare Gas pflügen.

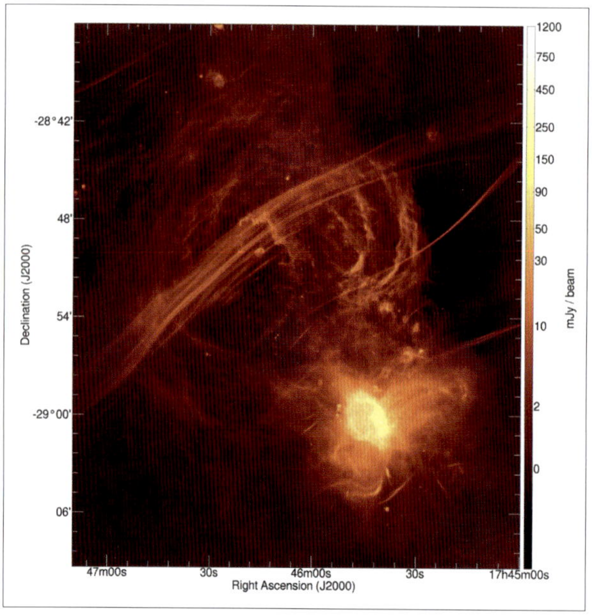

Abb. 69: 200 × 200 Lichtjahre umfassendes aktuelles Bild (2022) von Sgr A, aufgenommen mit dem Very Large Array (VLA) der NRAO.

Sehr spannend – zurzeit noch intensiv diskutiert – sind die filamentartigen Gasstrukturen, die man überall in der Radioaufnahme von MeerKAT entdeckt hat. Es handelt sich hier sehr wahrscheinlich um regelrechte Magnetfeld-»Schläuche«, entlang derer sich stark beschleunigte Elektronen bewegen und Synchrotronstrahlung emittieren. Einige dieser Filamente sind so auffällig, dass sie sogar eigene Namen erhalten haben. Diese Filamente weisen auf eine sehr komplexe Struktur des Magnetfeldes der innersten Milchstraße hin, die sich offensichtlich nicht einfach wie bei einem Stabmagneten modellieren lässt. Wie genau diese Magnetfelder mit dem die ganze Milchstraße durchziehenden Magnetfeld zusammenhängen, ist aber noch unklar und Gegenstand weiterer Forschung.

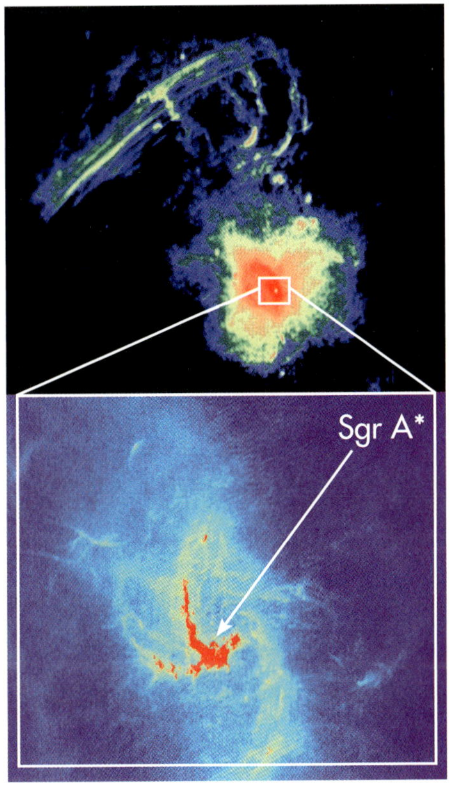

Abb. 70: Radioaufnahme ebenfalls von NRAO.

Der hellste Bereich in dem MeerKAT-Radiobild ist übrigens die uns mittlerweile ja gut bekannte Radioquelle Sgr A (ohne »Stern«!). Das breite Filament entspricht dabei Sgr A Ost, und der eher runde Teil ist Sgr A West. Hier, mittendrin, befindet sich Sgr A*, das zentrale, supermassereiche Schwarze Loch, unmittelbar im Zentrum. Dort ist bekanntlich die »Mini-Spirale« aus heißem Gas lokalisiert, das in das supermassive Schwarze Loch hineinspiralt.

Wir wechseln jetzt den Wellenlängenbereich noch ein weiteres Mal rasant und springen von den längsten elektromagnetischen Wellen im Radiobereich hin zu einer extrem kurzwelligen Strahlung – der Röntgenstrahlung. Denn viele Objekte aus dem zentralen Bereich der Milchstraße emittieren Röntgenlicht.

Die Darstellung zeigt einen ganz ähnlichen Himmelsausschnitt, wir überblicken hier (in Falschfarben dargestellt, je nach Energie der vom

Abb. 71: Zentralbereich der Milchstraße im Röntgenlicht. Mosaik aus 30 Bildern, die mit dem Chandra-Röntgensatelliten aufgenommen wurden.

Chandra-Röntgensatelliten detektierten Röntgenphotonen) etwa 400 × 900 Lichtjahre. Neben einem diffusen Hintergrund fallen im Bild vor allem wieder viele Punktquellen auf. Hierbei handelt es sich allerdings nicht etwa um Sterne, sondern um viel exotischere Objekte: Im Wesentlichen empfangen wir hier das Licht von Sternleichen. Weiße Zwerge, Neutronensterne und sogar stellare Schwarze Löcher zeigen sich bei diesen Wellenlängen. Die diffuse Strahlung hingegen stammt von extrem heißem Gas (ca. 10 Millionen Kelvin), das aus dem Zentralbereich in die weitere galaktische Umgebung ausströmt. Besonders faszinierend wird das Röntgenbild, wenn wir direkt in die unmittelbare Umgebung von Sgr A* zoomen:

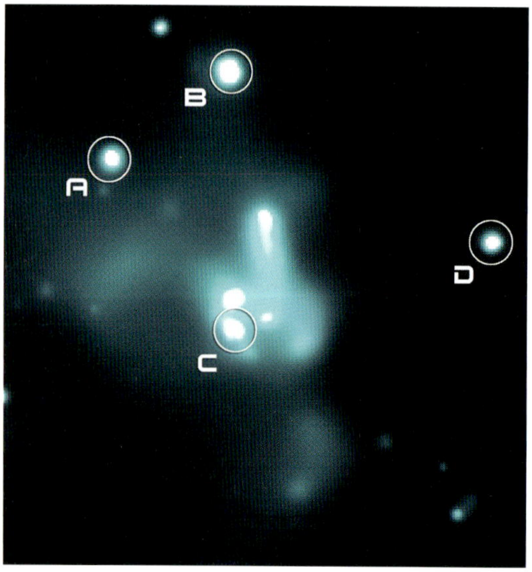

Abb. 72: Röntgenquellen in unmittelbarer Umgebung von Sgr A*, aufgenommen mit dem satellitengestützten Chandra-Röntgenteleskop.

Selbst in diesem Ausschnitt mit nur etwa drei Lichtjahren Kantenlänge fallen mehrere Punktquellen auf. Sie deuten ebenfalls klar auf die Existenz stellarer Schwarzer Löcher hin, selbst in unmittelbarer

Umgebung zum Zentrum! Die Dichte an Neutronensternen und »kleinen« Schwarzen Löchern ist in diesen inneren Regionen der Milchstraße unfassbar hoch (entsprechend der Sternen- und allgemeinen Materiedichte) und ein weiteres Mal mit keiner anderen Region der Milchstraße auch nur annähernd vergleichbar. Das ist nicht weiter verwunderlich, denn bei den vielen Supernova-Explosionen im Zentralbereich müsste man dort auch eine ganze Reihe Supernova-Überreste finden – Neutronensterne und eben Schwarze Löcher. Und genau das beobachtet man ja auch. Außerdem vermutet man, dass stellare Schwarze Löcher durch wiederholte Interaktionen mit anderen Sternen Drehimpuls verlieren und so allmählich ins Zentrum herabsinken können.

Die Schwarzen Löcher zeigen sich im Röntgenlicht übrigens deshalb so prominent, weil sie von Akkretionsscheiben heißen Gases umgeben sind, das, ganz ähnlich wie in einer ganz anderen Größenordnung Sgr A*, beim Hineinspiralen in Richtung Ereignishorizont extrem aufgeheizt wird und so im Röntgenlicht zu strahlen beginnt.

Wir verlassen nun gedanklich das Zentrum der Milchstraße, denn es gibt ja noch genug andere Phänomene und Strukturen in unserer Galaxis zu erforschen. Und selbst hier, im Zentrum, haben wir lediglich ein bisschen an der Oberfläche der astrophysikalischen Phänomene und Zusammenhänge kratzen können. Wenn man nämlich glaubt, mit der Abdeckung aller Wellenlängenbereiche nun auch alle Rätsel des Milchstraßenzentrums beantwortet zu haben, irrt man gewaltig. Es sind noch sehr, sehr viele Fragen zu klären. Stößt Sgr A* auch einen Jet aus, so wie man ihn bei Radiogalaxien und Quasaren beobachtet? Wird das Schwarze Loch im Zentrum bald wieder »gefüttert«, oder ist es dauerhaft so vergleichsweise ruhig? Es gibt noch so viel zu erforschen …!

Kapitel 18

Die Entstehung und Entwicklung der Milchstraße

Bis jetzt haben wir vor allem Inventur gemacht. Wir haben aufgelistet, was alles in der Milchstraße drin ist, woraus sie besteht. Wir kennen jetzt die räumliche Verteilung der verschiedenen Gas- und Staubkomponenten des interstellaren Mediums, wir beobachten den zentralen galaktischen Balken, das galaktische Zentrum. Wir wissen, wo in der galaktischen Scheibe die neuen Sterne entstehen, wie die alten Sterne verteilt sind, und wissen heute auch ganz sicher, dass im Mittelpunkt der Milchstraße ein Schwarzes Loch von 4 Millionen Sonnenmassen existiert. Die Inventur betrifft nicht nur die galaktische Scheibe, sondern auch die unmittelbare Umgebung bis zu einer Million Lichtjahre Entfernung, den galaktischen Halo, in dem sich Kugelsternhaufen, Begleitergalaxien und die noch völlig unbekannte, aber höchst wirksame Dunkle Materie befindet.

Und gerade diese alleräußersten Bereiche der Milchstraße, die absolute Grenzregion, die so weit vom Zentrum entfernt ist, dass die Gravitation schwach ist und Nachbargalaxien bereits an Einfluss gewinnen, ist zugleich die Kulisse, vor der und in der sich alles abgespielt haben muss, dessen Ergebnis wir heute als voll entwickelte Scheibengalaxie beobachten. Der Halo ist der Ausgangspunkt für die Entstehung und damit Geburt unserer Milchstraße. Und damit wechseln wir die Dimension der wissenschaftlichen Beschreibung und Erzählung. Wir gehen von der räumlichen Verteilung zum zeitlichen Verlauf und stellen die entscheidende Frage einer historischen Naturwissenschaft: Wie ist etwas entstanden, und wie hat es sich in jungen Phasen bis heute entwickelt? Wie kann man astronomische Geburts- und Entstehungsprozesse überhaupt untersuchen? Mit welchen Methoden können Forscher die Entstehung der Milchstraße von Anfang an rekonstruieren? Anders ausgedrückt: Wie betreibt man »galaktische Archäologie«?

Von 2011 bis Ende 2022 widmete sich in enger Zusammenarbeit eine große Gruppe von Astronomen der Universität Heidelberg, des Max-Planck-Instituts für Astronomie in Heidelberg und des Heidelberg Instituts für Theoretische Studien unter dem Dach des Sonderforschungsbereiches (SFB) 881 »Das Milchstraßensystem« der Entstehungsgeschichte unserer Galaxis. Sprecherin des Sonderforschungsbereichs war Professorin Eva Grebel, eine Pionierin auf dem Gebiet der »Nahfeld-Kosmologie«, die die Entwicklungsgeschichte unserer und naher Galaxien als Werkzeug zum Verständnis des Universums als Ganzes nutzt. Sie erhielt im September 2022 die Caroline-Herschel-Medaille für ihre herausragenden Leistungen zum Verständnis der Entwicklung von Galaxien und der galaktischen Archäologie. Damit schließt sich der Kreis um zwei Forscherinnen des Himmels und vor allem der Milchstraße!

Im Mittelpunkt der Forschungsarbeit des SFB 881 stand also unsere eigene Galaxis, die Milchstraße, eine typische Spiralgalaxie und damit Mitglied der häufigsten Klasse massereicher Galaxien im Universum. Doch selbst nach 200 Jahren Milchstraßenforschung gab es immer noch viele unbeantwortete Fragen:

Wie vollzog sich der gravitative Massenzuwachs bei der Entstehung und Entwicklung der Milchstraße, das heißt, wie ist sie durch die Akkretion von kleinen Galaxien zur heutigen Größe, Masse und Form herangewachsen? Wie viel leuchtende und wie viel Dunkle Materie beinhaltet unsere Galaxis, und wie sind sie verteilt? Wie verliefen die Sternentstehungsgeschichte und die chemische Evolution im Milchstraßensystem? Wie und auf welchen Zeitskalen entstanden und entwickelten sich die verschiedenen stellaren Populationen, Gas- und Staubkomponenten der galaktischen Scheibe? Welche Prozesse regeln die Rückkopplung und Anreicherung mit schwereren Elementen, also den kosmischen Materiekreislauf? Wie hängt die Sternentstehungsrate mit dem interstellaren Medium zusammen, sowohl lokal als auch auf einer galaktischen Skala?

Die Beobachtungsgruppen des SFB 881 waren an den umfangreichsten photometrischen und spektroskopischen Durchmusterungen der Milchstraße beteiligt. Von besonderer Bedeutung war die Auswertung der Daten der europäischen ESA-Satellitenmission »Gaia«. Sie verfolgt das Ziel, die größte und genaueste dreidimensionale Karte der Milchstraße zu erstellen, indem ca. 1 Prozent der 100 Milliarden Sterne der Galaxis vermessen werden. Welchen gewaltigen Fortschritt hinsichtlich der Datenlage diese Mission bedeutet, ergibt sich allein schon daraus, dass »Gaia« in der Lage ist, die Bewegung jedes Sterns auf seiner Umlaufbahn um das Zentrum der Galaxie zu erfassen und sehr genau zu messen. Jeder der 1 Milliarde Sterne, die »Gaia« unter-

Abb. 73: Die ESA-Raumsonde »Gaia«.

sucht, wird über einen Zeitraum von fünf Jahren durchschnittlich 70-mal beobachtet, um eine Aufzeichnung der Helligkeit und der Position jedes Sterns im Laufe der Zeit und damit der Eigenbewegung der Sterne zu erstellen. Wie wir sehen werden, ermöglicht »Gaia« damit völlig neue Einblicke in die Entstehungsgeschichte der Milchstraße.

Parallel zu dieser enormen Verbesserung der Beobachtungslage durch »Gaia« wurden in den theoretisch arbeitenden Gruppen auf einem für den SFB neu eingerichteten und äußerst leistungsfähigen Supercomputer aufwendige Simulationen durchgeführt und damit Vergleichsstudien zwischen theoretischen Modellen und Beobachtungen ermöglicht. In den zwölf Jahren von 2011 bis 2022 konnten vom SFB 881 enorme Fortschritte für das Verständnis der Entstehung und Entwicklung der Milchstraße erzielt werden. Dank seiner Ergebnisse können wir heute viel mehr und viel Konkreteres dazu sagen, wie unsere Milchstraße entstanden ist und wie zutreffend oder nicht zutreffend diverse Theorien sind. Und wir können auch etwas dazu sagen, ob unsere Milchstraße nur eine »08/15-Galaxie« ist oder ob sie doch ganz besondere Kennzeichen aufweist.

Kosmologie vor der Haustür: Die Verschmelzungsgeschichte der Milchstraße

Werfen wir nun einen Blick auf das aktuelle Bild der Kosmologie, also der Wissenschaft vom Universum als Ganzem (alles, was wir bislang besprochen hatten, ist dagegen ja nur Kleinkram – nur die Kosmologie beschäftigt sich mit den wirklich großen Dingen!). Was sagen die modernen kosmologischen Modelle zur Galaxienentstehung, und welche Schlussfolgerungen können wir für die Entstehung unserer eigenen Galaxis daraus ziehen? Dazu müssen wir die Entstehung der Galaxien in die Geschichte und Entwicklung des gesamten Kosmos einbetten.

Wie entstehen überhaupt Galaxien?

Galaxien sind Sterneninseln in einem fast völlig leeren Ozean des Universums. Die Bildung von Objekten, die aus immerhin Milliarden Sternen bestehen, ist angesichts der seit dem Anfang des Universums ablaufenden Expansion des Raumes schon eine Überraschung. Was vom Anfang übrig blieb, ist die kosmische Hintergrundstrahlung; sie ist äußerst gleich verteilt im Raum. Mit anderen Worten: Das Universum war anfangs sehr homogen und isotrop, also richtungsunabhängig. Wieso gibt es dann heute so viele Galaxien, und dazwischen ist fast nichts? Wie konnte sich überhaupt Materie verdichten, wo doch die Dichte der Materie eigentlich wegen der Expansion immer weiter abnehmen müsste? Schließlich entspricht die Dichte ja Masse pro Volumen, die Dichte ist also umgekehrt proportional zum Volumen. Das Volumen einer Kugel wiederum ist proportional zu r^3, wobei r der Radius der Kugel ist. Die Materiedichte verringert sich also dramatisch (umgekehrt proportional zu r^3), wenn das Universum immer größer wird. Und daran kann kein Zweifel sein: Das Universum expandiert.

So weit, so gut. Wie kann sich aber dann in einem expandierenden Universum die Dichte lokal, also nicht überall, sondern hier und da erhöhen? Die Antwort ist ganz klar: Es muss von Anfang an Dichteunterschiede gegeben haben, die bereits so groß waren, dass die Schwerkraft, die diese Dichteschwankungen auf sich selbst ausgewirkt haben, ausgereicht hat, um Galaxien zu bilden. Mit anderen Worten: Der Wert der Dichte in den Schwankungen muss größer gewesen sein als im Hintergrund. Man spricht auch vom Dichtekontrast, der größer sein muss als 1. Nur dann kann die Schwerkraftwirkung sich immer weiter auch auf die unmittelbare Umgebung verstärken, indem sie immer mehr Material zu sich heranzieht. Der Dichtekontrast wächst weiter an und verstärkt sich immer mehr, die Schwerkraft hat gewonnen gegenüber der Expansion. Galaxien gibt es also nur dann, wenn die Dichteschwankungen am Anfang so deutlich waren, dass die Schwerkraft gewinnt und Materie zusammenzieht.

Abb. 74: Die Strukturbildung im Universum. In die Dichtefluktuationen der Dunklen Materie fällt die baryonische Materie. Dort kühlt sie sich ab und verdichtet sich weiter zu Galaxien.

Allerdings ist die Hintergrundstrahlung als einziger Zeuge des frühen Kosmos völlig gleich verteilt, da erkennt man keine Dichteschwankungen. Das ist auch verständlich, denn schließlich war der Anfang des Universums ja sehr heiß, das heißt, die Strahlung war sehr intensiv und hat jede Dichteschwankung sofort durch den Druck der Strahlung wieder ausgeglichen. Erst als das Universum schon recht groß und kalt genug war, konnten sich überhaupt Dichteschwankungen in der Materie bilden, die mit elektromagnetischer Strahlung wechselwirkt. Seit 1992 kennen wir diese Schwankungen, und wir wissen auch, dass sie bis heute niemals zu Galaxien hätten anwachsen können, denn sie sind zu schwach. Beobachtet wurden Schwankungen von 10^{-6}, das heißt, sie waren so winzig, dass sie sich niemals zu Galaxien hätten verstärken können. Und jetzt?

Jetzt kommt die Dunkle Materie ins Spiel. Sie konnte sich viel früher als die leuchtende Materie in Dichteschwankungen strukturieren und damit als Kondensationskeime für die Entstehung von Galaxien wirken.

So haben wir heute folgendes theoretische Szenario für die Entstehung von Galaxien und damit auch unserer Milchstraße vorliegen: Nur in einem Halo aus Dunkler Materie kann sich die leuchtende Materie verdichten, und zwar in sehr großen und dichten Gaswolken. Und weil die Schwerkraft am stärksten und schnellsten in kleineren Strukturen wirksam ist, entstehen ganz am Anfang Kugelsternhaufen und erste kleine, sich um eine Achse drehende Zwerggalaxien, die miteinander zu größeren Galaxien verschmelzen. All das passiert unter der ständigen Wirkung der Schwerkraft der Dunklen Materie, die sich womöglich ebenfalls in Klumpen strukturiert hat. Alles, was klumpt und miteinander durch Schwerkraft wechselwirkt und aneinander vorbeifliegt und sich gegenseitig bindet, wird sich zu drehen beginnen. Rotation und Gravitation aber sind die wichtigsten Bestandteile der Scheibengalaxien. Scheibengalaxien sind wiederum Scheiben, weil sie sich drehen. Je schneller sie sich drehen, umso stärker können kleinste Störungen als Balken oder Spiralen die Scheiben wiederum strukturieren, sodass sich nach Jahrmilliarden eine Scheibengalaxie mit allem Drum und Dran, mit zentralem Bulge, zentralem Balken, Spiralarmen und noch verbliebenen Begleitergalaxien ergibt. So lautet das theoretische Modell für die Entstehung einer Galaxie wie der Milchstraße.

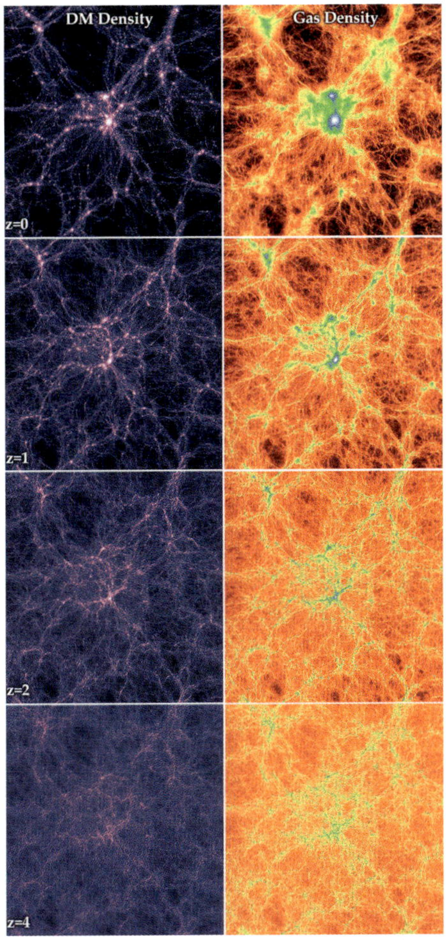

Abb. 75: Die kosmologische Simulation Illustris. Links in Blau zu sehen ist die dynamische Entwicklung der Dunklen Materie (von z = 4 bis heute, z = 0). Die gleichzeitige Entwicklung der leuchtenden Materie ist rechts in Gelb dargestellt.

Das Paradigma der Kosmologie ist also, dass Galaxien eine hierarchische Strukturbildung durchlaufen, dass größere Strukturen durch sukzessive Verschmelzung kleinerer Strukturen entstehen. Betrachten wir dazu die Phasen der kosmologischen Simulation »Illustris«, bei der die Dynamik der Dunklen Materie links in Blau und die gleichzeitige Entwicklung der leuchtenden Materie rechts in Gelb dargestellt ist.

Oben rechts wird also die Dichte der Gaskomponente dargestellt und wie sie sich in Abhängigkeit vom Alter des Universums, dargestellt als Rotverschiebung (z = 4: Universum ist ca. 1 Milliarde Jahre alt, bis heute z = 0: Universum ist 13,82 Milliarden Jahre alt), verändert, ausgehend von einer frühen Struktur, in der wir nur schwache Dichtekonzentrationen haben, hin zu einem Universum, das allmählich immer stärker strukturiert wird, wenn die Auswirkungen der Schwerkraft einsetzen. Aufgrund von Rückkopplungen bei der Sternentstehung und Supernova-Explosionen konnte die leuchtende Materie, die sogenannten Baryonen, umverteilt werden, die ursprünglich in das Gravitationspotenzial der Dunklen Materie gefallen ist. Insgesamt ergibt sich ein Bild, in dem sich größere Strukturen sukzessive aus der Verschmelzung kleinerer Strukturen bilden.

Dies ist nur ein Beispiel für die neuen »Erzählungen« der theoretischen Astronomie, die mithilfe von Computersimulationen möglich geworden sind.

Insgesamt deuten kosmologische Modelle, die das Universum als Ganzes (oder immerhin einen signifikanten Ausschnitt davon) simulieren oder mathematisch beschreiben, darauf hin, dass Signaturen vergangener Fusionsereignisse erhalten bleiben könnten. Kleinere Strukturen wie Zwerggalaxien sind dann wichtige Bausteine größerer Galaxien. Dieses Szenario lässt sich in galaktischen Halos verfolgen, wo die kinematischen Signaturen und Überdichten, die durch solche Fusionsereignisse verursacht werden, über lange Zeiträume hinweg beobachtet werden können. Darüber hinaus können die überlebenden kleinen Strukturen, die Zwerggalaxien, als Fossilien der Galaxienentstehung und -entwicklung betrachtet werden.

Abb. 76: Nach dem neuen hierarchischen Modell der Galaxienentstehung bildeten sich zuerst (oben) kleine galaktische Bausteine, die dann im Lebenszeitraum des Universums zu immer größeren Galaxien zusammenwuchsen.

Wir können dieses kosmologische Bild in Form eines Baumes darstellen, der die Verschmelzung kleinerer Galaxien zu einem immer größeren Objekt während der kosmischen Expansion veranschaulichen soll. Deshalb wächst dieser Baum von oben nach unten. Oben sind die kleineren Strukturen, die Äste, die nun verschmelzen und dickere und dickere Strukturen bilden, bis hin zum Stamm, der eine massive Galaxie oder sogar einen Galaxienhaufen darstellen könnte. Das gilt auch für unsere eigene Milchstraße.

Gemäß diesen theoretischen Überlegungen und Modellierungen erwarten wir also, dass es mehrere Fusionsereignisse in der frühen Lebensphase der Milchstraße gegeben hat. Dabei verschmolzen die Satellitengalaxien entweder teilweise oder vollständig in der Milchstraße, auf direkte oder indirekte Weise. Direkt durch die Aufnahme des Begleiters, man spricht dabei von Akkretion. Indirekt durch allmähliche Zerstörung und Übernahme der Materie des Begleiters.

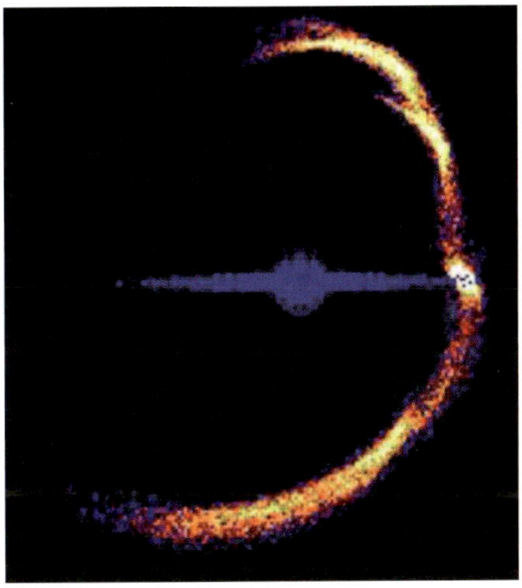

Abb. 77: In dieser Simulation erkennt man, wie eine Satellitengalaxie im Schwerkraftfeld der massereicheren Galaxie zerrissen wird.

Was passiert, wenn wie in Abb. 77 anhand einer numerischen Computersimulation der gravitativen Wechselwirkung sehr vieler Massenpunkte (man spricht da von einer »N-Körper-Simulation«) dargestellt, eine große Spiralgalaxie mit einer kleinen Zwerggalaxie durch ihre jeweilige Schwerkraft wechselwirkt? Der Satellit fällt in das Schwerkraftfeld der massereicheren Galaxie und umgekehrt. Während die Begleitergalaxie ihre Bahn zieht und den Gezeitenkräften zwischen sich und der massereicheren Galaxie ausgesetzt ist, werden allmählich Sterne aus der kleineren Galaxie beschleunigt und bilden Gezeitenarme. Schließlich wird die Zwerggalaxie vollständig zerrissen, und die Strömungen beziehungsweise Überreste an Gas werden von der massereicheren Galaxie akkretiert.

Dies kann dazu führen, dass die kleinere Satellitengalaxie bis zu 90 Prozent ihrer ursprünglichen Masse verliert. Aber der Rest eines solchen Verschmelzungsprozesses könnte im Prinzip verbleiben. Im Extremfall kann es zu einer vollständigen Zertrümmerung des Satelliten kommen. Oder die große Galaxie akkretiert den Satelliten. Größere Satelliten mit größeren Massen erfahren eine deutlichere Schwerkraftwechselwirkung, man spricht dabei von dynamischer Reibung. Deshalb sinken die massereichen Begleitergalaxien bei der Akkretion schneller in die inneren Regionen der massereicheren Galaxie.

Seitdem man den Anteil an schweren Elementen, die weiter oben schon beschriebene *Metallizität*, in Galaxien in der elektromagnetischen Strahlung nachweisen kann, ist eine fundamentale Beziehung zwischen der Masse von Galaxien und ihrer Metallizität bekannt: Massereichere Galaxien sind metallreicher, enthalten also mehr schwere Elemente. Die Erklärung: Massereichere, also schwerere Galaxien haben auch ein stärker wirkendes Gravitationsfeld. Deshalb werden die schweren Elemente, die bei Supernova-Explosionen ins interstellare Medium ausgestoßen werden, von der Galaxie festgehalten. Kleine und deshalb leichtere Zwerggalaxien hingegen verlieren ihre Metalle, ihr Gravitationsfeld ist zu schwach. Das in den Sternen erbrütete, mit schweren Elementen angereicherte Material strömt aus den kleinen Galaxien heraus und wird im intergalaktischen Medium verstreut.

Deshalb tragen Satellitengalaxien mit größerer Masse, die im Zentrum der massereichen Galaxien versinken, zu einer höheren Metallizität bei als die kleineren metallärmeren leichteren Satelliten. Wir erwarten also, dass aufgrund der Masse-Metallizitäts-Beziehung Sterne mit höherer Metallizität bei kleineren Radien landen.

Sollte eine Galaxie mehrere solcher Akkretionsereignisse durchlaufen, kann man bei großen Entfernungen vom Zentrum der massereichen Scheibengalaxie mehr erkennbare Überreste von eingefangenen Zwerggalaxien erwarten – Signaturen, die etwas über die frühen Phasen der Galaxie aussagen können.

Kosmologische Szenarien zeigen, dass die Halos massereicherer Galaxien mit zwei verschiedenen Arten von Sternen bevölkert sind. Einerseits mit Sternen der Begleitergalaxien, die akkretiert wurden, ex situ. Andererseits entstehen in der Galaxie natürlich auch selbst Sterne, also in situ. Es stellt sich heraus, dass Halos von innen nach außen wachsen: An den äußeren Ansammlungen von akkretierten Sternen, in den inneren Regionen, finden wir die in situ gebildeten Sterne. Neuere Simulationen[17] zeigen (Abb. 78, rechts) die in situ gebildeten Sterne in der akkretierenden Galaxie, sie sind relativ gleichmäßig um das Zentrum der Galaxie verteilt, mit zunehmender Entfernung nimmt ihre Sterndichte ab. Links in Abb. 78 sind die akkretierten Sterne zu sehen, sie füllen ein viel größeres Volumen aus und zeigen viel mehr ungleichmäßige Verteilungen; sie sind die Indizien, Hinweise, Signaturen der Wechselwirkungsereignisse.

Dementsprechend kann man aus den Simulationen folgern, dass im Lauf der Galaxienentstehung eine Vielzahl von Zwerggalaxien direkt aufgenommen wurde oder ihre zerrissenen Gas- und Sternströme später aufgesammelt worden sein könnten. Aus unterschiedlichen Simulationen ergeben sich Schätzungen, dass nur einige Satelliten mit 10^8 bis 10^9 Sonnenmassen in der Lage sind, den Hauptbeitrag zu stellaren Halos leisten. Außerdem zeigen die Simulationen, dass solche Akkretionsereignisse vor neun Milliarden Jahren oder früher passiert sein müssen und zur Bildung der inneren Halos massereicher Galaxien beigetragen haben könnten.

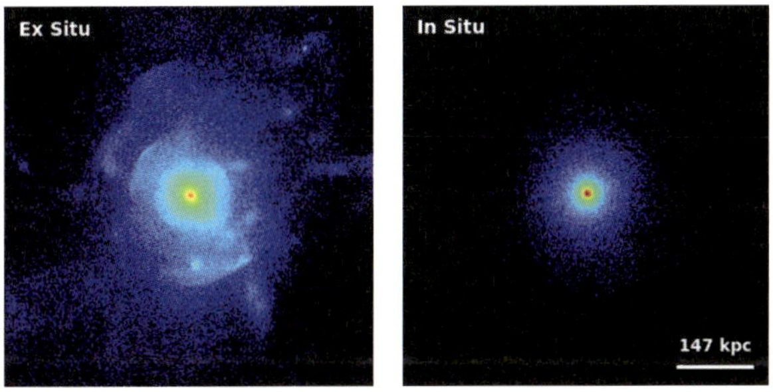

Abb. 78: Simulationen zeigen links die Verteilung der akkretierten Sterne (ex-situ) und rechts der selbst erzeugten Sterne (in-situ) während eines galaktischen Verschmelzungsprozesses.

Die Simulationen belegen auch, dass in einer schweren Wirtsgalaxie, die viel Gas enthält, der In-situ-Sternentstehungsprozess während der gesamten Lebenszeit der Galaxie in der Scheibe weitergeht. Die Akkretionsereignisse der schwersten Zwerggalaxien finden bereits sehr früh statt, und sie füllen ein viel größeres Volumen, den Halo. Dabei kann es vorkommen, dass einige der Satelliten während ihrer Bewegung um die Wirtsgalaxien lange Zeit überleben und erst viel später einfallen. Solche Ereignisse würden im Fall der Milchstraße dem Einfall der beiden Magellanschen Wolken entsprechen, der erst in Zukunft passieren wird.

Die numerischen Simulationen geben den galaktischen Archäologen des SFB 881 wichtige Hinweise darüber, was man an Beobachtungssignaturen im Halo zu erwarten hätte und in welchen Bereichen der Milchstraße man nach Überresten von Satellitengalaxien suchen sollte.

Die Suche nach den Spuren der Entstehung und Entwicklung der Milchstraße

Tatsächlich wurde das erste und ziemlich spektakuläre Akkretionsereignis lange vor »Gaia« entdeckt, nämlich bereits 1994. Damals wurde die Zwerggalaxie Sagittarius, eine kleine elliptische, schleifenförmige Satellitengalaxie in 70 000 Lichtjahren Entfernung, gefunden. Sie liegt im Sternbild Schütze (Sagittarius), hat einen Durchmesser von etwa 10 000 Lichtjahren und beherbergt vier bekannte Kugelsternhaufen, darunter Messier 54.

Abb. 80 ist eine Infrarotaufnahme des »Two Micron All Sky Survey (2MASS)« der Milchstraße, einer wichtigen, sehr empfindlichen Durchmusterung des Himmels im nahen Infraroten mit dem Cerro-Tololo-Teleskop. Sie zeigt die galaktische Scheibe, den Bulge und auch die beiden Magellanschen Wolken, die zwei prominentesten aktiven sternbildenden Satelliten der Milchstraße.

Auf der Aufnahme davor ist ein diffuser Lichtstrahl im unteren Teil des Bulge zu erkennen. Das ist das von der Schwerkraft der Milchstraße zerrissene Zentrum der Zwerggalaxie Sagittarius. Dank der »Gaia«-Daten ist es nicht nur möglich, stellare Überdichten am Himmel zu erkennen, sondern auch, die Bewegungsrichtung der Sterne abzuleiten. Zusammen mit den Entfernungsbestimmungen, die mittels

Abb. 79: Das erste und ziemlich spektakuläre Akkretionsereignis in der Milchstraße: die Zwerggalaxie Sagittarius, eine kleine elliptische, schleifenförmige Satellitengalaxie in 70 000 Lichtjahren Entfernung.

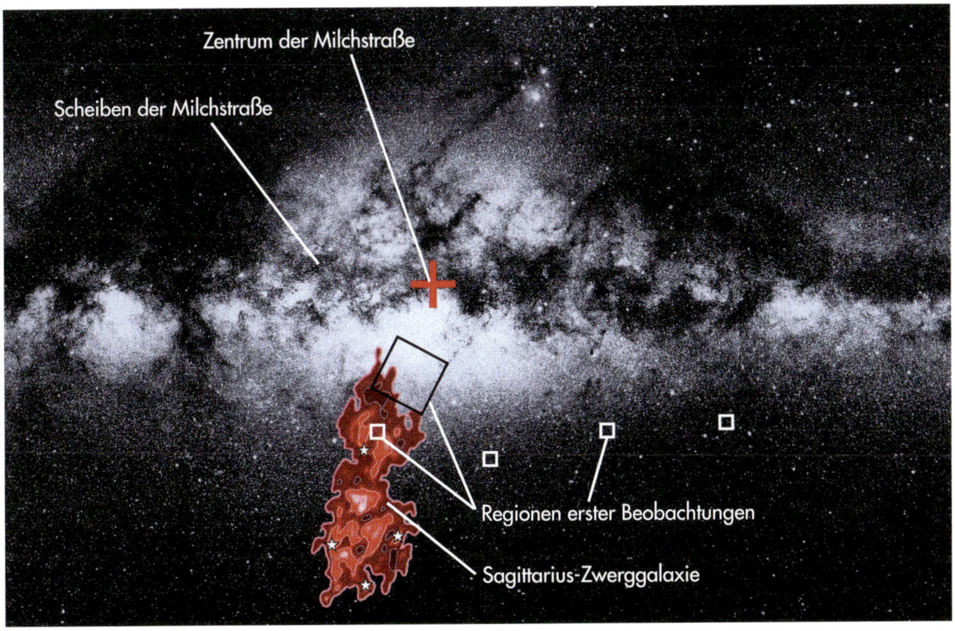

Abb. 80: Infrarotaufnahme des »Two Micron All Sky Survey (2MASS)« der Milchstraße. Es zeigt die galaktische Scheibe, den Bulge und auch die beiden Magellanschen Wolken.

sehr alter Veränderlicher RR-Lyrae-Sterne möglich waren, gelang es, die gravitativen Wechselwirkungen von Sagittarius und der Großen Magellanschen Wolke mit der Milchstraße im Detail zu untersuchen. Vor allem konnte man so die Umlaufbahn von Sagittarius genauer numerisch rekonstruieren. Sagittarius ist bereits dreimal in die Milchstraße gestürzt: vor knapp sechs Milliarden Jahren, vor zwei Milliarden Jahren und vor rund einer Milliarde Jahren. Dazwischen hat sie die Milchstraße immer wieder umkreist.

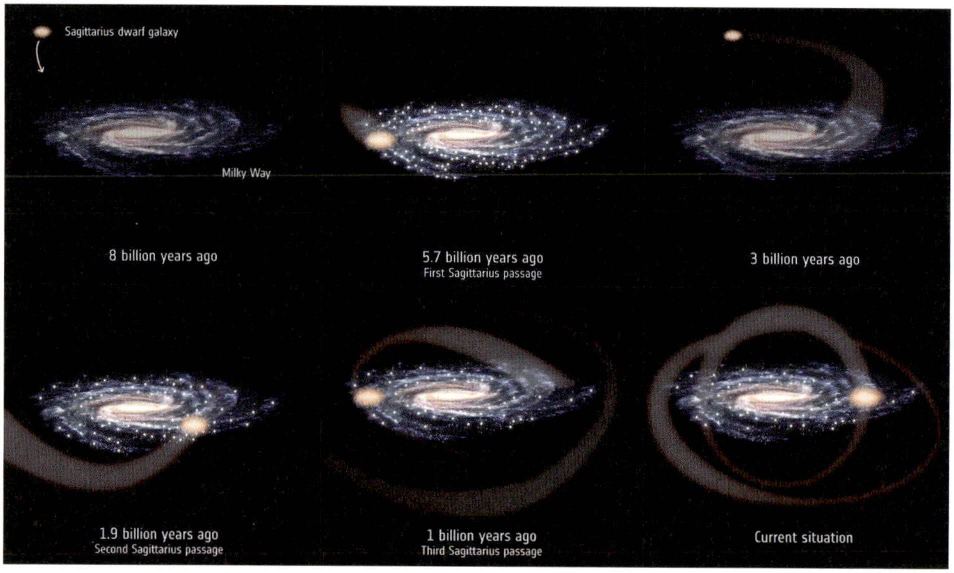

Abb. 81: Die Sagittarius-Zwerggalaxie ist mindestens dreimal durch den Außenbereich der Milchstraße hindurchgewandert.

Mittels der Daten von »Gaia« wurden Leuchtkraft, Entfernung und Temperatur der Sterne in einem Umkreis von rund 6500 Lichtjahren um die Sonne analysiert. Auf diese Weise sollten Reste von alten Wechselwirkungsereignissen mit Sagittarius nachgewiesen werden, denn mit diesen Informationen kann man auf das Alter der Sterne schließen und damit ihre Geburtszeit bestimmen.

Drei Perioden mit starker Sternentstehung lassen sich aus den Daten ablesen, die möglicherweise mit den Sagittarius-Passagen zeitlich zusammenhängen könnten: vor 5,7 Milliarden Jahren, vor 1,9 Milliarden Jahren und vor etwa einer Milliarde Jahren. Die Zwerggalaxie könnte mit ihrer Schwerkraft Gas und Staub in der Milchstraße so in Bewegung versetzt haben, dass es vielerorts zu verstärkter Wolkenbildung und damit zur Geburt neuer Sterne kam. Es besteht also der dringende Verdacht, dass Sagittarius die Struktur, die stellare Dynamik und in Teilen auch die Entstehung und Entwicklung der Sterne unserer Milchstraße durchaus nennenswert beeinflusst haben könnte.

Nicht nur das, möglicherweise ist der kleine Begleiter der Milchstraße auch für die Verbiegung des Randes der galaktischen Scheibe verantwortlich. Die »Gaia«-Bewegungsdaten von zwölf Millionen Sternen, eben vom Rand der Milchstraße, legen diesen Schluss nahe. Der Rand ist nämlich nicht nur verbogen, sondern er »eiert« auch um das Zentrum, unabhängig von der Rotation der Sterne in der Scheibe. Diese Wellenbewegung dauert rund 650 Millionen Jahre – sie kann mit ungleichmäßig verteilter Dunkler Materie im Halo oder einem intergalaktischen Magnetfeld nicht erklärt werden.

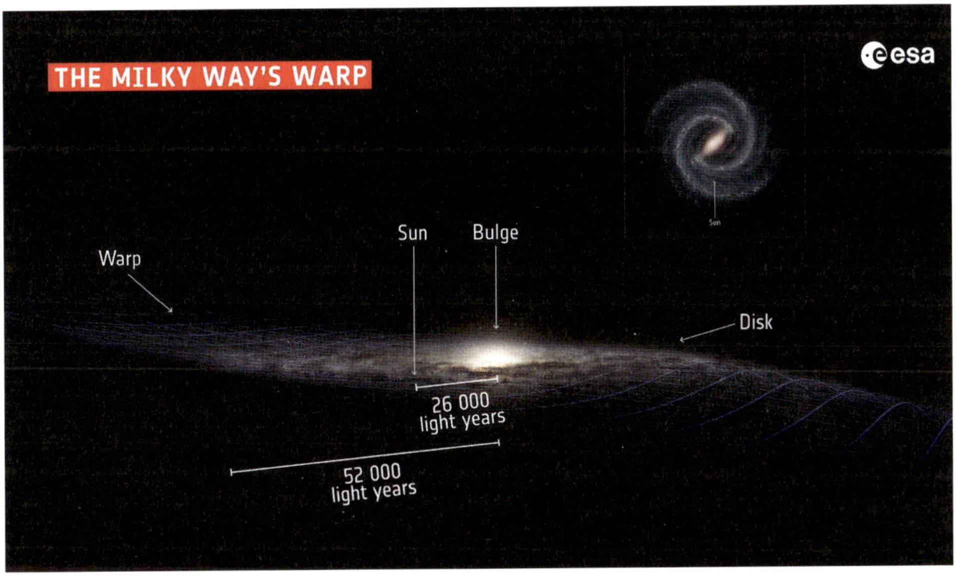

Abb. 82: Die Wölbung der Milchstraßen-Ebene und die Lage unseres Sonnensystems.

Der wiederkehrende Einfall einer Begleitgalaxie in die galaktische Scheibe hingegen könnte ein Grund für diese sich wellenartig bewegende Verbiegung am Rand der Milchstraße sein. Massen können Massen in Schwingung versetzen, und die »Gaia«-Daten sprechen für vorübergehende Störungen, wie das ja offensichtlich mit Sagittarius mindestens dreimal passiert ist.

Demnächst, das heißt in etwa 100 Millionen Jahren, steht die nächste Passage an. Die Zwerggalaxie wird dabei höchstwahrscheinlich endgültig zerrissen. Aber Sagittarius kennt das, denn bei der ersten Passage hat sie fast ihr ganzes Gas verloren. Sie konnte deshalb kaum neue Sterne bilden. Mit jeder Passage wurde sie leichter, verlor Gas, Sterne und sogar ihre Kugelsternhaufen an die Milchstraße.

Diese Übernahme fremder Kugelsternhaufen kann man an deren geringerer Metallizität ablesen. Die Menge an schweren Elementen in den Sternen hängt ja mit der Masse der jeweiligen Wirtsgalaxie zusammen. Je geringer die Metallizität, umso kleiner muss die Masse der Wirtsgalaxie gewesen sein. Der Metallgehalt eines Kugelsternhaufens ist also ein direkter Hinweis auf den Ursprung des Sternhaufens. Und dieser Zusammenhang erlaubt es, die Zahl der Kugelsternhaufen pro wechselwirkender Galaxie zu bestimmen. Die metallreicheren kugelförmigen Sternhaufen wurden von der Milchstraße selbst gebildet, und Sagittarius hat neun Kugelsternhaufen beigetragen.

Die Wechselwirkung mit Sagittarius ist sicher eine wichtige und einflussreiche Episode in der frühen Geschichte der Milchstraße. »Gaia« hat aber auch Indizien für ein noch viel bedeutenderes Ereignis in der jungen Geschichte der Milchstraße entdeckt.

Akkretion von weiteren Satelliten: Gaia-Enceladus

Wie findet man eigentlich Überreste von solchen Verschmelzungen oder Akkretionsereignissen von Zwerggalaxien? Man sucht nach Hinweisen, Indizien, Spuren, und zwar insbesondere von Sternen, die mit ihren Eigenschaften nicht mit den Sternen der Milchstraße zusammenpassen. In den »Gaia«-Daten wurden tatsächlich solche Hinweise gefunden. Da gibt es zum Beispiel die Sterne der dicken Sternscheibe und die Sterne im Halo. Beide Populationen sind eher metallarm. Sieht man sich aber deren Geschwindigkeitsverteilung an, dann stellt sich heraus, dass viele der metallarmen Sterne nicht der Rotation der Scheibe folgen. In Sonnennähe beträgt die allgemeine Rotation rund 200 km/s für alle Sterne in der dünnen Scheibe. Die Abweichungen zu den Sternen der dicken Scheibe und zum Bereich mit Sternen des Halos (mit ca. 0 km/s) sind überdeutlich. Auf diese Weise konnte anhand der »Gaia«-Daten ein Fusionsereignis identifiziert werden, das vor ca. zehn Milliarden Jahren stattgefunden und zu der Population von metallarmen Sternen beigetragen hat, die nicht der allgemeinen typischen galaktischen Rotation folgen. Ein Großteil der Sterne, die

Abb. 83: »Gaia«-Entdeckung einer großen Anzahl von Sternen, die sich auf langgestreckten Bahnen in entgegen»esetzter Richtung zu den meisten Sternen der Milchstraße bewegen.

sich im inneren Halo befinden, stammt aus diesem Ereignis, genannt Gaia-Enceladus.

Noch deutlicher ist die Entdeckung einer Sternfamilie mit niedriger Metallizität, die sich auf langgestreckten Bahnen ums Zentrum in die entgegengesetzte Richtung zu den meisten Milchstraßensternen bewegen. Abb. 83 stammt aus der »Gaia«-Pressemitteilung von 2018. Die Bewegung der Sterne wird darauf durch kleine gelbe Pfeile angezeigt.

Die Sterne von Gaia-Enceladus sind alt, älter als die dicke Scheibe. Gaia-Enceladus lieferte der Milchstraße 27 Kugelsternhaufen mit sehr niedriger Metallizität. Deren Position geben im Diagramm von Abb. 84 die weißen Kreise an. All diese Ergebnisse führen zum Szenario einer 1:4-Fusion. Mit anderen Worten: Gaia-Enceladus war etwas massereicher als die Kleine Magellansche Wolke. Die Metallizität des Satelliten liefert den Ereigniszeitpunkt. Ergebnis: Gaia-Enceladus prallte vor zehn Milliarden Jahren auf eine junge Milchstraße mit dicker Sternscheibe und Halo, sie lieferte Sterne hoher Metallizität.

Sagittarius vor sechs Milliarden Jahren und Gaia-Enceladus vor zehn Milliarden Jahren – war das schon alles, oder gab es noch mehr Begegnungen, die für die Begleitergalaxien katastrophal verliefen? Wie findet man in den Milliarden Sternen noch weitere Hinweise auf galaktische Verschmelzungen?

Wichtige Augenzeugen sind besonders alte Sterne. Die finden sich in Kugelsternhaufen. Interessant sind dann die Objekte, die bei galaktischen Kollisionen quasi den »Besitzer« wechseln. Das Alter der Haufensterne, die Bewegungen der Kugelhaufen und die chemische Zusammensetzung geben zusammen theoretisch wichtige Hinweise auf den Ursprung in einer begleitenden Zwerggalaxie und auf den Zeitpunkt, ab dem sie Bestandteil unserer Galaxis wurden.

Nur, so einfach ist das nicht. Wenn Galaxien miteinander verschmelzen, ist richtig was los im gemeinsamen Gravitationsfeld. Die Bahnbewegungen von wechselnden Kugelsternhaufen werden regelrecht geschüttelt und gerührt. Mithilfe einer künstlichen Intelligenz gelang es, die Geschichte und Herkunft der Sternhaufen zu rekonstru-

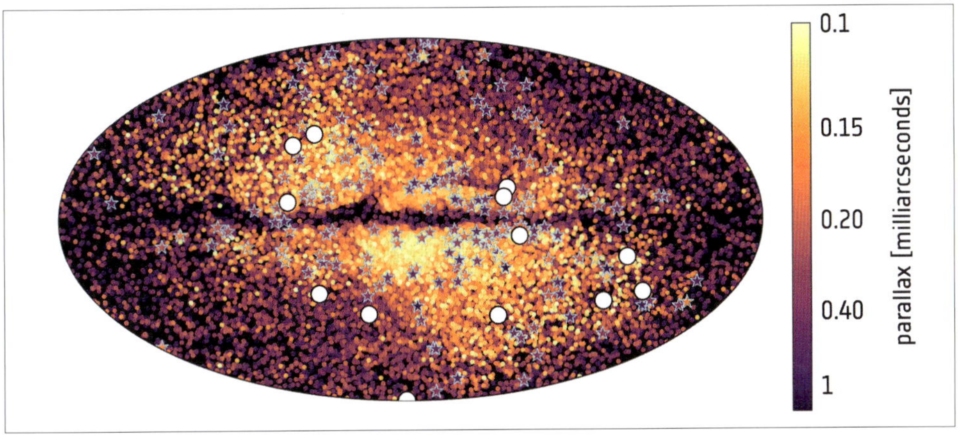

Abb. 84: Gaia-Enceladus lieferte der Milchstraße 27 Kugelsternhaufen mit sehr niedriger Metallizität (weiße Kreise im Diagramm).

ieren. In Kombination mit einer Computersimulation, die die Verschmelzung modellierte, konnten Astronomen einen Stammbaum der Milchstraße erstellen. Ein Schema, das erstmals im Überblick zeigt, wann unsere Galaxie mit einer anderen verschmolzen ist und welche Masse diese Kollisionspartner hatten.

Nach diesen Untersuchungen hätte die Milchstraße zehn kleinere und fünf große Kollisionen erlebt. Vier der großen Verschmelzungen stimmen mit bereits bekannten Ereignissen überein. Es ist schon einmal ein sehr wichtiges Ergebnis, dass der dabei verwendete Algorithmus die bereits bekannte Vergangenheit richtig wiedergibt. Aber er entdeckte eben noch weitere Ereignisse, von denen die Astronomen bis dahin nichts wussten. Ereignisse, die vor 10,1 Milliarden Jahren zu verschiedenen bekannten Sternströmen führten, die sich deutlich von der galaktischen Population unterscheiden: die sogenannten Helmi-Ströme. Außerdem stellte sich heraus, dass vor 9,4 Milliarden Jahren eine kleine Zwerggalaxie mit Namen Sequia akkretiert wurde. Beide Ereignisse waren eher kleine Kollisionen mit nur jeweils einem Prozent der damaligen Milchstraßenmasse.

Die KI-Simulations-Kombination liefert für den heftigen Zusammenstoß mit Gaia-Enceladus ein etwas späteres Datum, nämlich

9,1 Milliarden Jahre. Nach dieser Kollision hat die Milchstraße ihre heutige Form erreicht. Die letzte größere Kollision erfolgte dann vor rund 6,8 Milliarden Jahren mit der Sagittarius-Zwerggalaxie. Sie hatte nur etwa ein Hundertstel der Masse unserer Milchstraße, aber auch sie hat nachhaltige Veränderungen innerhalb der Galaxis verursacht, nicht zuletzt weil sie wie erwähnt dreimal die galaktische Scheibe durchkreuzte.

Eine Überraschung hielt der KI-Blick aber doch bereit: Der neue Stammbaum (Abb. 85) enthüllte nämlich noch eine fünfte große Verschmelzung unserer Galaxie. Sie soll sich sehr früh, vor knapp elf Milliarden Jahren, abgespielt haben. Und zwar in richtig großem Maßstab: Der Begleiter mit dem Namen »Kraken«, der da aufgefressen wurde von der Milchstraße, war ziemlich schwer im Vergleich zur

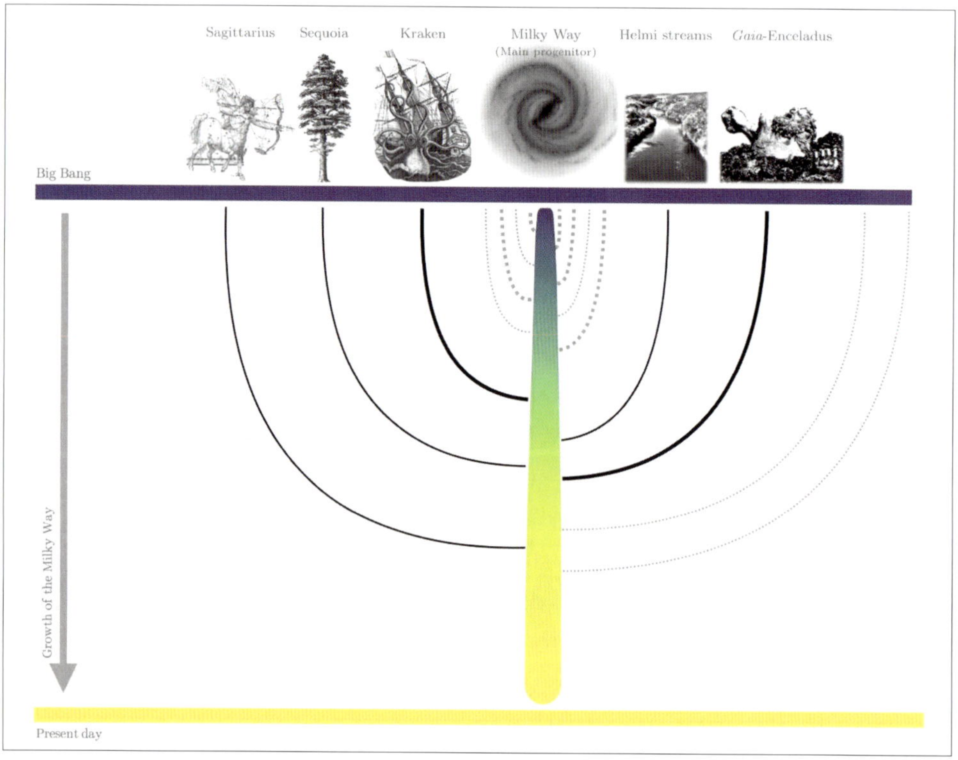

Abb. 85: Der neue Stammbaum der Galaxis enthüllte eine fünfte große Verschmelzung, die vor elf Milliarden Jahren stattfand. Der Begleiter von damals bekam den Namen »Kraken«.

damaligen noch jungen und leichten Milchstraße. Der Einschläger hatte womöglich ein Viertel der damaligen Milchstraßenmasse.

Die Hinweise, die die KI genutzt hat, kamen natürlich von den Kugelsternhaufen, die von der ersten großen Kollision erhalten geblieben sind. Sie bilden nach den Gaia-Enceladus-Kugelsternhaufen die zweitgrößte Gruppe. Die Kraken-Kugelsternhaufen unterscheiden sich hinsichtlich Zusammensetzung und Bewegung deutlich von den Gaia-Enceladus-Haufen: Sie sind am metallreichsten, ein Hinweis auf die große Masse. Entsprechend deutlich werden die Folgen dieses ersten großen Crashs für die Milchstraße gewesen sein.

Überraschend war auch das Ergebnis, dass den mit Abstand größten Teil der Sterne und damit auch größten Teil der stellaren Masse die Milchstraße selbst gebildet hat. Ihre Satellitengalaxien haben gerade einmal rund 2 Prozent, etwa 4,5 Milliarden Sonnenmassen, zu ihrer gesamten Masse beigetragen. Das ist im intergalaktischen Vergleich sehr wenig. Eigentlich liegen die Wechselwirkungsgewinne von Scheibengalaxien mindestens im 10-Prozent-Bereich. Doch unsere Milchstraße wuchs offenbar von selbst relativ schnell und erlebte danach nur wenige große Verschmelzungen. Am Ende trug die Entwicklung sowohl in kontinuierlicher Form als auch einzelnen Verschmelzungen und schrittweisen Wechselwirkungen dazu bei, die großen galaktischen Strukturen Bulge, Sternenscheibe und den Halo zu formen.

Leider vermag der KI-Stammbaum die Entstehungszeitpunkte der verschiedenen Komponenten der Milchstraße nur sehr vage anzugeben. Mehr könnte man über die unterschiedlichen Strukturbildungsphänomene erfahren, wenn genauere, zeitlich gestaffelte Informationen vorliegen würden. Wie in der irdischen Archäologie braucht man auch in der galaktischen Archäologie Datierungsmöglichkeiten. Das Alter von Sternen lässt sich entweder anhand des Gehalts an schweren Elementen bestimmen oder anhand der Phase, wenn im Zentrum eines Sterns der Vorrat an Wasserstoff vollständig in Helium verwandelt ist. Dann schrumpft der Kern des Sterns, und in der umgebenden Schale setzt die weitere Kernfusion von Wasserstoff zu Helium ein.

Der Stern expandiert dann und wird größer. In dieser nur wenige Millionen Jahre andauernden Phase verändert der Stern seinen Zustand grundlegend. Vom ruhigen, stabilen Stern, der seine Leuchtkraft aus der Fusion von Wasserstoff zu Helium bezieht, verwandelt er sich in einen instabilen, sich aufblähenden, allmählich immer heller und kühler werdenden Riesenstern. In dieser Übergangsphase bezeichnet man den Stern als Unterriesen, dessen Alter sich direkt aus Oberflächentemperatur und Helligkeit bestimmen lässt.

Diese Sternentwicklungsphase wurde nun dafür herangezogen, das Sternalter in der Scheibe der Milchstraße genauer zu untersuchen. Dazu wurden zwei sehr große Datensätze in einer groß angelegten Studie verwendet – der Gaia-Sternekatalog und der LAMOST-Survey. Der eine enthält die Informationen über Position und Eigenbewegung, der andere die Spektralanalyse von rund neun Millionen Sternen. Dabei wurden rund 250 000 Unterriesen entdeckt sowie ihr Alter, ihre Position und ihre chemische Zusammensetzung bestimmt, mit erstaunlichen Resultaten.

Offenbar reichen die Anfänge unserer Heimatgalaxie sehr weit zurück, denn es existieren Unterriesen mit einem Alter von bis zu 13 Milliarden Jahren in der dicken Scheibe der Milchstraße. Diese dicke Scheibe war demnach die erste große Struktur, mit rund 100 000 Lichtjahren radialer Ausdehnung und einer Höhe von bis zu 1000 Lichtjahren. Erst danach begann sich der galaktische Halo, also die ausgedehnte kugelförmige Hülle aus Gas, Kugelsternhaufen und Dunkler Materie, zu bilden, der die Sternenscheibe umgibt. Vor rund elf Milliarden Jahren war die Bildung des Halos weitgehend abgeschlossen.

Und danach erst folgten Ereignisse, die die Milchstraße längerfristig verwandelten. Aus den ausgewerteten Daten lässt sich ableiten, dass vor ca. 11,2 Milliarden Jahren viele Sterne der noch jungen Galaxis ihre Bahnen abrupt veränderten und es zu einem sehr auffälligen Ausbruch von Sternentstehung auf großen Skalen kam.

Der Grund dafür war eine der heftigsten Kollisionen in der Geschichte unserer Heimatgalaxie. Sie stieß, wie bereits erwähnt, mit der nur wenig kleineren Galaxie Gaia-Enceladus zusammen. Dieses Ereignis zerriss die rund zehn Milliarden Sonnenmassen schwere Nachbargalaxie und veränderte auch die Form und Struktur der Milchstraße nachhaltig – der zentrale Bulge bildete sich, und der Halo wuchs weiter an.

Eine Neubewertung ergibt sich allerdings aus den stellaren Daten: Der Zusammenstoß mit Gaia-Enceladus müsste rund eine Milliarde Jahre früher als angenommen stattgefunden haben, und zwar dann, als auch die Sternbildung abrupt zunahm. Die Schockwellen der Kollision ließen demnach vermehrt Gaswolken kollabieren und dadurch neue Sterne entstehen.

Vor rund acht Milliarden Jahren endeten dann die durchmischten und für die Sternentstehung so fruchtbaren »Teenagerjahre« der Milchstraße. Der größte Teil des interstellaren Wasserstoffgases in der dicken Scheibe war verbraucht, sodass dort nur noch wenige neue Sterne entstanden. Von da an bis heute entstanden in der Milchstraße nur noch in einer dünnen Scheibe Sterne.

Mit der Entwicklung dieser Struktur begann nun die lange, ruhige Reifephase unserer Heimatgalaxie. Weil die Milchstraße seither keine größeren Kollisionen mehr durchlaufen hat, ist ihre Struktur bis heute weitgehend unverändert geblieben. Damit entspricht die Entwicklung der Milchstraße dem, was auch Modelle für Galaxien vorhersagen: eine produktive Frühphase, gefolgt von einer ruhigen, wenig gestörten Spätperiode.

Und damit wären wir beim Heute angekommen. Die Nahfeldkosmologie oder auch galaktische Archäologie der letzten gut zehn Jahre hat manch Bekanntes bestätigt, manches variiert, aber auch etliche neue Facetten der Milchstraße entdeckt. Natürlich hat sich dadurch an der grundsätzlichen Tatsache, dass unsere Milchstraße eine Scheibengalaxie ist, nichts geändert. Doch die Milchstraßenforschung hat Geschichte geschrieben, die Geschichte unserer kosmischen Heimat.

Zukunftsperspektiven der Milchstraße

Jetzt bleibt eigentlich nur noch zu fragen: Wie geht es weiter? Was passiert mit unserer Milchstraße in der Zukunft? Die Gravitation zwischen den galaktischen Massen ist auch in Zukunft anziehend wirksam. In der unmittelbaren Nachbarschaft der Milchstraße gibt es einige Kandidaten, mit denen sie entweder verschmelzen könnte oder zumindest durch die gegenseitige Schwerkraftanziehung wechselwirken muss: Andromeda in 2,5 Millionen Lichtjahren Entfernung und die beiden viel näheren Satelliten Große und Kleine Magellansche Wolke, der eine 163 000 Lichtjahre, der andere etwa 200 000 Lichtjahre entfernt.

Es ist schon lange bekannt – weil als Blauverschiebung in den Spektren der Andromedagalaxie nachgewiesen –, dass sich unsere Milchstraße auf Andromeda zubewegt. In etwa vier Milliarden Jahren werden die beiden miteinander kollidieren. Die Fotocollage von Abb. 86 zeigt, wie der Nachthimmel kurz vor diesem Zusammenstoß aussehen könnte: Die Schwerkraft von Andromeda hat bereits begonnen, die am Himmel sichtbare Milchstraße zu verformen, die leuchtenden Arme der Nachbargalaxie dominieren bereits den Himmel.

Die Collage basiert auf einer Simulation eines NASA-Teams, das die künftige Kollision und ihre Auswirkungen berechnet hat. Demnach würde der erste Kontakt noch etwa zwei Milliarden Jahre dauern, bis beide Galaxien sich komplett durchdrungen haben und zu einer einzigen elliptischen Galaxie verschmolzen sind. Einen direkten Zusammenstoß von Sternen wird es aber kaum geben, denn die Sterne sind so weit voneinander entfernt, dass sie ohne große Probleme aneinander vorbeiwandern können. Auch der Sonne droht daher nach Ansicht der Astronomen keine große Gefahr, sie wird erhalten bleiben. Unser Sonnensystem wird sich allerdings verändern: Die Kollision schleudert es weiter nach außen auf eine veränderte Umlaufbahn um das dann neue galaktische Zentrum.

Jüngst wurde dank einer Simulation, die die neuesten Daten berücksichtigt, eine noch frühere Kollision vorhergesagt: In rund zwei

Milliarden Jahren wird die Milchstraße demnach eine katastrophale Verschmelzung mit der Großen Magellanschen Wolke erleben. Neueste Beobachtungsdaten sprechen nämlich dafür, dass die Große Magellansche Wolke zwar 20-mal weniger Sternenmasse umfasst als die Milchstraße, aber dafür deutlich mehr Dunkle Materie enthält als

Abb. 86: Eine Fotocollage, wie der Nachthimmel kurz vor der Verschmelzung der Andromedagalaxie mit der Milchstraße aussehen wird.

lange angenommen – und das ändert alles. Denn die zusätzliche Masse wirkt sich natürlich auf die Bahn der Galaxie aus. Die Große Magellansche Wolke bewegt sich zwar momentan von der Milchstraße weg, aber sie wird abgebremst, weil die dynamischen Kräfte ihrer Bewegung Energie entziehen. Vermutlich, so die Simulationen, wird sie in rund einer Milliarde Jahren umkehren und wieder in Richtung Milchstraßenzentrum »zurückfallen« und mit der Milchstraße verschmelzen.

Die Sternenmasse unserer Galaxie nimmt dabei vor allem im Halo deutlich zu. Scheibe und Bulge bleiben erhalten. Aber der Zustrom an Gas von der Großen Magellanschen Wolke wird das zentrale Schwarze Loch der Milchstraße füttern, es wird deutlich an Masse zunehmen. Die Massenzunahme wird das galaktische Zentrum in strahlende Aktivität versetzen. Das Gas wird beim Fallen ins Schwarze Loch hell leuchten, eine große Gasscheibe wird sich um das Zentrum versammeln, und intensive Plasmaströmungen, sogenannte Jets, werden aus dem Zentrum in den Halo der Milchstraße schießen – ein Quasar bei uns zu Hause! Für zukünftige Astronomen ein Spektakel am Himmel. Während durch diesen galaktischen Crash viele Sterne nahe am galaktischen Zentrum aus ihren Bahnen herausgeschleudert werden und in den Halo der Milchstraße gelangen, bleibt die Sonne aber auf ihrer Bahn.

Interessant ist auch eine weitere Schlussfolgerung dieser theoretischen Untersuchung: Dieser Zusammenstoß mit der Großen Magellanschen Wolke ist längst überfällig. Denn bisher ist die Milchstraße eigentlich anomal. Im Verhältnis zur Masse ihres Bulge ist ihr Schwarzes Loch im Zentrum nämlich um den Faktor 10 zu klein, und auch ihr stellarer Halo ist zu leicht und hat zu wenig schwere Elemente. Die Verschmelzung mit der Großen Magellanschen Wolke könnte diese Abweichungen von der Normalität beseitigen. Beide, Halo und zentrales Schwarzes Loch, würden schwerer, und die Milchstraße wäre dann eine ganz normale, durchschnittliche Galaxie.

Wenn die Große Magellansche Wolke und die Andromedagalaxie mit unserer Milchstraße verschmolzen sind, wenn sich immer wieder neue Sterne auch in dieser größeren und aktiveren neuen Galaxis gebildet haben werden, dann wird diese neue Milchstraße in Richtung des Virgo-Galaxienhaufens fliegen und dort neue Abenteuer des Tanzes der Schwerkraft mit anderen Galaxien erleben. Denn die Schwerkraft wirkt weiter, auch wenn das Universum sich immer weiter ausbreitet.

Abb. 87: Die Milchstraße und die beiden Magellanschen Wolken hinter dem Very Large Telescope (VLT) der ESO.

Nachwort

Auf ihrer Reise durch die Zeit ist die Menschheit an einem Punkt angekommen, an dem sie in der Lage ist, unsere kosmische Heimat, die wir Milchstraße nennen, intellektuell zu erfassen, zu begreifen und wissenschaftlich zu vermessen. Wir sehen sie in klaren Nächten nicht mehr nur als matt schimmerndes Band am Himmel, das den Sternenhimmel romantisch ergänzt und umfängt – wir wissen im fortschreitenden 21. Jahrhundert mittlerweile eine Menge darüber, wie sie aufgebaut ist, wie sie entstanden ist, wir können ihr Schicksal abschätzen. Wir sind zu alldem in der Lage, obwohl die Milchstraße in ihrer ganzen Ausprägung jede Vorstellungskraft sprengt, ja, sprengen muss ob ihrer schieren Größe, ihres unermesslichen Reichtums an Sternen, Sternhaufen, Sternleichen und des Rohmaterials, aus dem einst neue Generationen von Sternen geboren werden. Fantastisch groß und dennoch klein im Angesicht des Universums als Ganzen – das ist unsere Milchstraße.

Sie ist daher auch nicht irgendeine Galaxie, sondern die Sterneninsel, deren Teil wir sind, wir, die sie von innen heraus beobachten und zu verstehen versuchen. Und zwar im wahrsten Sinne des Wortes sind wir ein Teil, denn unsere atomaren Bausteine stammen von den Sternen der Milchstraße. Sie bildet mit ihrer Schwerkraft das sichere Netz für die Materie, aus der sie besteht. Ohne die Milchstraße wären wir nicht. Denn der Sternenstaub, aus dem wir bestehen, hätte nie seinen Weg gefunden in die Gaswolke, aus der unser Sonnensystem entstanden ist. Seinen Ursprung hat das stellare Material in den Fusionsöfen der Sterne. Und vor allem die großen und schweren unter ihnen verteilen die chemischen Elemente mittels gewaltiger Explosionen in ihre interstellare Umgebung. Gäbe es da nicht die Gravitation unserer

Milchstraße, würde das ausgestoßene Material sich mit großen Geschwindigkeiten in den intergalaktischen Raum verflüchtigen. So aber rennen die explodierenden Sternhüllen der Supernova-Explosionen zwar in den interstellaren Raum und blasen Supernova-Überreste auf, die sich bis zu einigen Hundert Lichtjahren ausbreiten. Aber dort treffen die Explosionstrümmer auf das interstellare Gas, das die Strömungen abbremst und abkühlt. Und weil die Milchstraße alles zusammenhält, können sich neue Gaswolken verdichten und in ihnen neue Sterne bilden. So verläuft der große kosmische Kreislauf der Materie. Als Ergebnis dieses großen Materiekreislaufs reicherten sich die Gaswolken immer mehr mit schweren Elementen jenseits vom Edelgas Helium an. Es formten sich Moleküle, Staubteilchen aus Kohlenstoff, Sauerstoff, Eisen und Silizium, aber auch Wasser, Kohlenwasserstoffmoleküle bis hin zu den Aminosäuren. Und warum? Weil eben das großräumige Schwerkraftfeld der Milchstraße die überschnellen, explodierten Sternhüllen festhielt und damit immer wieder im interstellaren Material versammelte. Aber nicht irgendwo, sondern in über mehrere Tausend Lichtjahre sich hinziehenden Spiralarmen, die mit ihrer Wirkung Gaswolken so sehr verdichteten, dass die wiederum immer weiter kollabierten und neue Sterne bildeten. Die Spiralarme aber sind wellenartige Strukturen, die sich als Ergebnis der unterschiedlichen Geschwindigkeiten der galaktischen Gas-, Staub- und Sternscheibe immer wieder neu bilden, während die Scheibe als Ganzes sich um das Zentrum dreht. Dort im Zentrum versammelte sich eine große Menge an Masse zu einem gewaltigen Sternhaufen mit einem mehrere Millionen Sonnenmassen schweren Schwarzen Loch, quasi dem Zentrum des galaktischen Zentrums.

Und wie konnte diese gigantische, immerhin mit 100 000 Lichtjahren Durchmesser rotierende Scheibe aus Gas, Staub und Sternen entstehen? Durch die Wirkung einer bis heute immer noch unbekannten Materieform, die sich durch nichts als ihre Schwerkraftwirkung bemerkbar macht und in einer über mehrere 10 000 Lichtjahre großen Kugel um die leuchtende Milchstraße verteilt ist. Diese sogenannte

Dunkle Materie hält die mit über 200 Kilometern in der Sekunde sich drehende Scheibe davon ab, sich aufzulösen. Außerdem hat sie in der ganz frühen Entwicklungsphase dafür gesorgt, dass sich überhaupt eine erste kleine Galaxis bilden konnte. Und sie, die ursprünglich nur wenige Tausend Lichtjahre große erste Scheibe unserer Milchstraße, wuchs allmählich. Sie wuchs an Masse und Größe durch die Verschmelzung mit anderen kleinen Galaxien. Deren Sternhaufen und Sternströmungen vermischten sich mit der galaktischen Scheibe und bildeten Zentrum und Scheibe der Milchstraße in ihrer heutigen Größe.

Nur weil alle diese kosmischen »Vorarbeiten« so erfolgreich abgeschlossen waren, entwich vor rund 4,7 Milliarden Jahren das von einem riesigen Stern ausgestoßene Material seiner explodierten Hülle nicht ins Universum in den intergalaktischen Raum, sondern wurde in benachbarte, sich gerade bildende Gaswolken gepresst. Dort, in einer hundert Lichtjahre großen Wolke aus kaltem Gas und Staub, entstand neben vielen anderen Sternen auch unsere Sonne. Und weil die Supernova-Explosion so viele schwere Elemente enthielt, konnten neben den großen Planeten, die vor allem aus Wasserstoff und Helium bestehen, Jupiter und Saturn, auch noch kleine Felsenplaneten, aus Eisen, Nickel, Aluminium und anderen schweren Elementen, entstehen. Zusammen mit den beiden Eisplaneten Uranus und Neptun organisierten sich die Gasriesen und die Felsen Merkur, Venus, Erde und Mars sowie viele kleine und allerkleinste Brocken zum Sonnensystem, so wie wir es heute kennen.

Wir – das sind wir Menschen. Hervorgegangen aus einer planetaren biologischen Lebensgeschichte, die eigentlich ein eigenes Buch verdient. Einer Geschichte, gespickt mit zufälligen Zusammenstößen, glücklichen Umständen, physikalisch notwendigen Prozessketten und miteinander verwobenen Netzwerken und Stoffkreisläufen, deren schönstes Kapitel die Entstehung von Lebewesen darstellt. Nach den heutigen Modellen und Vorstellungen konnten sich organische Moleküle unter anderem dank der Form von Gesteinskanälen und kristallinen Oberflächen so strukturieren, dass sich selbst replizierende Kohlenwasserstoffmoleküle bildeten. Und das nicht nur einmal, sondern immer wieder aufs Neue an verschiedenen Orten auf dem noch jungen Planeten. Eingebettet in eine dichte Atmosphäre aus Wasserdampf, Kohlendioxid und Methan, konnte unser Planet an seiner Oberfläche eine Temperatur entwickeln und halten, die ihn vor der drohenden völligen Vergletscherung rettete. Die drohte nämlich wirklich am Anfang des Erdenlebens. Unsere Sonne war, wie wir es bei vielen jungen Sternen beobachten, zunächst noch sehr schwach leuchtend. Die Leuchtkraft der jungen Sonne hätte unseren Planeten für immer unter kilometerdicken Gletschern verschwinden lassen. Wenn nicht die Moleküle der Atmosphäre die Wärmestrahlung absorbiert und damit die Erde aufgeheizt hätten. Diese dicke und dichte irdische Lufthülle mit mehreren Hundert Atmosphären Druck ließ den Wasserdampf abregnen, und es bildete sich der weltumspannende Ozean, in dem sich vor über 3,5 Milliarden Jahren an den Öffnungen des Erdkörpers im Meeresgrund die ersten Lebewesen bildeten. Einige von ihnen entwickelten die Fähigkeit, ihren Energiebedarf mit der Strahlung der Sonne zu decken. Von nun an explodierte die Produktivität der Biosphäre, der Sphäre des Lebens. Die Photosynthese nämlich, der vermutlich wichtigste chemische Prozess für Lebewesen auf der Erde, verwandelte nicht nur Licht in Zuckermoleküle und Sauerstoff, sondern veränderte auch allmählich die Zusammensetzung der Erdatmosphäre. Und als nach rund zwei Milliarden Jahren die Meere allmählich mit Sauerstoff gesättigt waren, stieg immer mehr von diesen Molekülen in die Atmosphäre auf und bildete in großen Höhen die Ozonschicht. Sie schützte von nun an das Leben vor der zerstörerischen Ultraviolettstrahlung der Sonne und machte so die Entwicklung von Leben auf dem Land möglich. Tiere, Pflanzen, Pilze entwickelten sich in mannigfacher Weise mit einer geradezu überbordenden biologischen Vielfalt, und das Leben bevölkerte bald jede mögliche Nische zu Lande, zu Wasser, zu Eis und in der Luft.

Der Rest ist Geschichte, und das Buch ist zu Ende.

Nein, noch nicht ganz, denn es ist zumindest noch einer kleinen Rede wert, dass vor rund 500 000 Jahren Lebewesen mit reflektierendem Verstand und mit planender Vernunft den Planeten bevölkerten. Der Homo sapiens! Sie, die Menschen, verfügen über die erstaunliche Fähigkeit der Vorstellungskraft, des Staunens und Hinterfragens. Durchaus im Kampf mit den Umweltbedingungen schafften es die Menschen, sich über den gesamten Planeten auszubreiten und, immer angetrieben von Neugier, Fantasie und Kreativität, die Natur um sich herum immer besser zu verstehen und sich sowohl anzupassen als auch von den Gefahren und Risiken der Natur unabhängiger zu machen. Sie konnten ihrem Forschungsdrang nachgeben, konnten und können staunen und fragen, wie die sie umgebende Natur auf ihrem Planeten funktioniert, aber auch, woher denn das alles kam. Heute haben sie hervorragende Rekonstruktionen, wie das Land unter ihren Füßen, das Wasser in den Flüssen und Meeren, die Luft in der Erdatmosphäre und sogar die Objekte des Universums im Himmel über ihren Köpfen zusammengesetzt sind, wie sie funktionieren und wie sie entstanden sind. Und da das Fragen und Erstaunen niemals aufgehört haben, haben sie immer weitergeforscht. Bis sie Methoden entdeckten, die ihnen die Rätsel und Geheimnisse der Natur offenbarten. Eine davon ist die Astronomie. Sie ist heute der Gerichtshof der Naturgesetze, die die Menschen auf ihrem Planeten entdeckten und auf das ganze Universum anwendeten. Sie entdeckten Weiße Zwerge, Rote Riesen und Schwarze Löcher und schließlich, mit kühnem Blick durch das Dickicht der Sterne, des Staubs und der Gase hindurch: ihre eigene Milchstraße. Und sie erkannten: Selbst sie ist nur ein kleiner Fleck im Universum – und dennoch fast alles umfassend, was sie in einer klaren Nacht am Himmel sehen können. Man ist zu Hause, wenn man zum Sternenhimmel schaut. Die Milchstraße ist wahrlich unsere kosmische Heimat.

Anmerkungen

1 Friedrich Wilhelm Bessel: *Ich habe Euch lieb, aber der Himmel ist mir näher.* Eine Autobiographie in Briefen. Hrsg. von Edith Schlieper und der Stadt Minden, 1984.

2 Ebd.

3 Ebd.

4 »My mind seems to have become a kind of machine for grinding general laws out of large collections of facts …«, in: *Autobiography, Life and Letters of Charles Darwin.*

5 Briefwechsel zwischen Leavitt und Pickering, Harvard Archive; George Johnson: *Miss Leavitt's Stars, The Untold Story of the Woman Who Discovered How to Measure the Universe,* Atlas Books / W.W. Norton & Co. 2005.

6 Henrietta Leavitt: »1777 variables in the Magellanic Clouds«, in: *Annals of Harvard College Observatory*, vol. 60, S. 87–108.

7 Archiv Harvard, Notiz von Shapley.

8 Bührke, Thomas: *Sternstunden der Astronomie*, München: Beck 2001, S. 184.

9 J. S. Hey, *The Evolution of Radio Astronomy*, New York: Neale Watson Academic Publications, Inc., 1973, S. 9 (vom Autor übersetzt).

10 John Kraus, *J. Roy. Astron. Soc. Can.*, Vol. 82, 1988 (vom Autor übersetzt).

11 Hendrik C. van de Hulst, »Radiostraling uit het wereldruim II: herkomst der radiogolven«, in: *Nederlands Tijdschrift voor Natuurkunde*, Band 11, 1945, S. 210–221. Englische Übersetzung: »Origin of the radio waves from outer space« in: Woodruff Turner Sullivan III: *Classics in Radio Astronomy, Studies in the history of modern science* 10, Dordrecht: Reidel 1982, S. 302–316.

12 www.eso.org/public/archives/releases/sciencepapers/eso1339/eso1339a.pdf

13 www.scinexx.de/news/kosmos/uraltes-herz-der-milchstrasse-aufgespuert-2/

14 www.heise.de/news/Himmelsatlas-Gaia-Satellitengalaxien-der-Milchstrasse-sind-gar-keine-Satelliten-6276786.html

15 www.nature.com/articles/nature11062

16 www.scinexx.de/news/kosmos/milchstrassen-halo-verbluefft-astronomen/

17 Gomez et al. 2016

Literaturliste

Belkora, Leila, Minding the Heavens: The Story of our Discovery of the Milky Way, CRC Press, 2021

Bessel, Friedrich Wilhelm, Ich habe Euch lieb, aber der Himmel ist mir näher: Eine Autobiographie in Briefen, herausgegeben von der Stadt Minden und Edith Schlieper

Burkert, Andreas und Rudolf Kippenhahn, Die Milchstraße, C.H. Beck, Beck'sche Reihe, 2017

Dambeck, Thorsten, Sternenwelten: Glanzlichter der Galaxis, Kosmos Verlag, 2020

DeVorkin, David, Oral History of William Morgan, AIP Publishing online, https://www.aip.org/history-programs/niels-bohr-library/oral-histories/4786-1 und https://www.aip.org/history-programs/niels-bohr-library/oral-histories/4786-2

Evans, Ben, The Great Debate of Shapley and Curtis – 100 years later, in: *Astronomy*, 2020

Feitzinger, Johannes Viktor, Die Milchstraße: Innenansichten unserer Galaxie, Spektrum Verlag, 2002

Ferris, Timothy, Kinder der Milchstraße, Birkhäuser Verlag, 2014

Gärtner, Heinz, Er durchbrach die Schranken des Himmels: Das Leben des Friedrich Wilhelm Herschel, Edition Leipzig, 1996

Hamel, Jürgen, Friedrich Wilhelm Bessel, BSB B.G. Teubner Verlagsgesellschaft, 1984

Hamel, Jürgen, Friedrich Wilhelm Herschel, BSB B.G. Teubner Verlagsgesellschaft, 1988

Henbest, Nigel und Heather Couper, Die Milchstraße, Birkhäuser Verlag, 1996

The Scientific Papers of Sir William Herschel, Royal Society & Royal Astronomical Society, London 1922: Volume I/ Volume II (Internet Archive)

Hertzsprung-Kapteyn, Henrietta, The Life and Works of J. C. Kapteyn, Kluwer Academic Publishers, 1994

Hoskin, Michael, Discoverers of the Universe: William and Carolina Herschel, Princeton University Press, 2011

Hoskin, Michael, Stellar Astronomy, Science History Publications, 1982

Johnson, George, Miss Leavitt's Stars: The Untold Story of the Woman Who Discovered How to Measure the Universe, W. W. Norton, 2005

National Geographic, Unsere Galaxis: Eine faszinierende Reise durch die Milchstraße, 2020

N. N., Spiral Arms of the Milky Way, in: *Sky & Telescope*, April 1952, S. 138 f.

O'Connor, J. J. und E. F. Robertson, Henrietta Swan Leavitt (MacTutor History of Mathematics Archive), 2017

Ogilvie, Marilyn B., Searching the Stars: The Story of Caroline Herschel, The History Press, 2008

Sanders, Robert H., »Revealing the Heart of the Galaxy«, Cambridge Verlag, 2014

Shapley, Harlow, Wir Kinder der Milchstraße, Econ Verlag, 1965

Sharov, Alexander S. und Igor D. Novikov, Edwin Hubble: Der Mann, der den Urknall entdeckte, Birkhäuser, 1994

Struve, Otto und Velta Zebergs, Astronomy of the 20th Century, Macmillan, 1962

Time-Life, Reise durch das Universum, Time-Life Verlag, 1989

Waller, Willilam H., The Milky Way: An Insider's Guide, Princeton University Press, 2013

Register

Symbole

A

B

G

H

I

J

K

L

M

N

O

P

Q

R

S

T

U

V

W

Y

Z

Bildnachweis

Vor- und Nachsatz: © ESO/S. Brunier

Abb. 1 AdobeStock/Georgios Kollidas

Abb. 2 Wikimedia Commons/Wellcome Library/CC-BY-4.0

Abb. 3 Public Domain

Abb. 4 Bode, Johann Elert (1782): Vorstellung der Gestirne auf XXXIV Tafeln. Neu bearbeitet von der Landessternwarte Heidelberg nach dem Exemplar der Kurfürstlichen Sternwarte Mannheim. Illustriert von Daniel Berger. Astaria Verlag, Heidelberg 2003. Mit freundlicher Genehmigung von Astaria Verlag und Landessternwarte Heidelberg

Abb. 5 Imago/Gemini Collection

Abb. 6 ESO; ESO/ESO Imaging Survey; ESO/I. Appenzeller, W. Seifert, O. Stahl, M. Zamani; ESO/IDA/Danish 1.5 m/R. Gendler, J.-E. Ovaldsen, C. C. Thöne and C. Féron; ESO/Igor Chekalin; ESO/M. McCaughrean et al. (AIP); ESO/P. Barthel Acknowledgments: Mark Neeser (Kapteyn Institute, Groningen) and Richard Hook (ST/ECF, Garching, Germany); Gary Bower, Richard Green (NOAO), the STIS Instrument Definition Team, and NASA/ESA; NASA/ESA; NASA/ESA and C. Robert O'Dell (Vanderbilt University); NASA/ESA and D. de Mello (Catholic University of America/GSFC) & NASA/GALEX; NASA/ESA and The Hubble Heritage Team (AURA/STScI); NASA/ESA and the Hubble Heritage Team (STScI/AURA). Acknowledgment: A. Zezas and J. Huchra (Harvard-Smithsonian Center for Astrophysics); NASA/ESA/CXC/SSC/STScI; NASA/ESA, J. Hester (Arizona State University); NASA/ESA, M. Robberto (Space Telescope Science Institute/ESA) and the Hubble Space Telescope Orion Treasury Project Team; NASA/ESA, S. Beckwith (STScI), and The Hubble Heritage Team (STScI/AURA); NASA/JPL-Caltech; NASA/JPL-Caltech/2MASS; NASA/JPL-Caltech/NOAO; NASA/JPL-Caltech/Palomar; NASA/JPL-Caltech/R. Kennicutt (University of Arizona) and the SINGS Team; NASA/JPL-Caltech/SSC; Wikimedia Commons/Anttler/CC-BY-SA-3.0; Wikimedia Commons/Till Credner und Sven Kohle/Observatorium Hoher List/Public Domain; Wikimedia Commons/Hewholooks/CC-BY-SA-3.0; Wikimedia Commons/Ole Nielsen/CC-BY-SA-2.5; Stargazer 7000/Stargazer Observatory/Public Domain; X-ray (NASA/CXC/MIT/C.Canizares, D.Evans et al.), Optical (NASA/STScI), Radio (NSF/NRAO/VLA)

Abb. 7 The University of Chicago Library

Abb. 8 l. ESO/G. Beccari

Abb. 8 r. ESO/INAF-VST/OmegaCAM. Acknowledgement: A. Grado, L. Limatola/INAF-Capodimonte Observatory

Abb. 9 Jens Zippel, www.spaceimages.de

Abb. 10 NASA/JPL-Caltech und C. Scorza-Lesch

Abb. 11 Herschel, William: *On the Construction of the Heavens.* Philosophical Transactions of the Royal Society of London 75, 1785, Abb. 1

Abb. 12 Library of Congress

Abb. 13 Getty Images/Bridgeman/Culture Club

Abb. 14 Wikimedia Commons/WikiStefan/CC-BY-3.0

Abb. 15 Public Domain

Abb. 16 C. Scorza-Lesch

Abb. 17 Kapteyn Astronomical Institute of the University of Groningen

Abb. 18 C. Scorza-Lesch

Abb. 19 Public Domain

Abb. 20 Library of Congress

Abb. 21 Harvard Astronomical Photographic Glass Plate Collection, Harvard College Observatory

Abb. 22 Harvard University Archives
Abb. 23 ESO/S. Brunier
Abb. 24 ESA Science and Technology Educational Support
Abb. 25 Leavitt, Henrietta S. and Pickering, Edward C: *Periods of 25 Variable Stars in the Small Magellanic Cloud.* Harvard Obs. Circ. 173, 1912, Abb. 1–2
Abb. 26 C. Scorza-Lesch
Abb. 27 Special Collections, University Library, University of California Santa Cruz. Lick Observatory Records
Abb. 28 Armagh Observatory
Abb. 29 Courtesy of Lick Observatory
Abb. 30 Johan Hagemeyer/The Huntington Library, San Marino
Abb. 31 Observatories of the Carnegie Institution for Science Collection at the Huntington Library, San Marino
Abb. 32 Carnegie Institution for Science
Abb. 33 Harvard University Archives. Harvard College Observatory. Records of Director Harlow Shapley. Correspondence (incoming and outgoing). Enclosure from Letter from Edwin Hubble, Feb. 19, 1924. UAV 630.22 (Box 9, Folder 71)
Abb. 34 Lundmark, Knut: *Internal Motions of Messier 33*, Astrophysical journal, 63, 1926, 67–71, Pl. III
Abb. 35 Zooniverse
Abb. 36 Archiv der Berlin-Brandenburgischen Akademie der Wissenschaften, Abtlg. Slg., Fotoslg., Personen, Sir A. St. Eddington, Nr. 1
Abb. 37 Special Collections, University Library, University of California Santa Cruz. Lick Observatory Records
Abb. 38 Easton, Cornelis: A new Theory of the Milky Way. Astrophysical Journal, 12, 1900, S. 136, Abb. 6
Abb. 39 Observatories of the Carnegie Institution for Science Collection at the Huntington Library, San Marino
Abb. 40 University of Chicago Photographic Archive, [apf6-04328], Hanna Holborn Gray Special Collections Research Center, University of Chicago Library

Abb. 41 University of Chicago Photographic Archive, [apf1-10569], Hanna Holborn Gray Special Collections Research Center, University of Chicago Library

Abb. 42 NASA Astrophysics Data System

Abb. 43 Sky & Telescope, April 1952. Mit freundlicher Genehmigung von Sky & Telescope

Abb. 44 Kippenhahn, Rudolf: Die Entstehung von Sternen, in: *Naturwissenschaften*, 58. Jg., Heft 4, 1971, Abb. 9

Abb. 45 NASA/ESA/S. Beckwith (STScI)/The Hubble Heritage Team (STScI/AURA)

Abb. 46 Adam Block/Mount Lemmon SkyCenter/University of Arizona

Abb. 47 ESO/NASA/JPL-CALTECH/M. Kornmess

Abb. 48 NASA/JPL-Caltech/S. Stolovy (Spitzer Science Center/Caltech)

Abb. 49 NASA Goddard Space Flight Center/COBE Science Working Group

Abb. 50 ESA/Gaia/DPAC/CC-BY-SA-3.0 IGO

Abb. 51 ESA

Abb. 52 MPE/IKI

Abb. 53 MPE

Abb. 54 NASA/ESA/JPL-Caltech/Conroy et. al. 2021

Abb. 55 Ekers et al. 1983, Abb. 3

Abb. 56 NRAO/AUI und NRAO

Abb. 57 Tsuboi et al. 2017, Abb. 1

Abb. 58 ALMA (ESO/NAOJ/NRAO)/W. Garnier

Abb. 59 Oort, J.H.: *The Galactic Center*. Ann. Rev. Astron. Astrophys., 15, 1977, 295–362

Abb. 60 ESO/S. Gillessen et al.

Abb. 61 ESO/L. Calçada/spaceengine.org

Abb. 62 ESO/O. Furtak

Abb. 63 EHT Collaboration

Abb. 64 o. EHT Collaboration

Abb. 64 u. Iván Martí-Vidal, University of València; ALMA (ESO/NAOJ/NRAO); EHT Collaboration (Einklinker)
Abb. 65 EHT collaboration (acknowledgment: Lia Medeiros, xkcd)
Abb. 66 l. NASA & ESA
Abb. 66 r. ESA/Hubble & NASA
Abb. 67 Molinari et al. 2011 ApJL 735 L33, Abb. 1
Abb. 68 o. MeerKAT, SARAO
Abb. 68 u. J. Heywood/SARAO
Abb. 69 J. Heywood/SARAO
Abb. 70 astro.ucla.edu
Abb. 71 NASA/CXC/UMass/D. Wang et al.
Abb. 72 NASA/CXC/UCLA/M. Muno et al.
Abb. 73 ESA/ATG Media Lab. Hintergrund: ESO/S. Brunier
Abb. 74 NASA/WMAP Science Team
Abb. 75 Illustris Collaboration
Abb. 76 ESO/L. Calçada
Abb. 77 Kathryn Johnston, Columbia University
Abb. 78 Rodriguez-Gomez et al. 2016, Abb. 8
Abb. 79 NASA/R. Ibata, UBC/R.Wyse, JHU/R. Sword, Institute of Astronomy Cambridge
Abb. 80 2MASS/UMass/IPAC-Caltech/NASA/NSF
Abb. 81 ESA
Abb. 82 Stefan Payne-Wardenaar, ESA/NASA/JPL-Caltech
Abb. 83 ESA (Künstlerische Darstellung)/Koppelman, Villalobos and Helmi (Simulation)/NASA/ESA/Hubble (Bild)/CC-BY-SA-3.0 IGO
Abb. 84 ESA/Gaia/DPAC; A. Helmi et al. 2018
Abb. 85 D. Kruijssen/Heidelberg University/CC-BY-4.0
Abb. 86 NASA/ESA/Z. Levay/R. van der Marel (STScI)/A. Mellinger
Abb. 87 ESO/Y. Beletsky